基于不确定性的农业水资源优化配置及应用

杨改强 ———— 著

化学工业出版社

·北京·

内容简介

本书从农业系统中存在的问题及其不确定性因素出发，以不确定性农业水资源模型为主线，主要介绍了常用不确定性农业水资源优化模型的形式及其求解方法、农业水资源优化配置模型（包括基于多重不确定性的作物间水资源多目标优化模型、区间模糊两阶段随机规划模型、基于区间的灌区水资源优化模型）、农业种植结构优化模型（包括不确定性多目标种植结构优化模型、基于双层分式规划的种植结构优化模型）、农业系统评价方法（包括模糊综合评判方法、基于区间数的模糊综合评判方法、农业水资源与社会经济协调发展预测分析方法）、决策支持系统（区间模糊农业水资源优化配置决策支持系统、基于排队论的灌溉优化管理决策支持系统），并结合国内部分灌区的实际情况说明应用过程，旨在提高农业水资源的利用效率并降低未来可能的风险。

本书专业性、可读性强，可供农业、水利或环境领域的科研人员、工程技术人员和管理人员参考，也可供高等学校环境科学与工程、生态工程、农业工程及相关专业师生参阅。

图书在版编目（CIP）数据

基于不确定性的农业水资源优化配置及应用 / 杨改强著. —北京：化学工业出版社，2021.12
ISBN 978-7-122-40350-6

Ⅰ.①基… Ⅱ.①杨… Ⅲ.①农业资源-水资源管理-资源配置-优化配置-研究 Ⅳ.①S279.2

中国版本图书馆 CIP 数据核字（2021）第 241951 号

责任编辑：刘　婧　刘兴春
责任校对：王　静
装帧设计：刘丽华

出版发行：化学工业出版社
（北京市东城区青年湖南街 13 号　邮政编码 100011）
印　　装：北京天宇星印刷厂
710mm×1000mm　1/16　印张 15½　彩插 1　字数 276 千字
2021 年 12 月北京第 1 版第 1 次印刷
购书咨询：010-64518888　　　　售后服务：010-64518899
网　　址：http://www.cip.com.cn
凡购买本书，如有缺损质量问题，本社销售中心负责调换。

定　　价：98.00 元　

前言

我国农业一直是用水需求量最大的产业，需水量常年占比超过 60%。随着生活用水和生态用水的需求占比逐渐增大，农业用水面临的压力日益增长。2021 年中共中央、国务院印发的《黄河流域生态保护和高质量发展规划纲要》明确提出要“针对农业生产中用水粗放等问题，严格农业用水总量控制，以大中型灌区为重点推进灌溉体系现代化改造，推进高标准农田建设，打造高效节水灌溉示范区，稳步提升灌溉水利用效率”。

我国在经济快速发展的过程中，农业发展却相对滞后，面临着诸多问题，例如农业水资源量不足，用水量逐年降低；供给侧结构不合理，无效供给过剩；农业水资源利用率低，农业灌溉用水水资源浪费严重；农业种植结构存在突出问题等。这些问题都制约着农业质量效益和竞争力的提高。灌区作为我国粮食生产的主要基地，面对日益严峻的水资源问题，急需优化灌溉管理方案和农业种植结构。同时，灌区灌溉管理优化模型中存在着多种不确定性因素，例如降水、可用水量、经济参数等。这些不确定性因素可能给农业系统造成很大的损失甚至带来灾难性的风险，但其在以往的确定性模型中都是无法反映的，因此研究和应用不确定性优化理论对农业系统的三个主要单元——农业水资源、灌溉系统、农作物种植结构进行优化具有非常重要的意义。

为提高农业水资源利用效率与管理水平，从 20 世纪 60 年代开始，国内外学者就开始将系统运筹优化理论应用于水资源的优化配置研究。之后又将作物生长模型和随机动态规划相结合用于灌溉用水的分配研究，也出现了很多模型成果，如多水源联合运用的灌溉规划模型、灌区水资源优化配置序列模型、分层耦合的水资源实时优化调度模型、地表地下水联合调度递阶优化模型等大量成果。农业水资源的优化配置也逐渐由经验管理向更精准的优化管理转变。20 世纪 90 年代初，Gordon Huang 教授提出了区间优化算法，将各种各样的不确定性优化技术应用到农业水资源优化模型中，并开发出了大量具有区间、模糊、随机特性的不确定性资源优化管理模型。以中国农业大学郭萍教授为代表的学者也开发了大量既实用又有创造性的不确定性优化管理模型，如两阶段模糊机会约束规划模型、模糊机会约束线性分式模型、基于区间两阶段模糊可信性约束的灌区水资源优化配置模型、基于模糊定权的模糊可信性约束二次规划模型、基于不确定性的区间分式规划灌区优化配水模型、基于双区间作物灌溉水量优化模型等上百种模型，为农业水资源高效配置的管理提供了丰富的理论基础。

随着不确定性模型的型式越来越复杂，求解方法越来越丰富，迫切需要有关介绍不确定性模型及其应用的参考书籍。本书从农业系统中存在的问题及其不确定性因素出发，介绍了相关的常用基本规划模型及其求解方法，并结合国内部分灌区的应用实践，建立了若干农业水资源优化配置模型、农业结构优化模型、灌溉水质评价模型、农业水资源与社会经济协调发展预测模型，并简单介绍了两个决策支持系统。这些模型和系统等均以不确性理论为核心，旨在为从事农业水资源优化配置、水环境管理等的工程技术人员、科研人员和管理人员提供理论依据、技术参考和案例借鉴，也可供高等学校环境科学与工程、生态工程、农业工程及相关专业师生参考。

本书由杨改强著，在撰写过程中得到了中国农业大学郭萍教授的悉心指导，东北农业大学李茉教授、太原科技大学霍丽娟教授、山西电子科技学院丁丽瑞老师给予了大力支持，太原科技大学刘亚红、徐云飞、夏爽、赵俊楠等参与了本书的编排和校对工作。另外，化学工业出版社在本书的策划和组织方面做了大量工作；国家自然科学基金（51709195、U21A20524）、山西省基础研究计划（20210302123213）和山西省社会经济统计科研项目（KY[2021]146）对本书的撰写和出版予以了经费支持，在此一并表示衷心的感谢！

由于著者水平所限，撰写时间仓促，书中难免存在不足和疏漏之处，敬请广大读者提出修改建议，以助本书进一步完善。

著　者
2021 年 6 月于太原

目录

第1章 绪论

第2章 系统优化基础理论

第 7 章
结论与趋势分析

附录

参考文献

第 1 章

绪论

农业水资源的管理是农业生产工作中非常重要的内容。以前农民们在灌溉时基本依靠的是其个人多年的经验，并结合近期的天气预测来做灌溉安排，水资源的浪费现象是非常显著的，由于缺少优化管理的措施，水资源利用效率低下，因此很容易造成土壤流失、养分流失等问题。各种因素的不确定性，使得管理的自由度大，农业生产结果变化也大。随着优化模型求解方法和计算机技术的发展，不确定性优化模型的求解变得更加容易，不确定性优化模型在农业水资源的优化管理中也有了进一步的发展应用。这些理论技术的发展促进了智慧农业灌溉的发展。

本章从农业体系存在的现实问题出发，引出农业系统中存在不确定性因素和优化模型的非线性结构特点，并对农业水资源优化模型和算法做出简要概述。

1.1 概况

1.1.1 农业系统存在的现实问题

（1）农业用水竞争

农业部门的整体用水覆盖面（水足迹）很广，特别是在生产环节。畜产品需求的不断增长进一步增加了水量需求，该增长不仅是在生产环节，而是分布在整个畜牧业价值链。农业用水同样也影响到供水水质，从而减少了可供水量。在全球每年 7130 立方千米的农业耗水量［包括粮食、纤维和饲料生产（蒸腾）的作物水消耗，土壤和农业相关露天水的蒸发损失］中，仅有约 20%是“蓝水”，即用于灌溉的河流、溪流、湖泊和地下水。目前，全球粮食安全问题越来越突出，但人们很少注意到粮食生产取决于水，也很少意识到世界已有 70%的淡水用于农业灌溉的事实。不仅如此，未来还需要更多的水以满足不断增长的粮食和能源（生物燃料）需求；同时，随着农业节水技术的发展，农业用水的相对需求量也会逐渐减少。

据联合国粮食及农业组织（Food and Agriculture Organization of the United Nations，FAO）发布的《2020 年粮食及农业状况》，全球超过 30 亿人生活在严重缺水甚至是水资源匮乏的农业地区。其中，有超过半数人用水严重受限。2017 年，在最不发达国家中有 74%的农村人口仍然无法获得安全饮用水。过去20年间，全球人均淡水资源占有量下降了20%以上。2020年，全球约有41%的灌溉是以牺牲环境流量为代价的，而环境流量的损失也影响到了生态系统。在农业系统内部同样也存在用水竞争，全球约80%的雨养农业区产出了全球粮食的约60%，而占耕地20%的灌溉农业区产出了全球粮食的约40%。要真正达到可持续发展目标，必须开展有力行动，解决农业用水不足、短缺和匮乏的问题。但是据不完全统计，2020年有91个国家制定了农村饮用水国家计划，其中只有9个国家分配了足够资金来确保计划的实施。

(2) 农业用水对生态系统的影响

农业用水的管理方式对生态系统也有着广泛的影响，对生态系统服务功能也起到了一定的削弱作用。农业水管理已经改变了淡水、海岸湿地的物理和化学特性，也影响到了水质和水量以及陆地生态系统。农业部门对人类和生态系统造成的损害以及清洁过程的外部成本也是十分巨大的。而且农业污染造成了很多不良水体，在淡水和沿海湿地，物种状态比其他生态系统恶化得更加快速，尤以欧洲、拉丁美洲和亚洲的湿地恶化更为严重。

农业面源污染一直是世界各个流域面对的主要问题。在加拿大、美国、亚洲和太平洋地区，农业径流带来的富营养化都是首要污染问题。澳大利亚、印度、巴基斯坦和中东的许多干旱地区，还面临着不良灌溉措施导致的严重的土壤盐碱化。

氮是世界地下水资源中最常见的化学污染物。根据联合国粮食及农业组织全球水资源信息系统2011年的数据，美国是农药消耗量最大的国家，欧洲国家（特别是西欧的国家）其次。如果按照单位耕地面积使用量计算，日本则是农药使用量最密集的国家。在干旱的北非地区和阿拉伯半岛地区，农业发展不得不依靠地下水的过度开采，这给当地的水资源带来了不可调和的压力。

(3) 与气候的相互影响

农业生产过程中会释放大量的温室气体，进而加剧气候变化，而气候变化反过来又影响了地球的水循环，给粮食生产带来更多的不确定性和风险。气候变化的影响主要是通过水情来表现，有可能带来严重和频繁的旱涝灾害，也影响到降雨分布、土壤湿度、冰川和冰雪融化以及地表和地下水资源量的变化。这些气候变化导致的水文变化对全球灌溉农业和雨养农业的规模及生产效率都产生直接影响，因此为提高农业生产的稳定性，应对策略也应该将重点集中在减少这些不确定性的生产风险上。

据预测，到 2030 年，南亚和非洲南部将是最易因气候变化导致食物短缺的地区。因为那里粮食作物依赖的生产环境极易受到气候变化影响，当这些地区的温度和降雨产生不利变化时人们的粮食安全无法得到保证。

1.1.2 农业系统中存在的不确定性因素

在科学研究、工程以及日常生活的许多方面都存在着不确定性。各个领域使用不同的术语和方法来描述、量化和评估不确定性。

水资源管理系统是一个非常复杂的大系统，从系统管理的角度可将其分成水资源的分配、输送、利用及水污染控制等多个过程。水资源管理研究过程受社会经济发展程度、环境保护目标、相关技术条件等多方面的影响，由于人类认知水平的局限性和系统客观条件多样性，水资源管理系统中往往存在着多种多样的不确定性因素，且其往往还存在错综复杂的互动关系。水资源管理系统的不确定性会直接影响水资源优化模型结果的合理性和适用性，并最终对决策方案产生重大的影响。近年来，随着可持续发展思想的不断深化，决策者越来越重视水资源规划管理的系统性和可持续性。从时间尺度来看，水资源规划管理的时间不断延长，而从空间尺度上看水资源规划管理工作正从单一的“环境”系统向复合的“社会经济—环境—生态”系统不断扩展。决策者对水资源规划管理要求的不断提高，不仅使水资源优化管理模型更加复杂，而且使系统不确定性对优化结果的影响也越来越大。因此，在我国区域水资源管理和区域农业水资源管理过程中，如何根据系统特点及其存在的不确定性因素，采用有效的不确定优化方法，构建合理的水资源管理模型，为决策者提供科学灵活的决策支持，是我国水资源优化配置研究所面临的关键问题。

（1）水资源量

降水产生的水资源在年际之间呈不均匀分布状态。水量在干旱及湿润气候条件下以及湿季与旱季之间存在着巨大的易变性。因此，不同国家和地区在一年中获得的水量差别很大，造成淡水供应量分布不均衡。

世界各国的平均年可再生水资源总量在区域分配上呈现很大差异，有些国家的水资源量要多于其他国家。但是，考虑到国家的人口数量、工业发展水平、水资源利用效率、生活习惯等存在很大差异，因此用平均 1 年可再生水资源总量来计量并不准确。所以，将人均可用水量纳入考量范畴是一个比较实用的办法，这个办法提供了一个从社会或经济角度出发更加恰当的水资源可用量指标。但要注意的是，亚洲及非洲的某些人口较多的国家，其本身可用淡水量就比较少。这也给农业水资源的管理带来了根本上的困难。

(2) 水资源的分布

了解水资源的空间及时间分布和运动，对于水资源有效管理具有决定性作用。在制定农业水资源管理计划及政策时，必须要考虑到农业用水可供应量的易变性及分布情况。人类正在逐渐改变地球的气候，从而改变全球的降雨循环方式。想要控制水循环分布是不可能的，但人类可对水循环产生重大影响，例如通过蓄水及跨流域调水改变径流，前者可以削减洪水及干旱的影响，从而确保能够在农业灌溉的时候有水可用，并在水量过多时将其造成的破坏或影响降到最低；后者则能够将水输送到其他有需要的地方。其他一些人为干预措施，例如通过改变地表情况影响农业种植结构分布等都会因为改变渗透性、径流及蒸发蒸腾作用而对水资源的循环造成影响。

由于地球气候系统的天然易变性因素、人为改变因素以及对水循环有调节作用的地表情况因素，农业水资源的状态会不断地变化。其具体影响因素包括年际间及多年代际间的气候易变性，以及因气候变化造成的平均地表径流改变。

(3) 地下水系统

地下水系统同样存在显著的不确定性，地下水流入和流出量、蕴藏体积、水位和水质等因素是所有地下水系统的主要状态指标，可能发生明显变化。不断增加的地下水开采以及人类社会对地下水的干扰（如人类土地利用的变化和污染物的排放）严重影响了地下水的水文状态。气候变化和人类的水资源管理措施也会对地下水的状态产生一定的影响。因此，世界上大多数地下水系统不再是动态的平衡状态，而是出现了显著的变化趋势。随着地下水平均再生率的变化，实践中我们观测到自然出流量减少、蕴藏量减少、水位降低和水质恶化等现象普遍存在。

全球地下水资源大部分存储在浅层或中等深度，这些水资源可以为人类提供足够的高质量水量。然而，一些地区地下水水质发生了一定的变化，其中最普遍的变化是由人类产生的污染导致的。这些污染源包括液体和固体废物，农业化学农药的大量使用，牲畜产生的粪便，灌溉产生的退水，采矿残留物以及污染的空气等。还有一类污染来自水质较差的潜流侵入含水层区，例如发生在海岸地区的海水入侵，再如抽取地下水时发生的深层盐碱水混入上层淡水等。同时，气候变化和海平面上升将是沿海地区地下水水质变坏的直接威胁。

(4) 市场价格

农产品的市场价格并非常年固定不变，而是具有波动性的。这就需要用更加准确的方式表示这些参数。农产品的期货价格由于受到季节性和产品成熟度的影响，呈现出厚尾状的分布，表现为突然出现价格的跳跃。比较常见的是在水资源优化配置时将经济参数视为常数或区间数。如果以往经济价格相对稳定，这时用确定数或区间数表示经济参数是可行的。但是在农业供给侧结构性改革过程中，农产品市场价格可能会发生比较大的变化。这时如果用确定数表示，求解必然比较狭隘，不能完整展示解的变化范围和分布形式；如果用区间数表示，可能会造成优化解的求解范围过宽，使优化解失去意义。这些经济变量在农作物种植初期无法准确预测，也就不可能提前安排好完善的农业水资源分配制度。只能够通过度量其风险，提高系统的稳定性，尽可能降低风险造成的损失。

(5) 管理

在农业系统的管理层次上，管理人员受限于设备的准确度和个人的操作方法，可能得到精度较差甚至错误的量化数据。如果农业系统在优化中存在多个目标，而管理人员对每个目标的认识程度和重视程度都不一样，对于优化结果的偏好也会不同，即使是同一个决策者，在不同时间段内对于同一个优化方案也会有一些不同的认识。这些以人的主观意志为转移而客观存在的不确定性，广泛存在于农业系统的管理过程中。通过理论模型的构建，分析系统管理的不确定性（尤其是管理者的决策偏好）及其各子维度的关系，弱化这些不确定性，可使农业优化系统更加稳健和适用。

1.2 国内外研究现状

农业水资源优化配置是指在整个灌溉季节，将可利用的、有限的农业水资源在时空上进行合理分配，以使全系统获得最高的产量或收益。其不仅直接关系到水资源和土地资源的高效利用，而且还可能影响到灌区产业结构发展与生态环境保护等重大问题，需要以可持续发展战略为指导，通过对水资源时空变化规律的科学分析来选取恰当的方法对农业灌溉用水水质进行综合评价，提出最佳的配水方法，确保粮食正常增产和保障土地质量。目前主要的研究内容包括最优灌溉制度制定、最优种植结构规划、作物间灌溉水量的最优分配、灌区多水源联合调度以及地区间灌溉水量调配等。

1.2.1 灌溉水资源优化配置研究现状

以水量配置为主的灌溉水资源优化配置方法，国外从 20 世纪 60 年代开始就展开了大量相关研究，其方法可分为动态规划法（DP）、线性规划法（LP）和非线性规划法（NLP）。1961 年，Buras 和 Hall 首次将动态规划引入地表水和地下水的联合运用系统中，建立了地表、地下水联合调度模型。同年，Castall 和 Lindebory 首次把线性规划引入水资源规划系统中，解决了地表水和地下水在两个农业用户之间的水量分配问题。1967 年，Filin 和 Musgrave 论证了 DP 法应用于有限灌溉水量时求解最优灌溉制度的可行性，并以阶段初的可供水量为状态变量建立了相应 DP 模型，但是该模型忽略了阶段初土壤储水量的作用。1968 年，Hall 和 Butcher 提出了一个包括阶段初可供水量和土壤含水量两个状态变量的二维 DP 模型，决策变量为各阶段灌水量，但是他们没有说明缺水灌溉时如何根据土壤含水量状态确定作物实际蒸腾量。1969 年，Lucia 把随机动态规划（SDP）模型应用于农作物的最优灌溉制度制定中，模型中径流和降雨为随机变量，模型的状态变量为阶段初土壤含水量、灌溉可供水量和上一阶段的径流量，模型强调了供水系统的不确定性。

20 世纪 70 年代，线性规划法和随机控制原理方法得到进一步应用，并解决了如何把一定水量在作物全生育期内进行优化分配的问题。1971 年，Moore 等针对灌溉水不同的水质水量，以系统经济效益最大为目标，利用线性规划法（LP）对美国加利福尼亚某农场进行水资源优化配置。同年，Dudley 等运用二维 SDP 模型，求得了缺水灌溉条件下的最优灌水量和灌水次数。1973 年，Yaron 用随机模拟技术得到了随机降雨情况下土壤水分与小麦产量的关系及最优灌水策略。同年，Haimes 提出了多级动态规划结构的概念，并将大系统理论引入水资源规划系统中，由此确定出最优灌溉时间，资金和水的最优分配以及供水工程的最优开发时间和顺序。1974 年，Becker 和 Yeh 等对水资源多目标问题进行了研究。同年，Stewart 等在一定最优规则控制下，使用模拟技术得到了非充分灌溉的最优灌水策略。1979 年，Cordova 和 Bras 在耦合了降雨过程的随机性、土壤水分胁迫性对作物生长影响和土壤含水量的季节动态变化的情况下，利用随机控制原理和方法，研究了最大经济效益下作物生育期内的灌水量分配问题。

20 世纪 80 年代，数学规划和模拟技术在灌溉水资源优化配置中被广泛应用，一些新的农业配水模型被建立。1980 年，Morgan 建立了水分生产函数的动态规划模型。1981 年，Cordova 和 Bars 利用随机控制原理对有限灌溉水量在作物生长季节内的最优分配问题进行了研究。同年，Rhenals 和 Bras 建立了以 ET 为随机变量的 SDP 模型。1982 年，Yaron 和 Dinar 提出了求解多种作物灌溉水量最优分配的二层结构大系统模型（LP-DP 模型）。1983 年，Raju 和 Lee 在基于 Morgan 动态水分生产函数模型的 DP 模型中，以某阶段作物干物质产量及土壤含水量作为状态变量，灌水量为决策变量，利用动态规划求得了缺水灌溉条件下的最优灌水策略。1984 年 Charles 等在有限灌溉水量及预订灌水日程的约束下，提出了单一作物灌溉用水优化配置二维动态规划模型。1985 年，Ramerez 和 Bras 在二维动态规划模型中，将降雨量视为一种符合聚类模型的条件分布事件，得到了随机条件下的最优灌水策略。1987 年，Dinar 提出了一个用于求解多种作物灌溉水量最优分配的大系统模型。

20 世纪 90 年代，由于水污染和水危机的加剧，传统的以供水量和经济效益最大为水资源优化配置目标的模式已不能满足需要，国外开始在水资源优化配置中注重水质约束、水资源环境效益以及水资源可持续利用研究，同时一些不确定性的思想理论被引入灌溉水资源优化配置模型当中。1990 年 Vedula 和 Kumar 在考虑来水量随机性的基础上，提出了灌水量最优分配的 LP-SDP 模型，其中水库库容、季节入流量和降雨量被看作随机变量。同年，Rao 等用 LP-DP 模型求解作物水量最优分配问题。其后在 1991 年，Raju 和 Lee 又将降雨量视为随机变量对经典 DP 模型进行了修正。Ghahraman 和 Sepaskhah 用 NLP 模型求解了不同效益费用比时冬小麦的缺水灌溉问题。1992 年，Kindler 开发了一个模糊线性规划模型，并将其用于水资源有限情况下的水资源规划中。同年，Afzal 等针对巴基斯坦某地区的灌溉系统建立了线性规划模型，对不同水质的水量使用问题进行优化，在劣质地下水和有限可供水量的条件下得到一定时期内作物最优耕种面积和地下水开采量等成果，在一定程度上体现了水质水量联合优化配置的思想。1995 年，Chang 等对水库进行了多目标优化管理。1995 年 David 介绍了一种伴随风险和不确定性的可持续水资源规划框架，建立了水资源联合调度模型；此模型是一个二阶段扩展模型，其中第一阶段可得到投资决策变量，第二阶段可得到运行决策变量，并运用大系统的分解聚合算法求解最终的非线性混合整数规划模型。1997 年，美国学者 Norman 将作物生长模型和具有二维状态变量的随机动态规划结合起来，对灌区的季节性灌溉用水量分配进行了研究。同年 Huge 等提出了地表水、地下水、外调水等多水源联合调度的多目标多阶段优化管理原理与方法。

21 世纪是科技飞速发展的时期，新的优化技术和更多的不确定性理论方法在水资源领域中被应用，这大大推动了灌溉水资源合理配置的研究。2001 年，Juan 等建立了非充分灌溉系统的水资源优化配置模型，在模型中作者考虑了水和自然系统的不确定性。2002 年，Shangguan 等建立了区域非充分灌溉下的水资源优化配置模型并将其应用到实例中。同年，Bijan 等对从基于不同种植结构的单一水库到整个灌溉系统都进行了水量的最优分配。2005 年，Maqsood 等提出了一个区间参数的模糊两阶段随机方法，并将其应用于农业水资源规划。2006 年，Sethi 等将随机约束方法应用到灌区水资源优化配置当中。2007 年，Lorite 等对西班牙南部灌区进行了作物非充分灌溉下的水量分配评价。2010 年，Karamouz 等提出了基于遗传算法的灌区不同作物间的优化灌溉模型，并利用地表水地下水联合调度的方式对灌区水资源进行了优化配置。同年，Brown 等对传统随机动态规划方法进行改进，并将改进的方法应用到农业水资源优化配置，应用灌溉模拟模型对不同的灌溉水量分配管理方案进行分析，最后得到决策方法。2011 年，Prasad 等建立了一个水资源分配的线性规划模型，对农作物不同生育阶段进行了不同来水情况的水量优化分配。同年，Safavi 等应用模糊动态规划模型，考虑了水量分配中存在的不确定因素，对伊朗西部的 Zayandehrood 流域平原的农作物进行了地表水和地下水联合调度，该研究对干旱半干旱地区的农业水资源优化配置具有重要意义。2013 年，Masoud 等研究了基于实时气象数据的灌溉水资源优化配置问题。

国内对灌溉水资源优化配置的研究起步比较晚，但发展比较快，主要是从 20 世纪 80 年代之后开始的。1986 年，荣丰涛用 DP 法对山西冬小麦最优灌溉制度进行了研究。1987 年，王维平用 DP 模型制定了牧草的最优灌溉制度。

进入 20 世纪 90 年代，我国学者进一步应用二维 DP、SDP 模型来制定作物最优灌溉制度。1990 年，袁宏源等分析了我国北方几种主要旱作物的水分生产函数及敏感性指数，提出了建立在非充分灌溉理论基础上的动态规划模型，采用 Jensen 连乘公式作为农作物产量和耗水量关系的水分生产函数，并用动态规划逐次渐进法（DPSA）求解。同年，吴泽宁等以三门峡市为例，以研究区域经济社会效益最大为目标建立了大系统多目标模型及二阶协调模型，并用多目标 LP 求解。1993 年，张展羽等以缺水地区旱作物为研究对象，用模糊动态规划的方法制定了作物的非充分灌溉制度。1994 年，郭宗楼采用 NLP 求解得到了冬小麦最优灌溉制度。1999 年，崔远来等将降雨视为随机变量，用 SDP 模型求解得到了水稻最优灌溉制度。同年，崔远来等分别用 DP-SFP 及 DP-DP 解决了水稻灌区多作物间灌溉水量最优分配问题；黄强等在西安市市区建立了多水源联合调度的多目标优化模型，改变了多目标模型的求解思路和方法；王振龙等对韦店井灌区进行不同水文年的优化配水，为灌区灌溉规划和运行管理提供了科学依据。其他相关研究如罗元培（1992）、郭宗楼（1992）、陈亚新（1995）、马文敏（1997）、孙景生（1998）等均用 DP 模型求解了作物最优灌溉制度。

进入 21 世纪以来，从农业水资源优化配置研究方法上看，优化模型已由单一的数学规划模型发展为数学规划与模拟技术、向量优化理论等几种方法的组合模型，对问题的描述由单目标发展为多目标，同时一些不确定性的优化理论开始被用于灌溉水资源优化配置。2000 年，汤瑞凉等针对灌区水资源优化配置问题，应用熵权系数法的基本原理，综合考虑农业可持续发展的经济效益、社会效益和生态效益要求，提出了对方案进行多准则综合评价的熵权系数优化模型，以确定农业最优种植模式及相应的灌溉水量。2001 年，邱林等提出了考虑作物种植风险指标的灌溉制度的多目标优化模型。2002 年，贺北方等研究和提出了一种基于遗传算法的区域水资源优化配置模型，利用大系统分解协调技术方法，将模型分解为二级递阶结构。同年，崔远来以作物水分生产函数为依据，用随机动态规划方法求解得到净灌水量在作物各个生育阶段内的最优分配问题，实现了对单一作物灌溉制度的优化；邹君以衡阳盆地为例，提出了农业水资源管理的主要对策；周祖昊等以水库灌区为例，以田间优化配水为基础，研究了由多水源供水、种植多种作物的灌区在有限供水条件下的优化配水问题。2003 年，游进军等用系统分析方法对灌区水资源量及开采利用量的情况进行分析，并建立了多水源的数学规划模型，提出了各用水部门的发展方向和农业节水工程措施。同年，付强等提出了遗传动态规划模型（RA-GA-DP），该模型将改进的加速遗传算法（RAGA）与多维动态规划（DP）结合起来，解决了在求解作物非充分灌溉下灌溉制度优化过程易早熟及陷入局部最优而难以求解得到真正最优解的问题。2004 年，赵丹等针对干旱半干旱地区日益严重的水资源短缺和生态环境问题，以系统分析的思想为基础，建立了面向生态和节水的灌区水资源优化配置序列模型系统，提出了综合考虑节水、水权、生态环境等因素的多目标多情景模拟计算方法，得出了比较合理的南阳渠灌区水资源优化配置方案，最大限度地利用了当地水资源。2005 年，张长江等提出了基于大系统递阶模型的农业水资源优化配置模型，并从英国水资源管理现状得出对我国山东水管理的若干启示。同年，王鹏建立了基于 Pareto Front 的多目标遗传算法的灌区水资源配置优化数学模型。2006 年，蔡龙山等采用大系统分解协调技术与动态规划相结合的方法对塔里木河灌区水库群系统水资源优化配置进行了分析和研究，构建了该灌区两层二级结构的水库优化调度系统的数学模型。同年，王小飞等基于系统优化的理论，应用模拟计算对淠史杭灌区水资源优化配置问题进行了探讨，在设计引水流量中引入了一个随机均匀变量进行随机模拟优化。2007 年，王洪波和王宏伟应用大系统方法建立水资源优化配置模型，用 MATLAB 语言编程求解，并将其应用到查哈阳灌区，解决了多水源多用户的水资源分配问题，使决策者能够均衡合理地调配利用灌区水资源。2008 年，王文晶等给出了农业水资源优化配置的基本原则。同年，陈卫宾等针对灌区水资源优化配置模型中目标函数高度非线性的特点，提出了基于记忆梯度混合的遗传算法并应用于灌区水资源优化配置中；路振广等建立了非充分灌溉条件下作物最优灌溉制度的非线性规划模型，利用遗传算法进行求解，提出了用有条件的随机生成初始种群的方式来处理线性约束条件的策略，并将其应用到武嘉灌区冬小麦不同水文年的优化灌溉制度中；顾文权等识别了水资源优化配置的主要风险因子，建立了水资源优化配置多目标风险分析模型，提出了基于随机模拟技术的水资源优化配置多目标风险评估方法。2009 年，余建星等根据水资源配置方案的多目标性和模糊不相容性的特点，结合欧式贴近度的概念，以天津市水资源优化配置方案综合评价为例，建立了基于欧式贴近度的水资源优化配置方案综合评价的模糊优选模型。同年，余美等以宁夏银北灌区为例，建立了基于大系统协调原理的地表水地下水联合运用的递阶优化模型；李彦刚等针对宝鸡峡灌区水资源开发利用中存在的问题，结合灌区作物种植结构、灌溉方式，以灌区经济效益最大为目标，以供需水平衡、可供水量、地下水位等为约束条件，以优先利用地表水为原则，建立了地表水与地下水联合调度模型。2010 年，余艳玲针对灌区水土资源分配不均、研究灌区水资源优化配置问题，建立了既可对水库进行优化调度，又考虑田间优化配水的灌区水资源优化配置模型，并采用加速遗传算法（RAGA）对模型进行计算，计算结果表明，建立的模型能有效提高灌区灌溉效益（尤其是干旱年份）。2011 年，李金茹和张玉顺采用系统工程理论，以民权县引黄灌区为例，以灌区年净灌溉效益最大为目标，以地表水、地下水及引黄水为可供水量、灌区各行业需水量、机电井出水能力、适宜地下水埋深等为约束条件，对灌区“三水”在不同水文年、不同农作物及农作物生育期间进行了优化分配，为区域水资源管理部门统筹调度“三水”资源提供了决策指导。同年，Li 等建立了不确定性条件下区间两阶段农业水管理模型；Lu 等建立了农业灌溉系统的区间模糊线性规划模型。2012 年，Huang 等建立了一个基于区间二次规划的两阶段随机规划不确定模型，并将这个组合的优化模型应用到我国塔里木河流域灌区中。

1.2.2 种植结构规划配置研究现状

种植结构规划是灌区灌溉用水管理中不可或缺的环节之一，是制定灌区年用水计划的基础，它与灌区水资源优化配置是紧密相关，相互依存的。以下是国外 20 世纪 70 年代后的一些关于种植结构优化方面的研究进展：1972 年，Dudley 用模拟模型对给定水库的最优可灌面面积进行了研究；1978 年，Maji 和 Heaey 用线性约束对一定灌水量下作物最优布局进行了研究；1980 年，Kumar 和 Khepar 将作物全生育期水分生产函数分为若干段，用 LP 模型求解了作物最优布局问题；1990 年，Gupta 用非线性模型对一定灌溉水量下作物最优布局进行研究；1993 年，Alizadeh 提出了一个一定水量下求解作物最优种植面积的非线性规划模型（NLP），此模型可用于确定不同效益费用比时某种作物的最优种植面积；1996 年，Juan 等建立了基于作物水分生产函数和灌水均匀度的种植结构优化模型；1999 年，Raju 和 Kumar 在种植结构规划中建立了以净效益、产量、劳动力为目标的多目标规划模型，并在多个非劣解中以聚类分析与多准则决策方法选出了最佳灌溉方案；2002年，Saker和Quaddus应用DP建立了种植结构规划模型，并讨论了在案例问题分析下不同目标的重要性；2005年，Xevi和Khan应用了理想点法，以净效益最大、成本最低、地下水抽取量最小为目标进行了种植结构规划；2011年，David等对三种不同的马铃薯进行了不同植株间距的种植结构研究；2012年，Ottman等根据有机大麦和小麦的生长特点对其种植结构进行了规划。

我国优化种植结构研究比国外起步晚，主要经历了3个阶段。

① 从20世纪50年代初至80年代末，在计划经济体制下以提高粮食总产为主要目标的种植模式研究。

② 20世纪80年代末到90年代的以保障食物供给和提高种植业经济效益为目标的市场经济体制下的种植制度研究。

③ 20世纪末到21世纪初，我国农业生产进入一个新的发展阶段，其主要特征就是：农产品供给由长期短缺转向总量基本平衡和结构性、地区性相对过剩，农业发展由追求产量最大化转向追求效益最大化，农业的增长方式由传统投入为主向资本、技术密集型方向转化，农业的经营形式由单纯的原料型生产逐步转向生产、加工、销售一体化的产业化经营等。

以下是我国20世纪90年代以来关于种植结构优化的研究情况。1989年，姚崇仁提出了一个LP模型，用于求解有限水资源供给下、灌水定额不同的作物最优灌溉面积。1991年，黄冠华针对灌区种植结构规划中存在的若干模糊问题，提出了基于模糊线性规划的灌区种植结构优化模型，并将其应用到实例当中。1994年，周兰香等应用LP数学模型，对河南省韩董庄引黄灌区种植结构布局进行了研究，对作物种植规划进行了详细分析计算，并建立灌溉水资源优化模型，得到优化调配方案。1998年，李清富考虑到了灌区供水过程和作物蓄水过程中的不确定性和它们之间的相互关系，用灰色区间数来综合表达这些联系，建立了一种以灰色系统为理论基础的灌区作物种植方式的决策模型。2002年，刘洪禄和车建明采用线性规划法，从农业供水资源对作物种植结构的影响，到作物种植结构对农业用水量、农业水资源供需平衡、灌溉效益的影响以及对农业节水灌溉方式的要求等方面，研究探讨了农业节水与作物种植相互制约又相互促进的关系。2003年，陈守煜等首次提出了与农业水资源优化配置密切相关的作物种植结构多目标模糊优化模型，并提出了采用模糊定权的方法来确定指标权重，克服了目标函数中用线性评判指标来处理高度非线性多目标问题与确定权重的主观性大的不足，应用实例表明，该理论模型严谨，物理意义明晰，计算方法简洁，可为区域农业可持续发展规划提供较完善的多目标模糊优化理论、模型与方法。2006 年，柴强等用系统分析方法，以张掖市甘州区为例，对典型绿洲灌区种植业结构的现状和发展进行了分析，提出了基于传统节水农业技术体系和高新节水技术体系的优化节水型种植业结构。2008 年，张丛等建立了基于线性规划法的农业种植业结构优化的经济效益模型和生态效益模型并将其应用于武威市凉州区的种植结构优化中。2008 年，武雪萍等根据灰色多目标规划的方法和原理，以河南省洛阳市为例，建立了节水种植结构优化灰色多目标规划模型，并应用 Lingo 软件对模型进行求解。2009 年，王晔等采用目标规划方法，建立了陕北地区以种植利润最大为目标的种植结构非线性规划模型。2010 年，张礼华和秦灏以新沂市高阿灌区为例，依据灌区作物种植净收益和作物用水需求，以作物收益最大和耗水量最小为目标函数，以作物种植面积和生育期内可供水量为约束，采用多目标妥协约束法，对灌区种植面积进行不同水平年（丰水年、平水年、枯水年）的优化。同年，Gao 等对中国半干旱丘陵沟壑地区的农业种植结构进行了经济-生态的双目标优化规划。2011 年，王方舟等运用灰色关联分析模型对河北省农业种植结构的优化对策进行了研究。2012 年，邱俊楠等研究了基于水资源利用的灌区作物种植结构优化，并将其应用于红寺堡灌区。2013 年，佟长福等研究了基于多目标遗传算法的节水型农牧业产业结构优化调整模型。

1.2.3 不确定优化模型研究现状

不确定优化方法始于 20 世纪 70 年代，按照不确定性质，大致可以分为随机规划、模糊规划和区间规划三种基本类型。在实际中，有很多重要数据难以获取或无法获得足够数量，例如详细的水文记录、土壤含水量、灌溉水渗漏量等。这些局限性使得系统建模更加复杂。因此往往通过用概率或随机等数学方法来处理这些不确定性信息，来简化实际问题。但在许多实际问题中，这些基本的方法只能解决参数的单一不确定性，即通过用单一的不确定方法来表述模型中的单个参数。但是这些方法不能够反映参数的多重不确定性，例如某些参数可能同时具有模糊和随机的特点。因此一些多重不确定性优化方法被提出，如描述随机变量和区间数的不确定性问题的区间两阶段方法、模糊线性分式规划与随机变量相结合的方法、应用于水资源管理的基于模糊概率随机分布的优化方法。这些方法都能够反映模糊随机性质的多重不确定性问题，但是仍然不能解决一些更复杂的多重不确定性问题，而且这些方法对模糊随机参数的数据有较为严格的限制，既需要大量的实验数据，还需要确定决策者的主观信息。

模型建立后，另一个重要的内容便是求解模型。目前，区间模型求解常见的方法是两步法。该方法通过将模型转化为两个需要按顺序求解的子模型，然后再分别求解区间参数的上下边界，最后联合得到模型的区间解。这种方法适用于结构比较简单的模型，而且模型约束的右手边不能出现高度的不确定性。如果模型约束的右手边出现高度的不确定性，那么用两步法求解，可能只能够部分求得区间解的上限或下限，而无法得到完整的区间数。为克服这个问题，可运用单步法的求解过程，其克服了模型约束的右手边出现高度的不确定性的问题，并可以得到满意的结果。但是由于模型求解工具的限制，如果模型中变量多、约束多、结构复杂，且具有非线性的特点，那么很难通过两步法或单步法求得结果。对于这类模型的求解，国内外的学者也进行过大量的研究，并提出很多可行的算法，如遗传算法、蚁群算法、粒子群算法、人工蜂群算法等。其中粒子群算法出现较早，它比遗传算法规则更加简单，无需进行交叉和变异操作。另外，其他很多算法也是基于粒子群算法衍化或与其他优化算法理念相结合而产生的。粒子群算法容易实现、精度高、技术也比较成熟，已成功应用于解决多种不确定问题。杨改强等也曾应用粒子群算法对灌区地表水和地下水联合灌溉的不确定性问题做过一些研究。这些求解方法还有待进一步改进，以适用于不确定条件下农业供给侧结构性改革问题的研究。

目前不确定性方法在水资源管理方面有已经一些成功的应用。Guo 等对农业用水规划建立了模糊机会约束线性分式模型，用于农作物的管理。Li 等结合了机会约束规划、半无限规划和整数规划的区间线性规划，并应用于甘肃省民勤灌区的灌溉水资源优化。Zhang 等为最大限度地提高灌区的农作物总产量，建立了基于不确定的水库水和地下水联合灌溉的亏缺灌溉模型。Yang 等也通过建立非线性模糊区间的地表水和地下水联系灌溉优化模型用于解决河北省石津灌区的灌溉水资源优化问题。这些实例都成功地应用了不确定的优化方法来解决农业灌溉水资源短缺或优化配置的问题，其出发点是实现农业经济效益的最大化，而且农业种植结构与不确定性优化技术相结合的研究还不多见。李茉等建立了基于双层分式规划的种植结构多目标模型。刘潇等从经济效益和需水量出发，建立了旱作农作物的不确定性模糊多目标线性优化模型。在现阶段，将农业供给侧结构性改革与水资源配置相结合，并运用不确定优化技术分析和解决改革过程中可能发生的问题的研究还几乎没有。因此，开展对现阶段的农业供给侧结构性改革具有非常重要的意义。

1.2.4 水质评价方法研究现状

20 世纪初，由于世界上一些河流水质日趋恶化，人们开始注重水安全问题，水质评价也随之发展起来。1902～1909 年，德国柯克维兹和莫松等提出了生物学的水质评价分类方法。1907～1911 年，英国根据河流水质情况，提出以化学指标为标准对河流进行污染分类的方法。自 Horto 和 Jacobs 于 20 世纪 60 年代提出水体质量评价的水质指数概念和公式以来，国外就不断有探讨水质评价的方法理论并运用在地表水和地下水的水质评价中。1970 年，Brown 等提出了水质现状评价的质量指数法（WQI）。1977 年，Ross 根据 BOD、NH_3-N、SS 及 DO 四项指标，提出了一种较简明的水质指数计算方法，对英国克鲁德河流域主、支流水质进行了评价。进入 20 世纪 90 年代后，水质评价的方法得到了进一步的扩展，各种数学方法和模型都得到了应用。国外的水质评价是个多学科的对多介质、多参数的水质数据的分析过程。

我国水质评价始于 20 世纪 50 年代，这期间开展了对全国主要河流、湖泊（水库）的水质评价工作。1960 年我国提出了中国河流水化学特征报告及有关图标。1972 年，出版了包含水质评价内容的《北京西郊环境质量评价研究》，树立了我国水质评价研究的第一个里程碑；1974 年，提出综合污染指数法；1975 年提出水质质量指数法。1977 年以来，我国不断完善了水体质量评价指数系统。1978 年，中国科学院地理研究所在我国的地表水水质污染现状评价中，提出了一种评价地表水质的污染指数法。进入 20 世纪 80 年代，随着计算机技术的快速发展，使现代数学理论应用于水环境评价得以实现，模糊数学、灰色系统和人工智能等理论方法与计算机技术相结合使水质评价研究变得相当活跃。

目前，国内外广泛应用的水环境质量评价方法很多，主要有单因子评价法、指数评价法、分级评价法、模糊综合评判方法、灰色系统评价法、物元分析法、集对分析法、人工神经网络评价方法、层次分析法、模型法等，它们大都基于各项污染物的相对污染值，进行数学上的归纳与统计，计算污染指数，并据此进行水体污染的分类和分级。

1.2.5 农业供给侧结构性改革的研究现状

农业供给侧结构性改革是在供给角度实施农业种植结构优化、增加有效供给的中长期视野的宏观调控，它可以认为是一个不断迭代的过程，是为实现农业土地的可持续性，在一系列监测设施保障前提下，利益相关者之间不断调整农业供给侧结构，不断提高优化农业生产效率的过程。目前关于农业供给侧结构性改革的研究不多，大部分的研究关注土地利用规划。但是土地利用规划的关注范围要宽得多，其中不仅包括农业，也包括工业、景观、城市居民等土地利用类型。考虑到长期的发展规划目标，土地利用规划作为一种优秀的管理工具，可以与其他策略或政策一起，共同帮助保护和发展重要的农业土地资源，提高农业效率，使农民受益更多。研究表明，农业供给侧结构与粮食安全、对经济的贡献、土地利用冲突、农业的可持续发展等有关，农业供给侧结构是影响可持续发展的重要因素。由于很多地区缺乏合理的规划，城市化的不受控和不符合标准的土地利用，可能对农业生产效率产生不利影响，因此非常有必要进行农业供给侧结构性改革。

目前，大部分关于农业供给侧结构的研究都是以土地种植结构改变作为目的，通过 GIS 技术，对流域的高程、坡度、地理位置、土壤特性、植被密度等进行分析，建立基本的空间数据库，并评估土地的适宜性、土地利用、土地利用变化、灌溉和排水系统的运行状况、农业用地的损失、城市化的进程等，得到了农田、草地、森林等适宜种植的位置及面积，促进研究区域的可持续发展。但是这些研究的出发点和目的与当前中国的情况不同，这些研究以农业供给侧结构性改革作为目的，而我国现在则是以农业供给侧结构性改革作为出发点，因此对于当前中国来说仅具有有限的借鉴意义。我国目前已经初步设定了农业种植结构性改革的目标——玉米削减量及削减的地域。从农民的角度来讲，这些改变不一定会朝着有利于增长农民收入的方向发展，但从国内粮食稳定的角度出发这些改革又是必须的。为解决这个矛盾，并对改革过程中可能出现的各种情况提前做出准备，有必要对可能发生的情况进行预测并对不同情境下的水资源、农业等做出精准的评估。

对于不同类型的气候、土壤质地，需要用不同的替代农作物。例如，阿根廷图库曼 Burruyacu 地区为可能造成的林地面积减少，土壤退化，尤其是土壤板结和土壤侵蚀造成生态环境破坏性影响，提出了种植大豆替代玉米等农作物来避免自然环境不断恶化。印度 Chhotanagpur 高原可以在中度侵蚀和土壤肥力较低的休耕地种植玉米、扁豆等农作物。西非的贝宁共和国，由于不利的气候条件而决定了该地区更适宜种植棉花、玉米和木薯，而在贝宁中心地区，则更适宜种植高粱和花生。印度莫德尔 Barakar 流域通过重新分配水稻、玉米和森林种植地理位置，不改变各农作物的种植面积，减少了流域的产沙量，并增加了水稻和玉米的产量。而我国目前由于玉米过剩，大豆需要大量进口，所以可以考虑减少玉米种植面积的同时增加大豆的种植面积。

另外，农业供给侧结构还可以根据城乡规划，将部分灌溉农田转变为具备渠系灌溉的生态景观，既保障湿地的范围，还可以保护鱼类和野生动物的生存环境，保持生物的多样性；或者与景观设计相结合，建成带花园的农场、园艺性质的屋顶、森林化的城市等，都是比较新颖的前沿方向。

农业供给侧结构性改革的同时，也必然会引起水资源供给方向和供给量的调整。Ahmadi 等将农业土地规划，水资源配置，经济、环境和社会目标相结合，基于遗传算法建立了优化模型，通过改变土地利用，最大限度地提高上游地区的农业生产水平，降低农业人口的失业率，并可以给下游地区提供更可靠的供水保障。Fidelis 等综合评估了土地利用和水资源规划，在葡萄牙水法和城市发展规划的保障下，可以更好地促进农业空间结构上的改变。Baillie 等通过对不丹西部的 Wang 流域灌溉水稻用水与水电用水的相关研究，发现它们之间存在明显的竞争，因为水资源在当地比较稀缺，供给侧结构调整后会严重影响当地水电产业。在气候干旱的地区，农业供给侧结构性改革对水资源的影响更为明显。

在现阶段，农业供给侧结构性改革是一个动态、不断提高的过程。它与水资源研究密切相关，也与社会经济发展、农业环境系统有着紧密的联系，是实现和促进我国农业可持续发展必须面对的重要研究问题。

1.2.6 相关决策支持系统研究现状

目前许多灌溉水优化配置模型已经开发出来，并在各灌区进行了试验。

例如，Wang (1995)提出了灌溉渠道最优流量调度的0-1规划模型。Calderon等(2016)提出了一个基于实时数据的识别过程获得的动态模型。其目的是实现对灌溉渠道系统水量分配的有效控制，提高运行效率，减少水资源损失。Bolea 和 Puig(2016)开发了一个优化模型，该模型考虑了水分配延迟和植物特性变化估计中的不确定性。上述模型主要用于优化流量调节和降低水头闸门的运行频率。这些模型的一个主要不足是没有考虑地下水对作物的影响，这限制了模型在以地表水和地下水为主要水源的井渠联合灌区的应用。

地下水和地表水联合用于农业灌溉是我国大部分灌区的主要灌溉方式。地下水是一种重要的灌溉水资源，应纳入农业水资源管理。为了准确地优化灌溉水配置，近几十年来发展了许多考虑地下水利用的模型。例如，Tabari 和 Mari 提出了一个基于 Manning 方程的模型，用于优化设计灌溉用水网络中损失最小的运河断面。为了提供准确的渠道渗漏损失量，模型中考虑了地下水位。Kilic 和 Anac 开发了一个多目标规划模型，以实现经济效益、社会效益和环境效益，并将其应用于土耳其下盖迪兹盆地的 Menmen 左岸灌溉系统。利用这些模型，决策者和利益相关者可以通过分配有限的水资源来增加总灌溉面积，减少水资源损失。然而，这些模型没有考虑地下水利用的不确定性，地下水水量反而被视为优化模型的常数，该模型过于简单，不能真实地反映灌溉过程中地下水利用变化的影响。

决策支持系统（DSS）的形式是一种行之有效的推广应用模型成果的手段。DSS 是一个基于优化模型而设计的重要工具，它以运筹学、管理学等科学为基础，以计算机技术为手段，针对结构化、半结构化等决定问题，快速准确地为决策者提供所需的数据信息及决策方案，通过综合分析比较帮助决策者做决策。在农业方面，DSS 具有很高的复杂性，它涉及多变的天气状况、农作物种植特点、研究区域的作物种类、复杂的土壤质地及含水量变化情况等。就冬小麦而言，其主要影响因素包括气候变化、土壤类型和水分状况，N 和 P 的土壤状况及施肥量，生物气候条件、种植时间和霜冻风险，杂草侵扰等。要处理这些复杂性，在过去的十几年已经出现了一些用于农业灌溉水资源的优化模型，但这些模型基本上都具有自己特定的目标、清晰的应用领域及有限的农作物种类，而不具备灵活方便、适用性强、可移植的特点。

首先，以往的模型都具有特定的决策目标。这些模型的优化目标主要是实现经济效益的最大化，DSS 用户很难重新设计或二次修改这些目标，对大多数 DSS 来说甚至只有一个决策目标，更不用提选择某个目标的可能。例如，模型目标固定为实现农作物生产效益最大化，实现水资源约束条件下附加价值最大化，通过分配有限的水资源至不同灌溉区域实现系统总收益最大化。之前的这些研究，模型目标已经被固定在决策支持系统当中，不能再被修改，再次应用该模型时必须确保所有的数据结构与模型中涉及的数据结构保持高度一致且数据必须完整，因此很难适于其他应用。

其次，DSS 是针对特定研究区域的。例如应用于澳大利亚塔斯马尼亚州的农业 DSS，该系统包括多种环境数据，如气象因子、可用水量。应用于北京市通州区和大兴区的农业用水及非点源污染管理 DSS；在希腊中部的 Ali Efenti 流域实施的可以减少农业用水总量的有效 DSS；用于农业可持续发展以提高降水丰富的雨林地区的生产力并节约相关资源为目标的 DSS。梁忠民针对江苏省连云港市区，通过预测水资源需求，建立区域多目标水资源优化模型，提出了基于 C/S 和 B/S 的水资源优化配置 DSS 的设计原则。然而，这些 DSS 仅适用于一个或两个区域，系统软件都是特制的，不能直接应用于其他地区。

再次，以往的 DSS 只局限于当地特定的农作物。大多数的农业 DSS 是针对某一种农作物而单独设计完成的。例如，用于优化澳大利亚北部地区花生的灌溉的基于网络的 DSS；应用于澳大利亚棉花产业的 DSS；用于准确预测干旱或半干旱地区小麦的籽粒品质、容重和蛋白质含量的简单快捷的 DSS。虽然这些 DSS 对于优化配置当地的水资源是有效的工具，但由于它们仅限定于特定的农作物，应用范围十分有限。

1.3 本书的主题内容及意义

1.3.1 主题内容

本书从农业系统中存在的不确定性出发，以优化农业水资源、种植结构为主要目的，对农业系统做出评价。书中主要包括不确性优化模型、不确性评价模型、决策支持系统开发三个方面的内容。限于章节篇幅，书中仅收录了著者及团队的部分成果，这些成果形式相对比较简单，容易使用，且通过两个实际开发的决策支持系统作为应用的示例，最后附上相关的部分主要代码，可供读者借鉴。

1.3.2 本书研究的意义

农业是整个国民经济的基础，农业水资源优化配置是实现我国农业及水资源可持续发展战略的根本保障。灌区作为我国的重要粮食生产地区，随着农业供给侧结构性改革的推进，其农业用水量和粮食生产量略有下降，尤其是玉米价格和玉米产量的大幅下降影响到半湿润偏旱灌区农民的经济收入水平、农业可持续发展、周边水体质量。当前常见的优化配置模型已显示出更多的不适宜性及明显的缺点。本书从农业水资源优化配置模型建立、算法研究和决策支持系统开发等方面出发，其理论对促进我国资源、环境与社会经济的协调发展，保障农业供给侧结构性改革具有以下重要的科学意义。

（1）有助于降低经济风险

2017 年中央经济工作会议提出农业供给侧结构性改革将以去产能为核心。随着农业劳动力、土地、环境保护、质量安全成本的显性化和不断提高，我国农产品跟国际农产品出现价格倒挂且有愈演愈烈的趋势。当前我国主要农产品仍处于从供需紧张状态到平衡状态的转向中。以玉米为例，2016 年中央一号文件所提出的推进农业供给侧结构性改革，正是以玉米收储制度作为突破口。2016 年华北半湿润偏旱灌区的饲料玉米价格甚至降到了往年的 1/2，价格差降低了部分农户经济收入水平，也影响了玉米产业链的利润分配。对农业供给侧结构性改革过程中的经济问题重点深入研究，降低经济引起的市场风险，建立可实现经济风险度量的农业水资源优化分配模型，可以保障农民的收入水平，稳定区域农业经济发展，推进农业供给侧结构性改革。

（2）有助于实现农业水资源公平分配

灌区内，距离渠首较近的用水户由于输配水距离短，渗漏损失小，灌溉成本较低。以往的优化模型一般为实现最大的经济效益而不考虑公平性原则，那么必然会导致偏远地区的用水户分配水量少，农产品经济收入较低。这对于灌区整体的经济水平、当地农民种植农作物的积极性都非常不利。但是如果完全按照种植面积平均分配水资源，又不利于灌区的整个经济效率。建立可实现农业水资源公平分配的优化模型，对提高灌区整体经济水平、缩小贫富差距、维护社会稳定有着积极意义。

(3) 有助于保护水体环境质量

在农业生活过程中，农田中的氮素、磷素、农药等有机、无机污染物质，在降水、灌溉、排污的过程中会通过地表径流、农田排水和地下渗漏等途径进入受纳水体，进而造成周边水域的环境污染。每年都会有上千万吨的废氮流入各大水域，引起多种环境污染问题。而农业供给侧结构性改革会改善我国的土地资源利用模式，农产品的供给侧向生态、绿色转变会改变农药和化肥的使用量，进而影响到周边水域环境。但当前的水资源优化分配模型很少考虑对水体质量的影响，建立关联水质的农业水资源优化分配模型，能够在提高灌区农民收益的同时保护环境质量，提高灌区居民生活水平。

当前相关领域的研究大多是从农业经济效益出发，进行作物间的优化配水，而对实际操作过程中的经济风险等考虑不足，也没有实现区域内的公平分配和控制水体质量，这对当地农业的发展是相对不利的。尤其是在当前农业供给侧结构性改革前提下，为促进我国农业可持续发展，优化配置水资源，保护生态环境等方面还需要做很多研究。本书中涉及的研究成果将填补这方面的空白，提供更稳定、更公平的农业水资源优化配置模型。通过规避农产品的市场经济和水资源供需风险，保障农民的收入公平，实现相关区域的农业可持续发展，并可为其他资源的优化配置研究提供科学支撑和理论参考。

第 2 章
系统优化基础理论

农业水资源的优化配置以及合理开发对于推动可持续发展战略的实施具有重要的支撑作用，两者关系重大。对于农业水资源优化配置要从需水角度和供水角度展开讨论，从需水角度看，农业水资源优化配置是经过协调生产力布局和产业结构来完成的；从供水角度看，农业水资源优化配置要求协调各单位间的竞争性用水关系，加强科学化管理。从更微观的角度来看，农业水资源优化配置是对取水和供水系统进行优化配置，将地表水、地下水以及其他来源的水资源分配给多个用户，满足多个不同用户的用水需求，合理规划水资源系统，选择最佳配水方案，从而使得农业水资源的利用效率达到最高，实现水资源高效循环利用以及水量和水质的协调统一。

2.1 农业水资源优化配置原则

农业系统水资源的优化配置一般应遵循以下几个原则。

（1）公平性原则

从公平的角度优化水资源和土地资源的分配。水资源和土地资源作为一种公共资源，社会中的每一个人都有权力去使用，通过合理分配水资源到各个区域和部门，可使通过水资源获得的利益被平均分配到社会各个阶层中。但是，我国农业水资源具有分布不均的特点，因此在保证供水需求和土地条件限制的同时可以通过公平原则确保各自权益的相对公平。

（2）系统性原则

农业系统资源影响着农业系统和居民生活的方方面面。因此，对水资源和土地资源进行分配时应从多个方向出发考虑各个因素之间的相互作用。在管理过程中，应采用动态管理方法，并根据每个阶段的不同环境进行合理的管理。水资源的调整有利于其合理配置，土地资源的调整有利于种植结构的改善，为推进和谐社会的发展和最高的经济目标做出贡献。

（3）有效性原则

在农业生产过程中，高效利用有限水资源可实现系统收益最大化，同时可以避免增加水资源的耗损，保持生态系统的稳定，平衡经济、社会和环境大系统。

（4）可持续性原则

水资源在社会可持续发展中扮演着重要角色。不可过度开发利用水资源，同时让子孙后代拥有正常使用农业水资源的权利。农业水资源开发和利用的目的、速度、规模和水平必须适应经济和社会的发展阶段，开发和利用措施必须适应当地条件，在能力范围内采取保护行动。

2.2 农业系统优化建模方法及求解算法

水资源优化配置的方法众多，例如线性规划、双层分式规划、整数规划、排队论模型、非线性规划、层次分析法、动态规划、区间规划、对策论、插值与拟合、模糊规划和偏最小二层回归等方法。在农业水资源的优化配置过程中，这些方法经常被综合使用。本节主要对农业系统中优化建模的常用方法和求解算法进行介绍。

2.2.1 区间线性规划

区间线性规划指在大体系中把不确定的数据作为变量，它是一个有上下界的区间。该方法除了能使模型优化结果具有科学性以及使研究者的工作量减少外，还能把决策空间真正留给决策者，扩大了决策者的权力。因此，该方法适用于研究系统中存在不确定性的情况。区间线性规划方法能够较为容易地获得数据参数，计算路径也较为简单，在水资源优化配置模型中利用较多。由于存在地区、气候以及多种不确定性因素，导致获取的数据的不确定性极高。因此，当系统中存在不确定性因素时，区间线性规划方法的使用可以提高决策结果的可信度。

(1) 区间数的相关定义

定义 1 $x^{\pm}=\left[x^{-},x^{+}\right]=\left\{x \mid x^{-}\leqslant x^{+},x\in R\right\}$表示区间数或者区间，$x^{-}$和$x^{+}$分别为$x^{\pm}$的下限和上限。当$x^{+}=x^{-}$时，$x^{\pm}$就表示一个实数。

定义 2 对于区间数$x^{\pm}$，如果$x^{+}\geqslant 0$，$x^{-}\geqslant 0$，则$x^{\pm}\geqslant 0$；如果$x^{\pm}\leqslant 0$，$x^{-}\leqslant 0$，则$x^{\pm}\leqslant 0$。

定义 3 两个区间数$x^{\pm}=\left[x^{-},x^{+}\right]$和$y^{\pm}=\left[y^{-},y^{+}\right]$的算数运算定义如下：

$$x^{\pm}+y^{\pm}=\left[x^{-}+x^{+},y^{-}+y^{+}\right] \tag{2-1}$$

$$x^{\pm}-y^{\pm}=\left[x^{-}-y^{+},x^{+}-y^{-}\right] \tag{2-2}$$

$$rx^{\pm}=\begin{cases}\left[rx^{-},rx^{+}\right] & r\geqslant 0\\ \left[rx^{+},rx^{-}\right] & r<0\end{cases} \tag{2-3}$$

定义 4 区间数 $x^{\pm}=\left[x^{-},x^{+}\right]$ 的长度为 $\operatorname{len}\left(x^{\pm}\right)=x^{+}-x^{-}$。

定义 5 令 $R^{\pm}$表示区间数集，则区间数向量以及区间数矩阵分别表示为：

$$X^{\pm}=\left\{x_j^{\pm}=\left[x_j^{-},x_j^{+}\right]\mid\forall j\right\},X^{\pm}\in\left\{R^{\pm}\right\}^{1\times n} \tag{2-4}$$

$$X^{\pm}=\left\{x_{ij}^{\pm}=\left[x_{ij}^{-},x_{ij}^{+}\right]\mid\forall i,j\right\},X^{\pm}\in\left\{R^{\pm}\right\}^{m\times n} \tag{2-5}$$

定义 6 两个区间数 $x^{\pm}=\left[x^{-},x^{+}\right]$ 和 $y^{\pm}=\left[y^{-},y^{+}\right]$，当 $\operatorname{len}\left(x^{\pm}\right)$ 和 $\operatorname{len}\left(y^{\pm}\right)$ 不同时为零时，称

$$P\left\{x^{\pm}\leqslant y^{\pm}\right\}=\frac{\max\left[0,\operatorname{len}\left(x^{\pm}\right)+\operatorname{len}\left(y^{\pm}\right)-\max\left(0,x^{+}-y^{-}\right)\right]}{\operatorname{len}\left(x^{\pm}\right)+\operatorname{len}\left(y^{\pm}\right)} \tag{2-6}$$

为 $x^{\pm}\leqslant y^{\pm}$ 的可能度。

对于两个确定数 x,y，定义：

$$P\left\{x\leqslant y\right\}=\begin{cases}1 & x\leqslant y\\ 0 & x>y\end{cases} \tag{2-7}$$

定义 7 对于 $x^{\pm}$，$\operatorname{sign}\left(x^{\pm}\right)$ 可以定义为：

$$\operatorname{sign}\left(x^{\pm}\right)=\begin{cases}1 & x^{\pm}\geqslant 0\\ -1 & x^{\pm}\leqslant 0\end{cases} \tag{2-8}$$

定义 8 对于 $x^{\pm}$，其绝对值 $\left|x^{\pm}\right|$ 可以定义为：

$$\left|x^{\pm}\right|=\begin{cases}x^{\pm} & x^{\pm}\geqslant 0\\ -x^{\pm} & x^{\pm}<0\end{cases} \tag{2-9}$$

即：

$$\left|x\right|^{-}=\begin{cases}x^{-} & x^{\pm}\geqslant 0\\ -x^{-} & x^{\pm}<0\end{cases} \tag{2-10}$$

$$|x|^{+}=\begin{cases}x^{+} & x^{\pm}\geqslant 0\\ -x^{+} & x^{\pm}<0\end{cases} \tag{2-11}$$

（2）区间线性规划模型形式

区间线性规划（Interval Linear Programming, ILP）是由 Huang 首先提出的用于处理模型中表现为区间数的不确定信息的优化方法。该方法可以处理模型目标函数和约束条件中所包含的不确定性，不需要参数的具体分布信息就可以给决策者提供较为稳定的解。

模型基本表达式如下：

$$\begin{cases}\min f^{\pm}=C^{\pm}X^{\pm}\\ A^{\pm}X^{\pm}\leqslant B^{\pm}\\ X^{\pm}\geqslant 0\end{cases} \tag{2-12}$$

式中，$f^{\pm}$ 代表线性规划的目标函数。$A^{\pm}\in\{R^{\pm}\}^{m\times n}$；$B^{\pm}\in\{R^{\pm}\}^{m\times 1}$；$C^{\pm}\in\{R^{\pm}\}^{1\times n}$；$X^{\pm}\in\{R^{\pm}\}^{n\times 1}$。$\{R^{\pm}\}$ 代表区间数集。在求解的过程中，区间线性规划模型可以转化成两个确定性模型，即上限子模型和下限子模型。令 $c_j^{\pm}$ 为 $C^{\pm}$ 向量的第 j 个元素，$a_{ij}^{\pm}$ 为 $A^{\pm}$ 矩阵中的元素，$x_j^{\pm}$ 为 $X^{\pm}$ 向量的第 i 个元素，在目标函数的 n 个不确定的系数 $c_j^{\pm}(j=1,2,3\cdots,n)$ 中，假设正数的个数为 k_1，负数的个数为 k_2，令前 k_1 个系数为正，即 $c_j^{\pm}<0$ $(j=k_1+1,k_1+2,\cdots,n)$，且 $k_1+k_2=n$，这里假设 $c_j^{\pm}$ 的上下限符号相同。所以上述目标函数可以转化为下限子模型和上限子模型。

① 下限子模型：

$$\begin{cases}\min f^{-}=\sum_{j=i}^{k_1}c_j^{-}x_j^{-}+\sum_{j=k_1+1}^{n}c_j^{-}x_j^{+}\\ \sum_{j=i}^{k_1}|a_{ij}|^{\pm}\operatorname{sign}(a_{ij}^{\pm})x_j^{-}+\sum_{j=k_i+1}^{n}|a_{ij}|^{-}\operatorname{sign}(a_{ij}^{-})x_j^{+}\leqslant b_i^{+},\ \forall i\\ x_j^{\pm}\geqslant 0, j=1,2,\cdots,n\end{cases} \tag{2-13}$$

通过对上述的模型进行求解，即可求出 $f_{opt}^{-},x_{jopt}^{-}(j=1,2,\cdots,k_1)$ 和 x_{jopt}^{+} $(j=k_1+1,k_1+2,\cdots,n)$。

② 上限子模型：

$$
\begin{cases}
\min f^+ = \sum_{j=i}^{k_1} c_j^+ x_j^+ + \sum_{j=k_1+1}^{n} c_j^+ x_j^- \\
\sum_{j=i}^{k_1} | a_{ij} |^- \operatorname{sign}(a_{ij}^-) x_j^+ + \sum_{j=k_i+1}^{n} | a_{ij} |^+ \operatorname{sign}(a_{ij}^+) x_j^- \leqslant b_i^-, \ \forall i \\
x_j^- \leqslant x_{jopt}^+, j = k_1+1, k_1+2, \cdots, n \\
x_j^- \geqslant 0, j = 1, 2, \cdots, n
\end{cases} \tag{2-14}
$$

通过求解关于 f^+ 上限的子模型，即可得出 $f_{opt}^+, x_{jopt}^+ (j=1,2,\cdots,k_1)$ 和 x_{jopt}^- $(j=k_1+1,k_1+2,\cdots,n)$，最终可求得 $x_{jopt}^\pm = [x_{jopt}^-, x_{jopt}^+]$，$\forall j$，$f_{jopt}^\pm = [f_{jopt}^-,$ $f_{jopt}^+]$。

(3) 两步求解方法

通过使用区间线性规划法，在不清楚系统中参数信息如何分布的基础上将系统中的不确定性信息用区间表示出来，并用适当的方法求解，可以得到一系列的可行区间和进一步的可行方案，同时对于决策者和管理者而言，该方法分别可以为其提供可行空间和科学合理的技术支持。两步法目前在处理不确定性优化模型方面已经有很多成功的应用实例，上述模型也可以采用 Huang 提出的两步法（TSM）求解。根据两步法的原理，最初的区间模型将基于交互式算法转化为两个确定性的中间子模型。对上述的最大化问题的模型来说，转化后的第一个子模型可以获得系统效益的上限值，另一个子模型可以获得系统效益的下限值。通过顺序求解这两个子模型，再将它们的解联立起来，得到最终的决策变量的区间解以及目标值。

区间数的定义为：$X^\pm = \left[X^-, X^+\right]$，其中 X^- 和 X^+ 分别为其取值的下限和上限。当模型为最大化问题时，ILP 模型可用下面形式表示：

$$
\max f^\pm = C^\pm X^\pm \tag{2-15}
$$

s.t.

$$
A^\pm X^\pm \leqslant B^\pm \tag{2-16}
$$

$$
X^\pm \geqslant 0 \tag{2-17}
$$

式中，$A^\pm \in \left\{R^\pm\right\}^{m\times n}$；$B^\pm \in \left\{R^\pm\right\}^{m\times 1}$；$C^\pm \in \left\{R^\pm\right\}^{1\times n}$；$X^\pm \in \left\{R^\pm\right\}^{n\times 1}$；$R^\pm$ 为区间数。

对此 ILP 模型的处理，常用的方法是两步法。它包括两个主要步骤，即分成下面两个子模型。

① 子模型 A：

$$\max f^{+}=\sum_{j=1}^{k}c_j^{+}x_j^{+}+\sum_{j=k+1}^{n}c_j^{+}x_j^{-} \tag{2-18}$$

s.t.

$$\sum_{j=1}^{k}\mathrm{sign}(a_{ij}^{-})\left|a_{ij}\right|^{-}x_j^{+}+\sum_{j=k+1}^{n}\mathrm{sign}(a_{ij}^{+})\left|a_{ij}\right|^{+}x_j^{-}\leqslant b_i^{+}\quad \forall i \tag{2-19}$$

$$x_j^{+}\geqslant 0, x_j^{-}\geqslant 0\quad \forall j \tag{2-20}$$

② 子模型 B：

$$\max f^{-}=\sum_{j=1}^{k}c_j^{-}x_j^{-}+\sum_{j=k+1}^{n}c_j^{-}x_j^{+} \tag{2-21}$$

s.t.

$$\sum_{j=1}^{k}\mathrm{sign}(a_{ij}^{+})\left|a_{ij}\right|^{+}x_j^{-}+\sum_{j=k+1}^{n}\mathrm{sign}(a_{ij}^{-})\left|a_{ij}\right|^{-}x_j^{+}\leqslant b_i^{-}\quad \forall i \tag{2-22}$$

$$x_j^{-}\leqslant x_{opt,j}^{+}\quad j=1,2,\cdots,k \tag{2-23}$$

$$x_j^{+}\geqslant x_{opt,j}^{-}\quad j=k+1,k+2,\cdots,n \tag{2-24}$$

$$x_j^{+}\geqslant 0, x_j^{-}\geqslant 0\quad \forall j \tag{2-25}$$

$$\mathrm{sign}(a_{ij}^{+})=\begin{cases}1 & \left(a_{ij}^{+}\geqslant 0\right)\\ -1 & \left(a_{ij}^{+}<0\right)\end{cases} \tag{2-26}$$

式中，$c_j^{\pm}$ (j=1，2，…，k)为正区间数；$c_j^{\pm}$ (j=k+1，k+2，…，n)为负区间数；c_j^{+} 为$c_j^{\pm}$的上边界；c_j^{-}为$c_j^{\pm}$的下边界；$x_j^{\pm}$ (j=1，2，…，k)为系数为正的区间变量；$x_j^{\pm}$ (j=k+1，k+2，…，n)为系数为负的区间变量；x_j^{+} 为$x_j^{\pm}$的上边界；x_j^{-} 为$x_j^{\pm}$的下边界；$\left|a_{ij}\right|^{+}$为$\left|a_{ij}\right|$的上边界；$\left|a_{ij}\right|^{-}$为$\left|a_{ij}\right|$的下边界；$\left|a_{ij}\right|$为a_{ij}的绝对值；$\mathrm{sign}(a_{ij}^{+})$为符号函数，如式（2-26）所列。

通过子模型 A[目标函数为式(2-18)，约束条件为式(2-19)、式(2-20)]，可得f^{+}的解。然后，再通过子模型 B[目标函数为式（2-21），约束条件为式（2-22）、式（2-25）]，求得f^{-}的解。如果这两个子模型都有可行解，在顺序求解这两个子模型后便可联立得到模型的完整区间解。

(4) 单步求解算法

两步法求解算法是目前最常用的区间规划求解算法，但是其也有一个明显缺陷，即在约束右手边高度不确定性的条件下两步法可能无法得到完整解。

在子模型 A 中，当约束条件合理时经过计算可得到可行解 f^+。将其代入子模型 B 并附加一些额外约束，因此子模型 B 是否有解部分依靠子模型 A 的解。当其约束的右手边存在高度不确定性时，这两个子模型的约束限定的范围会变化很大。如果约束中的 $B^{\pm}$区间范围比较广，那么在求解子模 A 时，按照约束所求的解的一个边界很可能会严重偏离优化解的范围。在某些时候，将通过子模型 A 求得的一个边界代入子模 B 型时就会引起约束过紧，无法得到完整的解。

但是事实上，这些模型解的范围是客观存在的，尽管可能区间相对比较大。为了克服两步法的缺点，正常求得所需的解，可以采用单步法（SSM）的求解方法。考虑到所有的目标和约束条件的模型，该模型可以认为是一个目标规划。将它处理为唯一的目标，通过引入一个参数 λ。在新模型中，通过求解唯一的模型即可得到所有区间解，而无需再顺序求解两个子模型。改进后的模型如下：

$$\max z = \lambda f^+ + (1-\lambda) f^- \tag{2-27}$$

s.t.

$$f^+ = \sum_{j=1}^{k} c_j^+ x_j^+ + \sum_{j=k+1}^{n} c_j^+ x_j^- \tag{2-28}$$

$$f^- = \sum_{j=1}^{k} c_j^- x_j^- + \sum_{j=k+1}^{n} c_j^- x_j^+ \tag{2-29}$$

$$\sum_{j=1}^{k} \text{sign}(a_{ij}^-) \left|a_{ij}\right|^- x_j^+ + \sum_{j=k+1}^{n} \text{sign}(a_{ij}^+) \left|a_{ij}\right|^+ x_j^- \leqslant b_i^+ \quad \forall i \tag{2-30}$$

$$\sum_{j=1}^{k} \text{sign}(a_{ij}^+) \left|a_{ij}\right|^+ x_j^- + \sum_{j=k+1}^{n} \text{sign}(a_{ij}^-) \left|a_{ij}\right|^- x_j^+ \leqslant b_i^- \quad \forall i \tag{2-31}$$

$$x_j^+ \geqslant x_j^- \quad \forall j \tag{2-32}$$

$$x_j^- \geqslant 0 \quad \forall j \tag{2-33}$$

$$f^{+} \geqslant f^{-} \tag{2-34}$$

$$f^{-} \geqslant 0 \tag{2-35}$$

根据 Yang 等的建议，对于 max 类型的优化模型，如果想要得到的区间解比较完整，可以取 λ=0.8。

2.2.2 区间线性半无限规划

不确定性参数除了用点区间来表示，函数区间也是一个很好的表示方法，函数区间是建立在不确定性参数和自变量之间的关系的基础上的，分为上限函数和下限函数，我们将建立的区间函数称为区间半无限线性规划（Interval Linear Semi-Infinite Programming, ILSIP）。关于 ILSIP 的研究是近几年才开始的，主要应用于环境管理中，Guo 等首次将区间线性半无限规划（ILSIP）应用到水资源优化配置中，但在灌溉水资源优化配置中还未见。典型的 ILSIP 可以表示如下：

$$\begin{cases} \max f^{\pm} = C^{\pm} X^{\pm} \\ A^{\pm}(t) X^{\pm} \leqslant B^{\pm}(t) \\ s = [t_l, t_u] \\ X^{\pm} \geqslant 0 \end{cases} \tag{2-36}$$

式中，$A^{\pm}(t) \in \{R^{\pm}\}^{m \times n}$；$B^{\pm}(t) \in \{R^{\pm}\}^{m \times 1}$；$C^{\pm} \in \{R^{\pm}\}^{1 \times n}$；$X^{\pm} \in \{R^{\pm}\}^{n \times 1}$。$\{R^{\pm}\}$代表区间点或函数集，$t$ 是自变量，在$[t_l, t_u]$范围内变化，一个随时间变化的区间函数可以用图 2-1 表示。图 2-1 中，$W^{+}(t)$表示水量随时间变化的上限边界，$W^{-}(t)$表示水量随时间变化的下限边界。

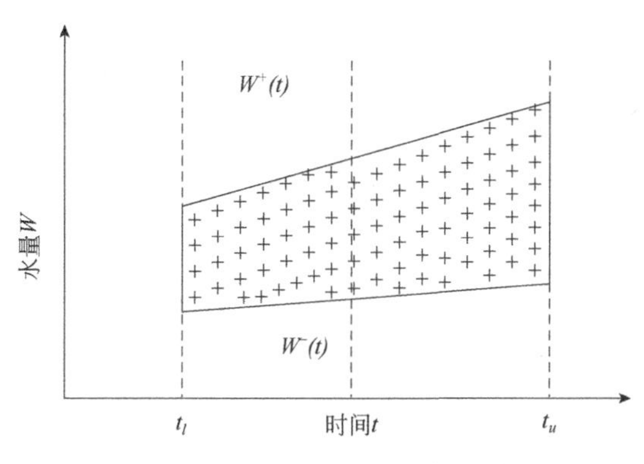

图 2-1 随时间变化的区间函数

2.2.3 模糊线性规划

（1）模糊集理论

模糊集理论是指将不确定的数据表示为模糊集或者连续隶属函数形式的理论。为了处理模糊不确定性数据，在下文中建立的模型融合了模糊集理论，能够有效处理模糊问题。隶属函数常用于处理模糊问题，如三角线性函数、矩阵型线性函数等。本书选取了三角线性函数，这些函数能够将模糊成员最重要的信息量化为上界、下界和最大可能的值。其模型的求解方法是将模糊数进行解模糊化或解随机化，其中的α-cut水平可以很好地描述隶属函数的模糊程度。在图2-1中将三角隶属函数以及相对照的α-cut水平的区间范围表示出来。例如，在研究过程中经常见到的模糊数X，它可以通过3个数字来定义：

① 最低可能值$A_{1\min}$；

② 最可信的值$A_{2\min}$；

③ 最高可能值A_1。

在每一个α-cut水平下，模糊参数$\tilde{A}$可以用下面的封闭区间来表示：

$$\left[A_\alpha^-, A_\alpha^+\right]=\left[(1-\alpha)A_{1\min}+\alpha A_1,(1-\alpha)A_{2\min}+\alpha A_1\right] \qquad (2\text{-}37)$$

模糊参数 $\tilde{A}$ 是实数轴E上的一个凸模糊子集，E的隶属度函数记为$\mu_A: E \to [0,1]$，且满足：存在$r \in E$，满足$\mu_{\tilde{A}}(r)=1$；α 为水平截集，且取值范围为[01]，其集合为一个闭集；A是一个闭集。

以三角形模糊数为例，其隶属度函数$\mu(x)$的描述见图2-2。

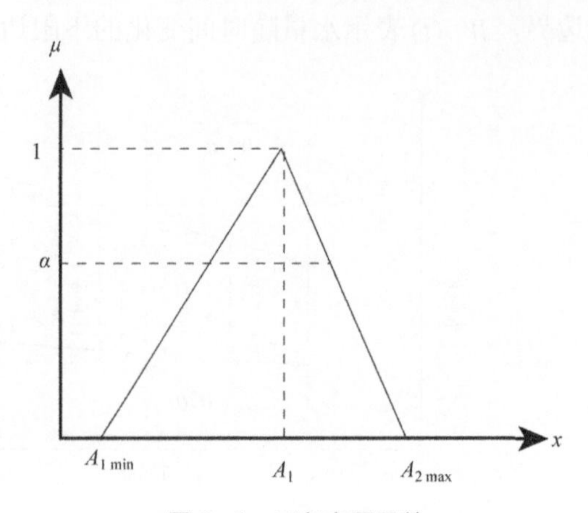

图2-2　三角隶属函数

三角隶属函数可以被描述如下：

$$a=\mu(x)=\begin{cases}0 & x\leqslant A_{1\min}\text{或}x\geqslant A_{2\max}\\ \dfrac{A_{\alpha}^{-}-A_{1\min}}{A_{1}-A_{1\min}} & A_{1\min}<x<A_{1}\\ \dfrac{A_{2\max}-A_{\alpha}^{+}}{A_{2\max}-A_{1}} & A_{1}<x<A_{2\max}\\ 1 & x=A_{1}\end{cases} \tag{2-38}$$

以梯形模糊数为例，其隶属度函数 $\mu(x)$ 的描述见图 2.3。

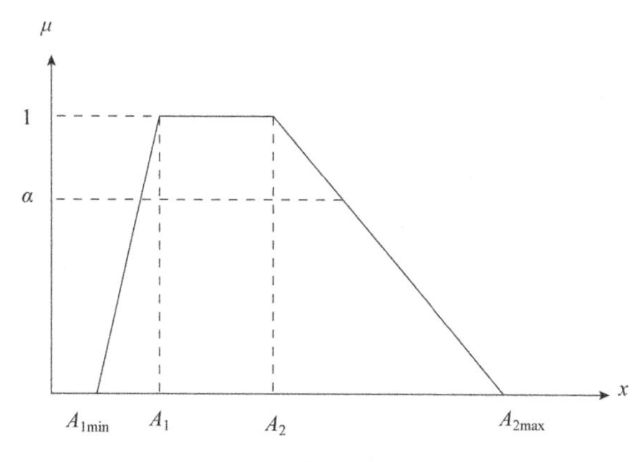

图 2-3　梯形模糊隶属度函数

令 $\widetilde{A}=(A_{1\min},A_{1},A_{2},A_{2\max})$ 是一个梯形模糊数，则在任意 α 截集下满足：$A_{\alpha\min}=(1-\alpha)A_{1\min}+\alpha A_{1}$，$A_{\alpha\max}=(1-\alpha)A_{2\max}+\alpha A_{2}$。三角模糊数是梯形模糊数的特例，即图 2-3 中的 A_{1}=A_{2}。

（2）模糊线性规划模型形式

一般的模糊线性规划模型（Fuzzy Linear Programming，FLP）可以表示如下：

$$\begin{cases}\max F=\sum\limits_{j=1}^{J}c_{j}a_{j}\gtreqqless Z_{0}\\ \sum\limits_{j=1}^{J}w_{ij}a_{j}\lesseqqgtr b_{i}\\ a_{j}\geqslant 0\\ i=1,2,\cdots,m,\ \ j=1,2,\cdots,n\end{cases} \tag{2-39}$$

Z_0 为普通线性规划的最优解，求解此模糊线性规划模型要用到模糊隶属度函数。设 $a=\{a_1,a_2,\cdots,a_n|a_1,a_2,\cdots,a_n\in R^n,a_1,a_2,\cdots,a_n\geqslant 0\}$，对于第 i 个约束条件，相应地 a 中有一个模糊子集 D_i，令第 i 个约束条件的伸缩值为 d_i，当第 i 个约束条件完全满足时，其隶属函数值为 1；当第 i 个约束条件超过伸缩值 d_i 时，其隶属函数值为 0；其他情况下，隶属函数值介于 0～1 之间。令介于 0～1 之间的隶属函数呈线性变化，则第 i 个约束条件的隶属函数可确定如下：

$$\mu_{\widetilde{D_i}}(a_1,a_2,\cdots,a_n)=\begin{cases}1 & \sum_{j=1}^{n}w_{ij}a_j\leqslant b_i\\ 1-\dfrac{\sum_{j}^{n}w_{ij}a_j-b_j}{d_j} & b_i<\sum_{j=1}^{n}w_{ij}a_j\leqslant b_i+d_i\\ 0 & \sum_{j=1}^{n}w_{ij}a_j>b_i+d_i\end{cases}\quad(2\text{-}40)$$

$$\mu_{\widetilde{F}}(a_1,a_2,\cdots,a_n)=\begin{cases}1 & \sum_{j=1}^{n}c_ja_j>Z_0\\ 1+\dfrac{(\sum_{j=1}^{n}c_ja_j-Z_0)}{d_0} & Z_0-d_0<\sum_{j=1}^{n}c_ja_j\leqslant Z_0\\ 0 & \sum_{j=1}^{n}c_ja_j\leqslant Z_0-d_0\end{cases}\quad(2\text{-}41)$$

设目标函数对应 a 中有一个模糊子集 $\widetilde{F}$，令目标函数的伸缩值为 d_0，其中 d_0 是在约束条件 $\sum_{j=1}^{n}w_{ij}a_j\lesssim b_i+d_i$（$i=1,2,\cdots,m$）下，普通线性规划的最优值与 Z_0 之差。假定目标函数的隶属函数也呈线性变化，隶属度函数表达形式如式（2-41）所列，约束条件及目标函数的隶属函数图形表示分别如图 2-4、图 2-5 所示。

令模糊优越解集为 $\widetilde{S}$，则 $\widetilde{S}=\widetilde{D_1}\cap\widetilde{D_2}\cap\cdots\widetilde{D_m}\cap\widetilde{F}$，根据最大隶属原则，模糊优越解 $a_1,a_2,\cdots a_n$ 的隶属函数为：

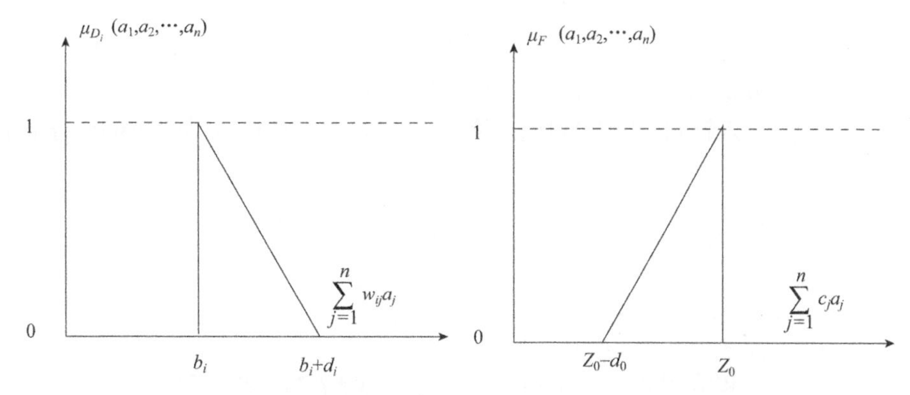

图 2-4 约束条件隶属度函数图 **图 2-5 目标函数隶属度函数图**

$$\begin{aligned}\mu_{\tilde{S}}(a_1,a_2,\cdots,a_n) &= \bigvee_{a_1,a_2,\cdots,a_n\in A}\{\wedge\mu_{\tilde{D}_i}(a_1,a_2,\cdots,a_n)\wedge\mu_{\tilde{F}}(a_1,a_2,\cdots,a_n)\}\\ &= \bigvee_{a_1,a_2,\cdots,a_n\in A}\{\lambda\mid\mu_{\tilde{D}_i}(a_1,a_2,\cdots,a_n)\geqslant\lambda,\mu_{\tilde{F}}(a_1,a_2,\cdots,a_n)\geqslant\lambda,i\\ &=1,2,\cdots,m,\ \lambda\geqslant 0\}\end{aligned} \tag{2-42}$$

根据上述分析，模糊线性规划模型便可转化为普通线性规划模型，如下式表示：

$$\begin{cases}\max\lambda\\ \mu_{\tilde{D}_i}(a_1,a_2,\cdots,a_n)\geqslant\lambda\\ \mu_{\tilde{F}}(a_1,a_2,\cdots,a_n)\geqslant\lambda\\ a_j\geqslant 0\\ \lambda\geqslant 0\\ j=1,2,\cdots,n\end{cases} \tag{2-43}$$

对上述模型用普通的线性规划求解方法即可求解，在求解过程中，约束条件的伸缩值 d_i 是根据实际情况通过综合分析和比较后确定的。

2.2.4 分数规划

分数规划（Fraction Programming, FP）可以用于反映研究系统的效率问题，也可用于求解多目标规划问题，典型的分数规划模型可以表示如下，记为（Primal Programming, PP）

$$\begin{cases}\max f(x)=\dfrac{cx+\alpha}{dx+\beta}\\ Ax\leqslant b\\ x\geqslant 0\end{cases} \tag{2-44}$$

式中，A 是一个 $m\times n$ 的矩阵；x 和 b 分别是 n 维和 m 维的列向量；c 和 d 分别是 n 维行向量；α 和 β 是参数，且 $dx+\beta>0$。

求解FP要用到对偶理论，对偶模型表示如下，记为（Dual Programming, DP）

$$\begin{cases}\min g(y,z)=z\\ A^{\mathrm{T}}y+d^{\mathrm{T}}z\geqslant c^{\mathrm{T}}\\ -b^{\mathrm{T}}y+\beta z=\alpha\\ y\geqslant 0\end{cases} \tag{2-45}$$

记 $L=[y,z:A^{\mathrm{T}}y+d^{\mathrm{T}}z\geqslant c^{\mathrm{T}};-b^{\mathrm{T}}y+\beta z\geqslant\beta;y\geqslant 0]$。

定理一（弱对偶理论）：对任意的 x 和 (y,z)，有 $f(x)\leqslant g(y,z)$。

定理二：若 $\hat{x}$ 是（PP）的可行解，$(\hat{y},\hat{z})$ 是（DP）的可行解，假设 $f(\hat{x})=g(\hat{y},\hat{z})$，则 $\hat{x}$ 是（PP）的最优解，$(\hat{y},\hat{z})$ 是（DP）的最优解。

定理三（强对偶理论）：若 $\hat{x}$ 是（PP）模型的解，那么一定存在（DP）模型的解 $(\hat{y},\hat{z})$。

定理四（补充松弛变量原理）：令 u 和 v 分别为（PP）和（DP）的松弛变量，当且仅当 $\hat{v}^{\mathrm{T}}\hat{x}+\hat{u}^{\mathrm{T}}\hat{y}=0$ 或者 $\hat{x}_j\hat{v}_j=0(j=1,2,\cdots,n),\hat{y}_j\hat{u}_j=0$ $(j=1,2,\cdots,m)$ 时，$(\hat{x},\hat{u})$ 是（PP）的解，$(\hat{y},\hat{z},\hat{v})$ 是（DP）的解。

上面定理的证明见相关参考文献，本书不再赘述。式（2-45）是一个线性模型，能够很容易得到其最优解 $(\hat{y},\hat{z})$，引入松弛列向量 $\hat{v}$，有 $\hat{v}=a^{\mathrm{T}}\hat{y}+d^{\mathrm{T}}\hat{z}-c^{\mathrm{T}}$ 且 $\hat{v}\geqslant 0$，令 $\hat{x}$ 为式（2-45）的最优解，$\hat{u}$ 为松弛列向量，则有 $a\hat{x}+\hat{u}=b$ 且 $\hat{u}\geqslant 0$，根据松弛定理，若有 $\hat{x}_j\hat{v}_j=0$，$\hat{y}_j\hat{u}_j=0$，式（2-44）与式（2-45）有相同的最优解。

2.2.5 双层分式规划

双层分式规划不仅可以高效处理系统中不同层次间的效率问题，而且可以使上下层间的决策意见更加协调，并且能够定量处理多目标问题。在大多数情况下会遇到一些特殊情况，例如当有两个或多个决策者轮流或者同时进行决策，通过具有层次结构的组织中就可以优化自己的目标功能。双层线性分式规划是解决这类问题的有效方法，并且常用交互式模糊规划方法求解模型。

经典的双层分式规划可以表达为如下几种形式。

① 上层规划

$$\max_{x_0} Z_0(x)=\frac{c_0x+\alpha_0}{d_0x+\beta_0} \tag{2-46}$$

② 下层规划

$$\max_{x_i} Z_i(x)=\frac{c_ix+\alpha_i}{d_ix+\beta_i} \quad i=1,2,\cdots,k \tag{2-47}$$

结构约束条件：

其中，

$$x\in S=\left\{x\in R^n \middle| Ax\leqslant b,x\geqslant 0\right\} \tag{2-48}$$

式中，$x_i(i=0,1,\cdots,k)$ 为 n_i 维决策变量；$Z_i=(x_0,x_1,\cdots,x_k)$，为第 i 层决策的目标函数，$i=0,1,\cdots,k$；c_0，d_0，c_i，$d_i(i=1,2,\cdots,k)$是 n 维行向量；α_0，β_0，α_i，$\beta_i(i=1,2,\cdots,k)$是常数；b 为 m 维列向量；A 为 $m\times n$ 的矩阵，S 为非空集合，是 R^n 中的凸紧集，并对于任意的 i，保证都有 $\min\left\{d_ix+\beta_i \middle| x\in S\right\}>0$。

本节定义上层规划的决策为 DM_0，下层规划的决策为 DM_i $(i=1,2,\cdots,k)$。

此双层分式规划模型在模糊交互式算法的基础上转换成双层线性分式规划模型，具体步骤如下。

（1）建立 DM_0 和 DM_i 的隶属度目标函数

在决策环境中，由于目标的冲突性质，DM_0 和 DM_i 都有意获得各自的目标函数，但孤立地计算每个 DM 值都不会被接受。因此，DM_0 应该尽可能满足 DM_i 的目标和偏好，同时也要满足自己的利益。隶属度函数均采用三角模糊隶属度函数的形式。

令 DM_0 的隶属度函数为：

$$\mu_{Z_0(Z_0)}=\begin{cases}0 & \left(Z_0<Z_0^{\min}\right)\\ \dfrac{Z_0-Z_0^{\min}}{Z_0^{\max}-Z_0^{\min}} & \left(Z_0^{\min}\leqslant Z_0\leqslant Z_0^{\max}\right)\\ 1 & \left(Z_0>Z_0^{\max}\right)\end{cases} \tag{2-49}$$

式中，$Z_0^{\max}=\max Z_0(x)$，$Z_0^{\min}=\min Z_0(x)$。

相似的，DM_i 的隶属度函数为：

$$
\mu_{Z_i(Z_i)}=\begin{cases}0 & \left(Z_i<Z_i^{\min}\right)\\ \dfrac{Z_i-Z_i^{\min}}{Z_i^{\max}-Z_i^{\min}} & \left(Z_i^{\min}\leqslant Z_i\leqslant Z_i^{\max}\right)\\ 1 & \left(Z_0>Z_0^{\max}\right)\end{cases} \tag{2-50}
$$

式中，$Z_i^{\max}=\max Z_i\left(x_i\right)$为 DM_i 第 i 个目标函数的最大值，x_i 为第 i 个决策变量，其中 $i=1,2,\cdots,k$；$Z_i^{\min}=\min_j Z_i\left(x_j\right)$是 DM_i 第 i 个目标函数的最小值，x_j 为第 j 个决策变量，其中 $j=1,2,\cdots,k$ 。

（2）转换约束

对于任何隶属度函数 $\mu_{f_i}\left(f_i\right)$，通常会附加一个不等式条件，即：

$$
d_i y+\beta_i t\leqslant 1, i=0,1,\cdots,k \tag{2-51}
$$

式中，$y=tx$，t 为常数，且 $t>0$。可以通过上面的转换约束将线性分式隶属度函数转换为普通线性函数。

（3）DM_0 的最小满意度约束

上层规划的决策 DM_0 是从整体方面出发考虑的，往往会为上层规划的决策指定一个最小满意度水平 $\delta\in[0,1]$，上层规划 $\mu_{Z_0}\left(Z_0\right)$ 表示其隶属度函数，一般可以由 $\mu_{Z_0}\left(Z_0\right)\geqslant\delta$ 表示，称其为上层规划的最小满意度约束。则 $\mu_{Z_0}\left(Z_0\right)\geqslant\delta$ 可以转换为：

$$
\left[c_0-d_0\mu^{-1}(\delta)\right]y+\left[\alpha_0-\beta_0\mu^{-1}(\delta)\right]t\geqslant 0 \tag{2-52}
$$

（4）妥协约束

令 ω_i 为下层规划第 i 个目标函数的重要性权重，其中 $i=1,2,\cdots,k$，且 $\sum_{i=1}^{k}\omega_i=1$。为了找到上述双层分式规划的最优可行解，上层和下层规划中的决策者都将找到一个折中的计划方案，使其尽可能地满足下述条件：

$$
\frac{\mu_{f_0}\left(f_0\right)}{\omega_0}\approx\frac{\mu_{f_1}\left(f_1\right)}{\omega_1}\approx\frac{\mu_{f_2}\left(f_2\right)}{\omega_2}\approx\cdots\approx\frac{\mu_{f_k}\left(f_k\right)}{\omega_k} \tag{2-53}
$$

在这种情况下，可以求解 $\max_{y.t}\min\left(\mu_{f_i}\left(f_i\right)/\omega_i\right)$，因此有：

$$
\min_i\frac{\mu_{f_i}\left(f_i\right)}{\omega_i}=\lambda\rightarrow\frac{\mu_{f_i}\left(f_i\right)}{\omega_i}\geqslant\lambda \tag{2-54}
$$

经过转换得到的妥协约束：

$$\mu_{f_i}\left(f_i\right)-\lambda\omega_i \geqslant 0 = i,1,2,\cdots,k \tag{2-55}$$

因此，通过原始模型和式（2-76）、式（2-77）和式（2-80）的计算过程，双层分式规划模型可以通过以下步骤化解为普通线性规划模型。

目标函数：$\max\lambda$

结构约束：$Ay-bt\leqslant 0$

转换约束：$d_i y+\beta_i t\leqslant 1\left(i=0,1,\cdots,k\right)$

上层规划的最小满意度约束：$\left[c_0-d_0\mu^{-1}\left(\delta\right)\right]y+\left[\alpha_0-\beta_0\mu^{-1}\left(\delta\right)\right]t\geqslant 0$

妥协约束：$\mu_{f_i}\left(f_i\right)-\lambda\omega_i\geqslant 0\left(i=0,1,\cdots,k\right)$

非负约束：$y\geqslant 0$，$t>0$，$\lambda\geqslant 0$ 。

令 y^*，t^* 为上述模型的最优解，则 $x^*=y^*/t^*$ ，则目标函数的满意度 $\mu_{Z_i}\left[z_i\left(x^*\right)\right]$，$i=0,1,\cdots,k$ 会被回馈给 DM_0。

交互式法则如下：

1）同层规划之间的交互　如果 $\mu_{Z_i}\left[z_i\left(x^*\right)\right](i=0,1,\cdots,k)$，比期望值要低，那么增加 ω_i；如果 $\mu_{Z_i}\left[z_i\left(x^*\right)\right](i=0,1,\cdots,k)$ 比期望值要高，那么降低 ω_i 。

2）上下层规划之间的交互　定义满意度 $\varDelta$ 及其上下限值 $\varDelta_U$，$\varDelta_L$。其中 $\varDelta$ 满足

$$\varDelta=\frac{\sum_{i=1}^{k}\omega_i\mu_{z_i}\left[z_i\left(x^*\right)\right]}{\mu_{z_0}\left[z_0\left(x^*\right)\right]} \tag{2-56}$$

如果 $\varDelta\in\left[\varDelta_L, \varDelta_U\right]$，那么模型计算得到的解即为最优解；如果 $\varDelta<\varDelta_L$，那么 DM_0 要减少最小满意度 δ 值；如果 $\varDelta>\varDelta_U$ ，那么 DM_0 要增加最小满意度 δ 值。

2.2.6　多目标规划

多目标规划又称向量规划、多准则规划等，涉及多个目标函数。在农业系统优化过程中，往往涉及两个或更多冲突的目标之间存在取舍时需要采取最优决策。如在实现最大经济效益的同时，保证水资源的利用效率最佳。此时，目标函数具有相互冲突的性质，存在一个帕累托（Pareto）最优

解。其中的一个解决方案称为非劣解，帕累托最优，帕累托有效或非劣效性。如果没有额外的主观偏好信息，所有帕累托最优解都可接受。但从管理操作角度来讲，这种解的不确定性无法付诸应用。因此需要寻找一组代表性的帕累托最优解，量化满足不同目标的方案，找到其中一个最符合决策者主观偏好的单一解决方案。为解决多目标决策问题，可以采用线性加权和法、最小偏差法、理想点法等多种手段。

2.2.6.1 最小偏差法

最小偏差法是基于理想点法的一种改进算法。

一般多目标优化设计问题数学模型可以描述为：

$$\begin{cases} V = \begin{cases} \min F_1(X) = [f_1(X), f_2(X), \cdots, f_l(X)]^{\mathrm{T}} \\ \max F_2(X) = [f_{l+1}(X), f_{l+2}(X), \cdots, f_m(X)]^{\mathrm{T}} \end{cases} \\ X \in R^n \\ g_j(X) \geqslant 0 \quad (j = 1, 2, \cdots, p) \\ h_k(X) = 0 \quad (k = 1, 2, \cdots,\ q < n) \end{cases} \tag{2-57}$$

式中，$f_1(X), f_2(X), \cdots, f_l(X)$ 为 l 个极小化目标函数；$f_{l+1}(X), f_{l+2}(X), \cdots, f_m(X)$ 为 $m-l$ 个极大化目标函数；$X = [x_1, x_2, \cdots, x_2]^{\mathrm{T}}$ 为设计变量。多目标优化问题是一个向量函数的优化，即函数值大小的比较，而向量函数值大小的比较要比单目标优化问题标量函数大小的比较复杂的多。因此，在多目标优化过程中，往往要比较这些向量函数的“大小”，为此需要引入一个“有效解”，即 Pareto 最优解的概念，它是于 1951 年由 Koopmans 正式提出的。对于多目标优化问题，设法求解的既是问题的有效解（或弱有效解），又是在某种意义上令决策者满意的解。根据多目标优化问题的特点以及决策者的意图，构造一个统一目标函数：

$$F'(X) = F'\left[f_1(X), f_2(X), \cdots, f_M(X)\right] \tag{2-58}$$

采用不同形式的统一目标函数可求得不同意义的解，并应用不同的求解方法。基于相对偏差的最小偏差法将目标函数统一表示为：

$$\min F'(X) = \sum_{i=1}^{l} \frac{f_i(X) - f_i^*}{f_i' - f_i^*} + \sum_{j=i+1}^{m} \frac{f_j^*(X) - f_j(X)}{f_j^* - f_j'} \tag{2-59}$$

式中，f_i^* 和 f_j^* 分别为多目标优化设计问题的 l 个极小化目标函数 $f_i(X)$ $(i = 1, 2, \cdots, l)$ 的最大期望值和 $m-l$ 个极小化目标函数 $f_j(X)$ $(j =$

$l+1,l+2,\cdots,m$) 的最小期望值，即仅对目标函数 $f_i(X)$ $(i=1,2,\cdots,l)$ 进行单目标优化的最大值，以及对目标函数 $f_j(X)$ $(j=l+1,l+2,\cdots,m)$ 进行单目标优化的最小值。

基于相对偏差的最小偏差法的优点在于：在计算中只要保证 $f_i^{'}$、$f_j^{'}$ 和 f_i^*、f_j^* 不相等或接近，就能找到 $F^{'}(X)$ 的最优解，而不必考虑 $F^{'}(X)$ 的数学特征。

2.2.6.2 模糊优选理论

模糊优选理论是计算多目标权重的一种很有效的方法，由陈守煜教授首先提出。其计算步骤如下。

(1) 计算目标对优的相对隶属度矩阵

相对隶属度矩阵表示成：

$$R=(r_{ij})_{m\times n}$$

对于越大越优型的指标，指标相对隶属度可表示为：

$$r_{ij}=x_{ij}/\max x_j$$

对于越小越优型的指标，指标相对隶属度可表示为：

$$r_{ij}=\min x_{ij}/x_j$$

式中，$\max x_j$、$\min x_j$ 分别为 n 个方案中指标 i 的最大、最小特征值。

(2) 计算目标对重要性的相对隶属度矩阵

将第一步求得的目标对优的相对隶属度矩阵倒置，即目标对重要性的相对隶属度矩阵，记为 W：

$$W=R^{\mathrm{T}}=(\omega_{ji})_{n\times m}$$

(3) 求非归一化权重向量

用如下公式求非归一化权重向量：

$$w(i)=\frac{1}{1+\left[\sum_{j}^{J}(1-\omega_{ji})^p/\sum_{j=1}^{J}\omega_{ji}^p\right]^{\frac{2}{p}}} \tag{2-60}$$

式中，p 为距离参数，$p=1$ 代表海明距离，$p=2$ 代表欧式距离，为了计算方便，一般取 $p=2$。事实表明，p 为海明距离和欧式距离的最终计算结果基本上是一样的。

(4) 将非归一化的权重向量进行归一化处理

(5) 求综合效益对优的相对优属度 u_j

$$u_j = \frac{1}{1+\left\{\sum_{i=1}^{m}[w_i(r_{ij}-1)]^p / \sum_{i=1}^{m}(w_i r_{ij})^p\right\}^{\frac{2}{p}}} \tag{2-61}$$

式中，w_i为非归一化权重向量；r_{ij}为指标相对隶属度。

将求得的u_j值代入模型，运用模糊线性规划求解方法，对灌区作物的种植结构进行多目标的优化。

2.3 农业系统评价方法

科学地选取评价方法对客观准确地进行水质评价具有重要意义。目前国内常用的水质评价方法有单因子评价法、综合指数法、模糊综合评判方法、层次分析法、灰色系统法、模型法、理论法以及组合法等，每个评价方法都有各自的优缺点及改进形式。

下面结合相关文献总结我国水质评价方法，体系如图2-6所示。

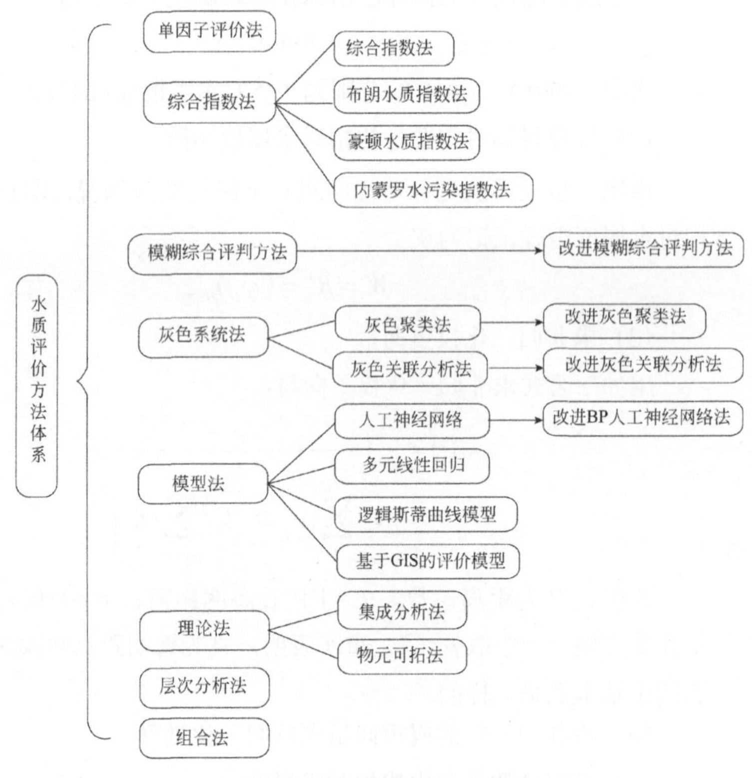

图2-6 水质评价方法体系

目前我国最常用的水质评价方法有综合指数法、模糊综合评判方法、聚类系统法、人工神经网络等。本书主要利用改进的模糊综合评判方法和灰色聚类法对甘肃省武威民勤县的红崖山水库地表水和地下灌溉用水进行水质评价，确定研究区域水质级别及影响水质的主要污染物。

2.3.1 层次分析法

层次分析法（AHP）是由复杂的多目标决策问题构成的，是一种通过将目标分解为多个目标或者准则，然后在此基础上再分解为多指标，其层次单排序和总排序运用指标模糊量化法计算出来的优化决策多目标、多方案的系统方法。该方法一般分为三个层次，分别是目标层、判断层和方案层，在求得每一层次中的各个元素对上一层次中某个元素的优先权重时一般使用判断矩阵特征向量的方法进行求解，应用加权求和法得到三个层次中两两层次相对应的权重，最后归类合并求得总目标的最终权重结果，此结果即为最佳方案。

管理者的知识、经验和地方政策在研究灌溉水资源时是不可避免的，这对优化结构可能产生积极或者消极的影响。另外，在处理多目标问题时，决策者的主观判断可能对优化结果产生很大的负面影响，应该避免。因此，为了解决上述问题，引入了 AHP 模型，该方法能够将多准则的灌溉水资源优化配置问题转化为层次结构。

层次分析法的图例结构如图 2-7 所示。

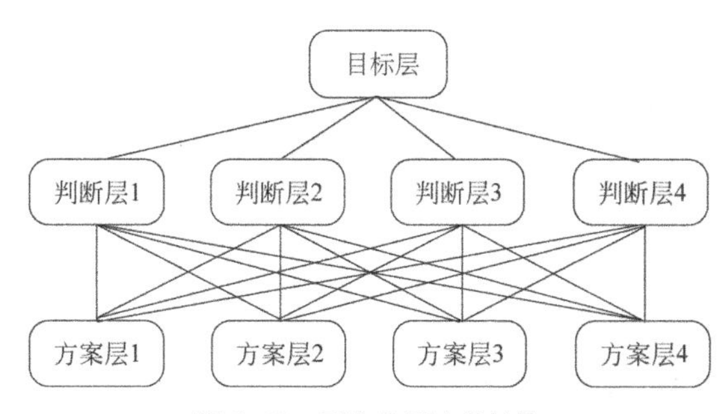

图 2-7　层次分析法的结构

通常使用矩阵法确定每个层次之间的因素的权重，即将成对元素两两进行比较。为了将优化后的准确度提高，克服存在性质差异的因素之间相互比较的困难，相对比较矩阵的方法被提出。判断矩阵的特征如下所列：

$$a_{ij} = \frac{1}{a_{ji}} \tag{2-62}$$

式中，a_{ij}为因素 i 和因素 j 的关键性结果比较。

基于 AHP 偏好的判断尺度，可以建立比较判断矩阵。如表 2-1 所列。

表 2-1　AHP 比例标度表

因素 i 与因素 j 的比值	量化值
同等重要	1
稍微重要	3
较强重要	5
强烈重要	7
极端重要	9
两相邻判断的中间值	2，4，6，8

当所有的比较判断矩阵完成后，特征值 λ_{max} 可用于确定所建立矩阵的一致性，从而计算出一致性指数 CI。

CI 表示如下：

$$CI = \frac{\lambda_{max} - n}{n-1} \tag{2-63}$$

式中，n 为矩阵的阶梯数目。

CR 为检验系数，通常用来说明判断矩阵是否通过满意一致性检验：

$$CR = \frac{CI}{RI}$$

式中，RI 为随机一致性指数，如果 $CR<0.1$，则认为该矩阵通过一次性检验；否则，没有通过一次性检验。

2.3.2　模糊综合评判方法

由于水环境中存在大量不确定因素，水质级别、分类标准都是一些模糊概念，因此模糊数学在水质综合评价中得到了广泛应用。模糊综合评判问题实质上就是模糊变换的问题，模糊综合评判方法的基本思路是用监测数据建立各因子指数对各级标准的隶属度集，形成隶属度矩阵，再把因子权重集与隶属度矩阵相乘，得到模糊积，获得一个综合评价集，表明评价水体水质对各级标准水质的隶属度，反映综合水质级别的模糊性。

应用模糊综合评判方法，最关键的问题是如何构造合理的隶属度函数权重矩阵。确定隶属度函数的原则和方法有很多，一般单向分布的水质指标质量类别常用半梯形分布函数法，对于某些双向分布的指标如人体必需的微量元素、pH 值等，可采用梯形分布函数法，这两种方法能够很好地刻画水质级别的隶属关系。确定评价因子权重的赋权方法也有很多，传统的方法如专家法、指标值法等。模糊综合评判方法最主要的优点就是通过构造隶属函数可以很好地反映水质界限的模糊性。模糊综合评判方法与传统的评价方法相比更适用于水质污染级别划分，能更客观地反映水质的实际状况。应用模糊综合评判方法能使评价的理论和方法建立在比较严谨的数学模型基础上，通过模糊级别判断及综合评价值的计算，可以直观地判断水质的优劣，并从总体上对地表水、地下水所属质量类别做出判断。模糊综合评判方法在工作精度要求高的情况下可广泛应用，但是它计算比较复杂，在评价面积较大、评价对象数量较多的情况下应用比较困难，需要借助计算机辅助编程完成。在水质监测过程中存在很多不确定性因素，我们常用监测污染物的平均浓度来进行水质评价，这样必然会造成很多信息缺失，导致评价结果不准确甚至误判，区间数的引入可以很好地解决该问题。用区间值模糊综合评判方法对水质进行综合评价分析，能够充分利用有效信息，并且可以解决平均值掩盖高质量浓度污染的情况，它是模糊综合评判方法的一种改进。

模糊综合评判方法步骤如下。

（1）评判因子的计算

（2）用隶属度划分评判因子对应的水质分级界限并建立隶属度矩阵

$$R=\begin{bmatrix} r(A_1,\text{Ⅰ 级水})\cdots r(A_1,n\text{级水}) \\ \vdots \quad\quad \ddots \quad\quad \vdots \\ r(A_m,\text{Ⅰ 级水})\cdots r(A_m,n\text{级水}) \end{bmatrix} \tag{2-64}$$

（3）计算评判因子的权重并进行归一化处理

$$A=(Z_1,Z_2,\cdots,Z_n) \tag{2-65}$$

$$Z_i=\frac{x_i/S_i}{\sum_{i=1}^{m}x_i/S_i} \tag{2-66}$$

式中，Z_i 为水质因子的权重；x_i 为水质因子 i 的实际监测值；S_i 为水

质因子 i 的各级标准的算数平均值。

(4) 模糊矩阵的复合运算

$$B=A\bullet\widetilde{R} \tag{2-67}$$

式中，B 为样本对应评价等级的隶属度矩阵；$\widetilde{R}$ 为样本的各个评价因子对应各个评价等级的隶属度矩阵；A 为各评价因子的权向量矩阵。

隶属度函数的确定有很多形式，本书选择环境科学中常用的降半梯形分布一元线性隶属度函数。我国地表水评价标准采用《地表水环境质量标准》（GB 3838—2002），水质级别划分为五级。相应的隶属函数如图 2-8 所示。

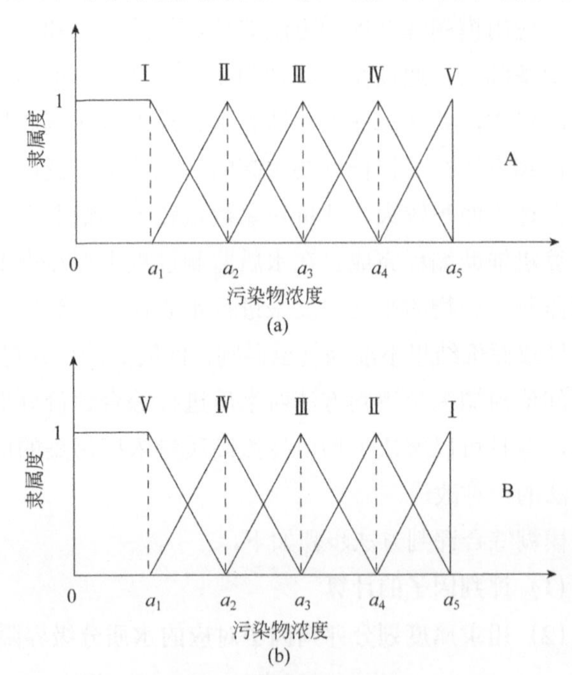

图 2-8　隶属度函数形式

A—指标大为差因子对应的隶属度函数；B—指标大为优的因子对应的隶属度函数

① 对于指标大为差因子对应的隶属度函数表达式

第Ⅰ级隶属度函数：

$$r_1(x)=\begin{cases}1 & x\leqslant a_1\\ \dfrac{a_2-x}{a_2-a_1} & a_1<x<a_2\\ 0 & x>a_2\end{cases} \tag{2-68}$$

第Ⅱ、Ⅲ、Ⅳ级隶属度函数（i=2,3,4）：

$$r_i(x)=\begin{cases}1 & x=a_i \\ \dfrac{x-a_{i\text{-}1}}{a_i-a_{i\text{-}1}} & a_{i\text{-}1}<x<a_i \\ \dfrac{a_{i+1}-x}{a_{i+1}-a_i} & a_i<x<a_{i+1} \\ 0 & x\leqslant a_{i\text{-}1}, x\geqslant a_{i+1}\end{cases} \tag{2-69}$$

第Ⅴ级隶属度函数：

$$r_5(x)=\begin{cases}1 & x\geqslant a_5 \\ \dfrac{x-a_4}{a_5-a_4} & a_4<x<a_5 \\ 0 & x\leqslant a_4\end{cases} \tag{2-70}$$

② 对于指标大为优的因子对应的隶属度函数（本书指溶解氧DO）

第Ⅰ级隶属度函数：

$$r_1(x)=\begin{cases}1 & x\geqslant a_5 \\ \dfrac{x-a_4}{a_5-a_4} & a_4<x<a_5 \\ 0 & x\leqslant a_4\end{cases} \tag{2-71}$$

第Ⅱ级隶属度函数：

$$r_2(x)=\begin{cases}1 & x=a_4 \\ \dfrac{a_5-x}{a_5-a_4} & a_4<x<a_5 \\ \dfrac{x-a_3}{a_4-a_3} & a_3<x<a_4 \\ 0 & x\leqslant a_3, x\geqslant a_5\end{cases} \tag{2-72}$$

第Ⅲ级隶属度函数：

$$r_3(x)=\begin{cases}1 & x=a_3 \\ \dfrac{a_4-x}{a_4-a_3} & a_3<x<a_4 \\ \dfrac{x-a_2}{a_3-a_2} & a_2<x<a_3 \\ 0 & x\leqslant a_2, x\geqslant a_4\end{cases} \tag{2-73}$$

第Ⅳ级隶属度函数：

$$r_4(x)=\begin{cases}1 & x=a_2\\ \dfrac{a_3-x}{a_3-a_2} & a_2<x<a_3\\ \dfrac{x-a_1}{a_2-a_1} & a_1<x<a_2\\ 0 & x\leqslant a_1, x\geqslant a_3\end{cases} \tag{2-74}$$

第V级隶属度函数：

$$r_5(x)=\begin{cases}1 & x\leqslant a_1\\ \dfrac{a_2-x}{a_2-a_1} & a_1<x<a_2\\ 0 & x\geqslant a_2\end{cases} \tag{2-75}$$

在复合运算过程中有四种复合运算模型，分别为取小取大模型、相乘取大模型、取小相加模型和相乘相加模型。本书采用第一种模型，取小取大模型，即在进行隶属度函数矩阵和权重矩阵符合运算时采用两数相乘取小者为积、多数相加取大者为和的原则，即 $b_i=\bigvee_{i=1}^{n}(a_i\wedge r_{ij})$。

2.3.3 灰色聚类法

灰色系统理论是邓聚龙教授于 1982 年提出的。聚类分析是按研究对象在性质上的亲属关系进行分类的一种多元统计方法，能够反映样本间的内在组合关系。灰色聚类法则是在聚类分析方法中引进灰色理论中的白化函数而形成的，是将聚类对象对不同聚类指标所拥有的白化数按几个灰类进行归类，以判断该聚类属于哪一类，其具体步骤如下。

（1）样本矩阵和白化函数的确定

记 $i=1,2,\cdots,m$ 为聚类指标；$k=\text{I}, \text{II},\cdots,p$ 为灰类；d_{ij} 为聚类白化数，表示第 i 个聚类对象对于第 j 个聚类指标的样本值。所有聚类对象 $i=1,2,\cdots,n$，对于所有聚类指标 $j=1,2,\cdots,m$ 的样本矩阵式 D 即：

$$D=\begin{pmatrix}d_{11} & \cdots & d_{1m}\\ \vdots & \ddots & \vdots\\ d_{n1} & \cdots & d_{nm}\end{pmatrix} \tag{2-76}$$

第 j 个指标规定的第1灰类（第1级水）的白化函数为：

$$f_{j1(d)}=\begin{cases}1 & d\in[0,x_{j1}) \\ \dfrac{x_{j2}-d}{x_{j2}-x_{j1}} & d\in[x_{j1},x_{j2}) \\ 0 & d\in[x_{j2},\infty)\end{cases} \tag{2-77}$$

第 j 个指标的第 k 灰类（第 k 级水，$k=\text{Ⅱ},\text{Ⅲ},\cdots,p-1$）的白化函数为：

$$f_{jk(d)}=\begin{cases}\dfrac{d-x_{j,k-1}}{x_{jk}-x_{j,k-1}} & d\in[x_{j,k-1},x_{jk}) \\ \dfrac{x_{j,k+1}-d}{x_{j,k+1}-x_{jk}} & d\in[x_{jk},x_{j,k+1}) \\ 0 & d\notin[x_{j,k-1},x_{j,k+1})\end{cases} \tag{2-78}$$

第 j 个指标的第 p 灰类（第 p 级水）的白化函数为：

$$f_{jk(d)}=\begin{cases}0 & d\in[0,x_{j,k-1}) \\ \dfrac{d-x_{j,k-1}}{x_{j,k+1}-x_{jk}} & d\in[x_{jk},x_{j,k+1}) \\ 1 & d\in[x_{jk},\infty)\end{cases} \tag{2-79}$$

（2）聚类权 η_{jk} 的确定

聚类权是衡量各个指标对同一灰类的权重，记为 η_{jk}，它表示第 j 个污染指标第 k 个灰类的权重。由于水质评价中各聚类指标的单位不同，绝对值相差很大，因而不能直接进行计算，必须先对各灰类进行无量纲化处理，对应不同的水质指标，其计算式如下。

对于数值越大污染越重的指标：

$$\gamma_{kj}=s_{kj}/\frac{1}{p}\sum_{k=1}^{p}s_{kj} \tag{2-80}$$

对于数值越大污染越轻的指标（本书指 DO）：

$$\gamma_{kj}=\frac{1}{s_{kj}}/\frac{1}{p}\sum_{k=1}^{p}\frac{1}{s_{kj}} \tag{2-81}$$

$$\eta_{jk}=\gamma_{jk}/\sum_{j=1}^{p}\gamma_{jk} \tag{2-82}$$

式中，s_{kj} 为第 j 个指标第 k 个灰类（级别）的灰数（标准值）；γ_{kj} 为其无量纲数。

（3）聚类系数σ_{jk}的确定

$$\sigma_{jk}=\sum_{j=1}^{p}f_{jk}(d_{ij})\times\eta_{jk} \tag{2-83}$$

式中，σ_{jk} 为灰色聚类系数，它反映第 i 个聚类对象隶属于第 k 个灰类的程度。

（4）聚类

按最大隶属度原则，在聚类行向量里面 $\sigma_{ki}=(\sigma_{1i},\sigma_{2i},\cdots,\sigma_{ki})$ 中，找出最大聚类系数，该最大聚类系数所对应的灰类即该聚类对象 i 所属灰类。

2.3.4 区间数排列方法确定

关于区间数的排列方法，现在已经有很多研究，但最常用的有如下两种方法。

（1）基于中间点的区间的排列方法

定义 1 假设 $\bar{a}[a^-,a^+]\in I_R$，$\bar{b}[b^-,b^+]\in I_R$（I_R 为 R 上的区间数集），若 $\dfrac{a^-+a^+}{2}\leqslant\dfrac{b^-+b^+}{2}$，则 $a\leqslant b$；若 $\dfrac{a^-+a^+}{2}=\dfrac{b^-+b^+}{2}$，当 $\bar{a}\subset\bar{b}$ 时，风险者偏向于选 $\bar{b}$，保守者偏向于选 $\bar{a}$。

（2）基于可信度的区间排序方法

定义 2 设 $\bar{a}[a^-,a^+]\in I_R$（I_R 为 R 上的区间数集），则称 $f(x)=a^-+(a^+-a^-)x(0\leqslant x\leqslant 1)$ 为区间数排列序函数。

定义 3 对于 $\bar{a}[a^-,a^+]\in I_R$，$\bar{b}[b^-,b^+]\in I_R$，$0\leqslant x\leqslant 1$，

若 $f_a(x)<f_b(x)$，则对于 x，$[a^-,a^+]$ 小于 $[b^-,b^+]$，记为 $[a^-,a^+]<[b^-,b^+]$；

若 $f_a(x)>f_b(x)$，则对于 x，$[a^-,a^+]$ 大于 $[b^-,b^+]$，记为 $[a^-,a^+]>[b^-,b^+]$；

若 $f_a(x)=f_b(x)$，则对于 x，$[a^-,a^+]$ 等于 $[b^-,b^+]$，记为 $[a^-,a^+]=[b^-,b^+]$。

定义 4 设集合 $\{x|f_a(x)>f_b(x)\}$ 非空，令 $x_0=\inf\{x\mid f_a(x)>f_b(x)\}$，则称 $\alpha=1-x_0$ 为 $[a^-,a^+]$ 大于 $[b^-,b^+]$ 或者 $[a^-,a^+]$ 不小于 $[b^-,b^+]$ 的可信度；而称 x_0 为 $[b^-,b^+]$ 大于 $[a^-,a^+]$ 或者 $[b^-,b^+]$ 不小于 $[a^-,a^+]$ 的可信度。

2.3.5 协调度发展评价方法

农业水资源与社会经济协调发展评价过程包括评价标准的选择、数据

的收集权重的确定、协调发展的评价、参数的预测、协调发展状态判断与最终评价。评价对象的目标是获得不同地市之间、现状和未来的协调发展程度。

图 2-9 为一整个模型框架的具体情况。

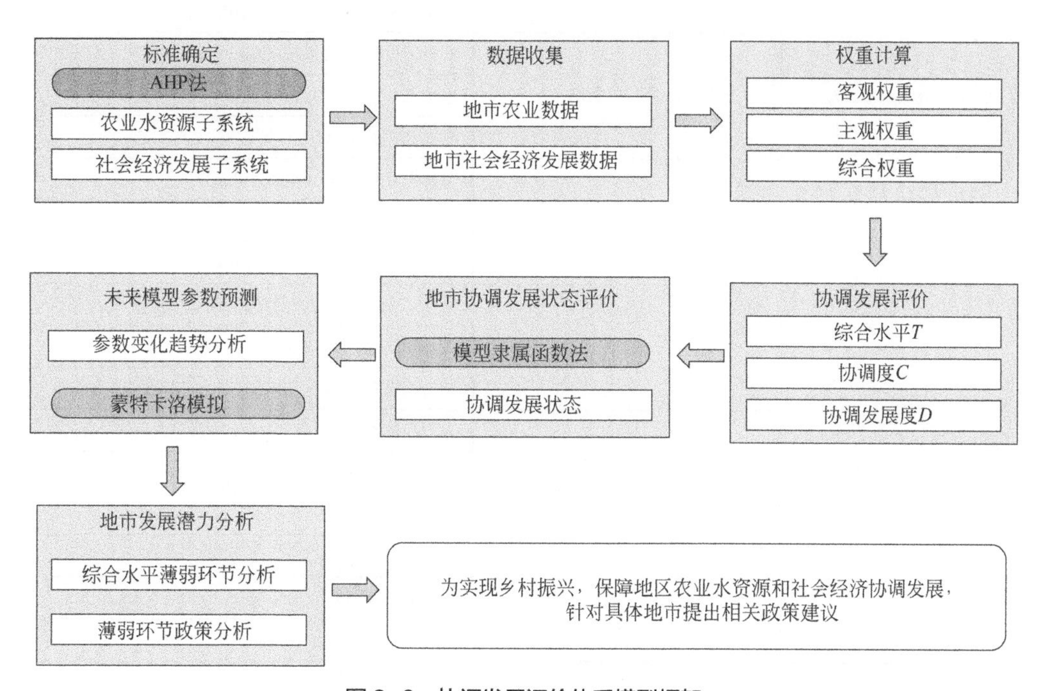

图 2-9　协调发展评价体系模型框架

2.3.5.1　标准的选择

农业水资源可持续利用和社会经济可持续发展是农业水资源可持续利用的基础。根据区域协调发展的理念，农业水资源系统的标准应能够衡量水资源丰度、水分利用效率和农业响应条件，而社会经济发展系统的标准应能够衡量经济发展水平、社会发展水平和环境效应。

针对城市水环境受用水量和污水排放量影响的深层次和持续性问题，选取生态用水率、污水处理率和绿化面积比例分别作为城市生态供水量、环境污染量和生态需水量增长的指标。

本研究选取以下指标构成评价标准，其中，农业水资源评价指标 9 个、社会经济发展评价指标 9 个，详见表 2-2。

表 2-2 指标体系

目标	标准	指标
农业水资源水平（f_a）	农业水资源丰富度（f_{a1}）	农业用水比例（f_{a11}）（%）
		年降水量（f_{a12}）（mm）
		单位面积井灌量（f_{a13}）（10^8t）
	农业水资源利用状况（f_{a2}）	农业万元产值用水量（f_{a21}）（m^3/元）
		单位面积农业中间消费量（f_{a22}）（元/hm^2）
		有效利用系数（f_{a23}）
	农业反应条件（f_{a3}）	单位面积施肥量（f_{a31}）（t/hm^2）
		单位面积农业机械总功率（f_{a32}）（kW/hm^2）
		农村人均用电量（f_{a33}）（10^4kW·h/人）
社会经济发展水平（f_e）	经济发展水平（f_{e1}）	第一产业占国内生产总值的比重（f_{e11}）（%）
		人均国内生产总值（f_{e12}）（10^3 元/人）
		社会消费品零售总额占国内生产总值的比重（%）
	社会发展水平（f_{e2}）	人口自然增长率（f_{e21}）
		恩格尔系数（f_{e22}）（%）
		城市化率（f_{e23}）
	生态环境水平（f_{e3}）	生态用水比例（f_{e31}）
		污水处理率（f_{e32}）（%）
		年造林面积比（f_{e33}）

2.3.5.2 权重的测定

确定指标权重的方法很多，包括主观赋权法和客观赋权法。主观赋权法是专家根据自己的主观判断，比较各指标重要性的一种赋权方法，主要依据自己的经验和偏好，如层次分析法（AHP）。客观赋权法是以实际数据和各指标所反映的客观信息为基础，如主成分分析法和多目标规划法。在研究中，同时采用主观赋权法和客观赋权法确定各指标的重要权重。主客观赋权法的结合使用在一定程度上克服了单一赋权法的缺点，并获得更加科学合理的评价结果。

（1）主观权重的确定

分别建立农业水资源系统和社会经济发展系统的主观评价矩阵 $\boldsymbol{A}$，矩阵的元素为 a_{ij}，即尺度的均值，由指标体系中指标 C_i 和 C_j 的影响程度决定，如表 2-3 所列。

表 2-3　尺度赋值

尺度 a_{ij}	意义（指标 C_i 对 C_j 程度的影响）
1	相等
3	稍强
5	强
7	明显强
9	绝对强

注：尺度 a_{ij} (2,4,6,8)分别表示介于两个相邻尺度间的程度。

为了进行一致性检验，需要用式（2-84）计算最大特征值 λ 的近似值。

$$\lambda=\frac{\sum_{i=1}^{n}\frac{(Aw')_i}{w_i'}}{n} \tag{2-84}$$

$$\boldsymbol{w}'=\left(w_1',\ w_2',\cdots,\ w_n'\right)^{\mathrm{T}} \tag{2-85}$$

$$w_i'=\frac{\tilde{w}_i}{\sum_{i=1}^{n}\tilde{w}_i} \tag{2-86}$$

$$\tilde{w}_i'=\sum_{j=1}^{n}\frac{a_{ij}}{\sum_{i=1}^{n}a_{ij}} \tag{2-87}$$

式中，列向量 $\boldsymbol{w}'$ 为主观权重；w_i' 和 $\tilde{w}_i$ 为计算过程中的临时变量；n 为指标的个数。

为了检验互逆矩阵的一致性，应用层次分析法（AHP）将决策过程分解为标准、子标准、属性等层次结构。

一致性指数（CI）按式（2-88）计算，CI 越接近 0，一致性越好。

$$CI=\frac{\lambda-n}{n-1} \tag{2-88}$$

一致性指数（CR）是一个重要参数，它是判断矩阵一致性的度量，$CR<0.10$ 表示具有比较满意的一致性，计算公式如下。

$$CR=\frac{CI}{RI} \tag{2-89}$$

式中，RI 为随机一致性指数，其由判断矩阵的顺序来决定。

（2）确定客观权重

分别建立农业水资源系统和社会经济发展系统的客观评价矩阵 $\boldsymbol{B}$。矩阵的元素为指标 b_{ij}，其中 i 为指标标号，j 为区域标号。由于指标单位不一致，难以直接进行分析。因此，采用标准化的方法对数据进行无量纲化处理，使指标具有可比性。转换方法描述如下。

$$b'_{ij}=\begin{cases}(b_{ij}-b_{\min,j})/(b_{\max,j}-b_{\min,j}) & \text{正向指标}\\(b_{\max,j}-b_{ij})/(b_{\max,j}-b_{\min,j}) & \text{负向指标}\end{cases} \tag{2-90}$$

式中，$b_{\max,j}$ 和 $b_{\min,j}$ 分别为指标 j 的最大值和最小值；b'_{ij} 为生成的无量纲矩阵的元素。

$\boldsymbol{w}''$为客观权重的列向量。

$$\boldsymbol{w}''=\left(w''_1,\ w''_2,\cdots,\ w''_n\right)^{\mathrm{T}} \tag{2-91}$$

w''_i 为客观权重系数，可按如下公式计算：

$$w''_i=\frac{\sigma_i}{\sum_{i=1}^{n}\sigma_i} \tag{2-92}$$

$$\sigma_i=\sqrt{\frac{\sum_{j=1}^{n}\left(b'_{ij}-\frac{\sum_{j=1}^{n}b'_{ij}}{n}\right)^2}{n}} \tag{2-93}$$

式中，σ_i 为 b'_{ij} 的均方差。

（3）组合权重的确定

组合权重计算公式如下：

$$\boldsymbol{w}=a\boldsymbol{w}'+b\boldsymbol{w}'' \tag{2-94}$$

式中，$\boldsymbol{w}$ 为组合权重的列向量 $\boldsymbol{w}=\left(w_1,\ w_2,\cdots,\ w_n\right)^{\mathrm{T}}$；$a$ 和 b 分别为 $\boldsymbol{w}'$ 与 $\boldsymbol{w}''$的权重，且 $a+b=1$。

2.3.5.3 协调发展评价

根据式（2-90）建立了农业水资源客观评价矩阵 $\boldsymbol{B}_{\mathrm{a}}$ 和社会经济发展客观评价矩阵 $\boldsymbol{B}_{\mathrm{e}}$。然后根据式（2-85）、式（2-91）、式（2-94）计算了农业水资源权重 $\boldsymbol{W}_{\mathrm{a}}$ 和社会经济发展权重 $\boldsymbol{W}_{\mathrm{e}}$。农业水资源综合水平 $\boldsymbol{F}_{\mathrm{a}}$ 按式（2-95）

计算、社会经济发展综合水平按式（2-96）计算：

$$\boldsymbol{F}_{\mathrm{a}}=\boldsymbol{w}_{\mathrm{a}}{}^{\mathrm{T}}\boldsymbol{B}_{\mathrm{a}} \tag{2-95}$$

$$\boldsymbol{F}_{\mathrm{e}}=\boldsymbol{w}_{\mathrm{e}}{}^{\mathrm{T}}\boldsymbol{B}_{\mathrm{e}} \tag{2-96}$$

（1）确定综合水平

农业水资源与社会经济发展综合水平 $\boldsymbol{T}$ 按式（2-97）计算。

$$\boldsymbol{T}=\alpha\boldsymbol{F}_{\mathrm{a}}+\beta\boldsymbol{F}_{\mathrm{e}} \tag{2-97}$$

式中，α 为农业水资源权重；β 为社会经济发展权重，且 $\alpha+\beta=1$。

（2）确定协调度

向量 $\boldsymbol{C}$ 表示农业水资源可持续利用与社会经济发展的协调程度，协调度按式（2-98）计算。

$$C_i=\left(\frac{F_{\mathrm{a}i}F_{\mathrm{e}i}}{T_i^2}\right)^k \tag{2-98}$$

式中，C_i、F_{ai}、F_{ei}、T_i 分别为向量 $\boldsymbol{C}$、$\boldsymbol{F}_{\mathrm{a}}$、$\boldsymbol{F}_{\mathrm{e}}$、$\boldsymbol{T}$ 中的第 n 个元素；k 为坐标系数，通常 $2\leqslant k\leqslant 5$。

（3）确定协调发展度

协调发展度 $\boldsymbol{D}$ 是协调度 $\boldsymbol{C}$ 的改进，它间接反映了农业用水和社会经济发展模式的可持续性，计算公式如下：

$$D_i=\sqrt{C_iT_i} \tag{2-99}$$

式中，D_i 为向量 $\boldsymbol{D}$ 中的第 i 个元素。

2.3.5.4 协调发展状态的判断

为有效说明农业水资源与社会经济系统协调发展的演变，引入模糊集方法建立了农业水资源与社会经济系统协调发展评价标准，如表 2-4 所列。该方法作为模糊隶属度在评价过程中已有广泛应用。

表 2-4 协调发展状况评价标准

D	模糊水平	协调发展状态
[0.0, 0.1)	极端失调	失调
[0.1, 0.2)	严重失调	
[0.2, 0.3)	中度失调	
[0.3, 0.4)	弱失调	

续表

D	模糊水平	协调发展状态
[0.4, 0.5)	失调边缘	过渡状态
[0.5, 0.6)	勉强协调	
[0.6, 0.7)	初级协调	协调
[0.7, 0.8)	中间配合	
[0.8, 0.9)	良好协调	
[0.9, 1.0]	最佳协调	

另外，农业水资源与社会经济发展是否失调取决于 F_a 和 F_e 的值，当它们越接近，仅相差某一极小值时，可近似认为它们相等，设容忍范围 $\Delta=0.1|F_a+F_e|$，则不同情况下失调对象的判断见表 2-5。

表 2-5　不同情况下的失调对象

条件	失调对象
$F_a-F_e\geqslant\Delta/2$	社会经济发展失调
$-\Delta/2<F_a-F_e<\Delta/2$	农业水资源和社会经济协调发展
$F_a-F_e\leqslant-\Delta/2$	农业水资源失调

2.3.5.5　预测和不确定性分析

农业水资源与社会经济发展的协调发展评价是研究的目的，但由于大多数参数具有不确定性，很难对未来农业水资源与社会经济发展的协调发展进行准确的预测和分析，为了使分析结果更加可靠，需要对模型中所有参数的变化趋势和变化范围进行分析，从而估计出未来几年内各参数的区间信息。

蒙特卡罗法是一种处理参数不确定性分析的有效方法，利用该方法可以随机产生若干组离散数据，通过上述方法可以得到未来某一年的协调发展程度。

第3章
农业水资源优化配置模型

农业水资源的配置是一项复杂的工程，会受到很多不确定性因素的影响，如作物种植面积、灌溉水利用率、灌溉定额、供水量、地下水资源以及经济参数等，这些不确定参数都会影响到农业水资源配置的有效性。仅仅简单地考虑已知参数而忽略不确定性因素，会因错过重要信息而使优化模型无法得到相对合理的结果。研究人员已经采用多种不确定优化方法建立农业水资源优化配置模型，在近几年更是向多重不确定性和多目标性的方向发展，如构建以经济效益、社会效益和生态效益为多目标的不确定性农业水资源优化配置模型。

3.1 基于多重不确定性的作物间水资源多目标优化模型

遵循可持续发展战略，本节不仅考虑灌区水资源优化配置所带来的最大经济效益，还考虑到了灌区水资源优化配置中的社会效益和生态效益，即对研究灌区进行多目标水资源优化配置，并采用最小偏差法对多目标进行求解，最小偏差法最主要的优点在于仅需要分析者和决策者的局部信息即各个目标函数的最优解，而无需知道它们的相对重要性，克服了传统评价函数因决策者参与的主观因素的影响。

3.1.1 模型建立

灌区内多种作物之间的优化配水模型可以用来确定水资源在各灌区内作物间的水量最优分配。该部分是建立在单一作物水资源优化配置和灌区内作物种植结构优化的基础上的，不仅要考虑水资源可供给量约束，还要考虑粮食安全约束，同时考虑到地下水的可开采能力，根据实际情况，引入不确定性方法中的机会约束规划、半无限规划、整数规划等建立灌区内作物间水资源优化配置多目标模型，并采用最小偏差法求解。整个多目标模型包括三个目标函数：目标一为经济效益目标，以灌区内作物经济效益最大为目标函数；目标二为社会效益目标，以灌区内作物缺水量最小为目标函数；目标三为生态效益目标，以灌区内不同水源的灌溉水中所含的主要污染物浓度最小为目标函数。建立的模型为区间机会约束半无限混合整数多目标线性规划（Inexact Chance-Constrained Semi-Infinite mixed Integer Multiple-objective Programming, ICCSIIMP）模型，具体表达形式如下。

（1）目标函数

$$F_{31}^{\pm}=\max\{\sum_{j=1}^{J}[G(X_{1j},X_{2j})a_j^{\pm}Y_{\max,j}T_{1j}^{\pm}]-(C_{q0}^{\pm}+T_{2j}^{\pm})\sum_{j=1}^{J}(X_{1j}^{\pm}a_j^{\pm})/\eta_1^{\pm}$$
$$-(C_{j0}^{\pm}+T_{2j}^{\pm})\sum_{j=1}^{J}(X_{2j}^{\pm}a_j^{\pm})/\eta_2^{\pm}\} \quad (3\text{-}1)$$

式中，j 为作物种类；$X_{1j}^{\pm},X_{2j}^{\pm}$ 分别为第 j 种作物地表水、地下水的分配水量，m^3/hm^2；$G(X_{1j},X_{2j})$ 为作物相对产量-灌水量的函数拟合关系；$a_j^{\pm}$ 为第 j 种作物的种植面积，hm^2；$Y_{\max j}$ 为 j 作物的最大产量，kg/hm^2；T_{1j} 为 j 作物的市场价格，元/kg；$C_{q0}^{\pm},C_{j0}^{\pm}$ 分别为地表水、地下水年运行费用，元/hm^2；T_{2j} 为 j 水源水价，元/m^3；$\eta_1^{\pm}$，$\eta_2^{\pm}$ 分别为地表水、地下水的灌溉水分利用效率。

$$F_{32}^{\pm}=\min\{\sum_{j=1}^{J}ET_{\max,j}-\sum_{j=1}^{J}[I_j\eta_j^{\pm}(X_{1j}^{\pm}/\eta_1^{\pm}+X_{2j}^{\pm}/\eta_2^{\pm})+(1-I_j)(X_{1j}^{\pm}+X_{2j}^{\pm})]\} \quad (3\text{-}2)$$

式中，$ET_{\max,j}$ 为 j 作物全生育阶段的最大作物需水量，m^3/hm^2；I_j 为 j 作物是否采用节水措施 0-1 整数决策变量；η_j 为 j 作物采用节水措施后的总体节水效率。

$$F_{33}^{\pm}=\min\sum_{j=1}^{J}[(\sum_{k=1}^{K}P_k^{\pm}X_1^{\pm}+\sum_{g=1}^{G}P_g^{\pm}X_2^{\pm})a_j] \quad (3\text{-}3)$$

式中，P_k，P_g 分别为地表水第 k 种主要污染物、地下水第 g 种主要污染物的浓度，g/L。

（2）约束条件

① 地表水可供水量约束

$$0<\sum_{j=1}^{J}X_{1j}^{\pm}a_j^{\pm}\leqslant Q_1^{\pm} \quad (3\text{-}4)$$

式中，$Q_1^{\pm}$ 为地表水和地下水的可供水量，10^4m^3。

② 田间灌溉用水约束

$$m_{j\min}^{\pm} \leqslant X_{1j}^{\pm} + X_{2j}^{\pm} + R_j \leqslant m_{j\max}^{\pm} \quad (3\text{-}5)$$

式中，R_j 为第 j 种作物的外来水量，m^3/hm^2；$m_{j\min}, m_{j\max}$ 分别为第 j 种作物的最小、最大需水量约束，m^3/hm^2。

③ 粮食安全约束

$$\Pr\left[\sum_{m=1}^{M} X_{1m}^{\pm} / \eta_1^{\pm} + \sum_{m=1}^{M} X_{2m}^{\pm} / \eta_2^{\pm} \leqslant Q_m^{\pm}\right] \geqslant 1 - p \quad (3\text{-}6)$$

式中，m 为非粮食作物种类；$Q_m^{\pm}$ 为第 m 种非粮食作物的可供水量，m^3/hm^2；p 为违规概率水平。

④ 0-1 整数规划约束：$I_j = 1$，j 作物有节水措施，$I_j = 0$，j 作物没有节水措施。

⑤ 地下水污染物环境容量约束

$$\sum_{j=1}^{J} [P_k^{\pm} \beta_1 X_{1j}^{\pm} / \eta_1^{\pm} + \beta_2 (P_k^{\pm} X_{1j}^{\pm} / \eta_1^{\pm} + P_g^{\pm} X_{2j}^{\pm} / \eta_2^{\pm})] a_j^{\pm} \leqslant Q_p^{\pm} C_N 86.4 \quad (3\text{-}7)$$

式中，$Q_p^{\pm}$ 为水体的设计流量，m^3/s；C_N 为水体功能区所规定的某污染物的水质标准，mg/L；β_1，β_2 分别为引水渠道、灌溉土地上的渗漏损失（以百分数计）；$P_j^{\pm}$ 为第 j 种作物的降雨量，mm。

⑥ 地下水可开采量约束

$$\begin{aligned} &\sum_{j}^{J} [X_{2j}^{\pm} a_j^{\pm} / \eta_2^{\pm} - \beta_1 X_{1j}^{\pm} a_j^{\pm} / \eta_1^{\pm} - \beta_2 (X_{1j}^{\pm} a_j^{\pm} / \eta_1^{\pm} + X_{2j}^{\pm} a_j^{\pm} / \eta_2^{\pm}) - \\ &\beta_2 P a_j^{\pm} - \beta_3 PB + ET_m'] \leqslant M^{\pm} = (a\Delta h + b)^{\pm} = (ct + d)^{\pm} \end{aligned} \quad (3\text{-}8)$$

式中，ET_m' 为地下水水面蒸发，m^3；$M^{\pm}$ 代表地下水可开采量，$10^8 m^3$；β_1，β_2，β_3 分别为引水渠道、灌溉土地上以及非灌溉土地上的渗漏损失，%；B 为非灌溉面积，hm^2；Δh，t 分别为地下水位水位变幅（m）以及时间序列(年份)；a，b，c，d 为系数。

⑦ 非负约束

$$X_{1j}^{\pm} \geqslant 0, X_{2j}^{\pm} \geqslant 0 \quad (3\text{-}9)$$

目标二的目标函数中引入了整数规划I_j，$I_j=1$代表第j种作物有节水措施，$I_j=0$则代表第j种作物没有节水措施；有节水措施和没有节水措施最主要的区别在于其节水效率或其灌溉水利用效率不同。在模型的约束中，我们引入了粮食安全约束，如果没有粮食安全约束，水量在很大程度上会分配给那些经济产值高或者需水量小的作物，粮食安全约束可以保证当地居民的最低生活水平，它和当地人口是直接相关的，用机会约束规划来表示粮食安全约束，能够得到关于不同粮食最低用水量违规风险下的灌区综合效益；约束中的地下水可开采量约束引入了区间半无限规划，将约束右端项的地下水可开采量用地下水位变幅的线性函数表示出来，而地下水位变幅又是时间的线性函数，这就把离散的地下水可开采量转换成了连续的随时间变化的函数区间的形式，包含的信息更多。

3.1.2 应用实例

研究区域为民勤灌区，该灌区包括红崖山灌区、环河灌区和昌宁灌区。研究作物选用当地典型作物，分别为粮食作物（如春小麦，春玉米）、油类作物（如胡麻）、经济作物（如籽瓜）。

表 3-1 列出了求解模型需要的相关参数。

表 3-1 基础数据表

水文年	$Q_1/10^4m^3$	$R/(m^3/hm^2)$	β_1	β_2	β_3	B/hm^2	η_1	η_2
丰水年	[975,1187]	287	0.47	0.085	0.4	38988	[0.44,0.51]	[0.6,0.7]
平水年	[982,1116]	287				42528	[0.43,0.54]	[0.6,0.7]
枯水年	[907,1047]	287				40156	[0.42,0.57]	[0.6,0.7]

注：表及后续正文中数据类似[975，1187]×10^4m^3表示方式为行业习惯，等同于（975～1187）×10^4m^3，下同。

图 3-1 显示了地下水埋深及可开采量变化，其中图 3-1（a）为地下水位埋深变幅与时间的变化的动态关系，它是根据当地年际地下水位变化情况拟合出来的，图 3-1（b）为地下水可开采量与地下水位埋深变幅之间的函数关系，它是根据已知年的地下水位开采量与地下水位埋深变幅数据拟合出来的，将图 3-1（a）和（b）中的函数结合起来，构成模型地下水可开采量约束中的右端项，这就是区间半无限规划，它将离散的地下水可开采量转变成了一个随时间变化的函数关系。

模型计算结果见图 3-2～图 3-5。

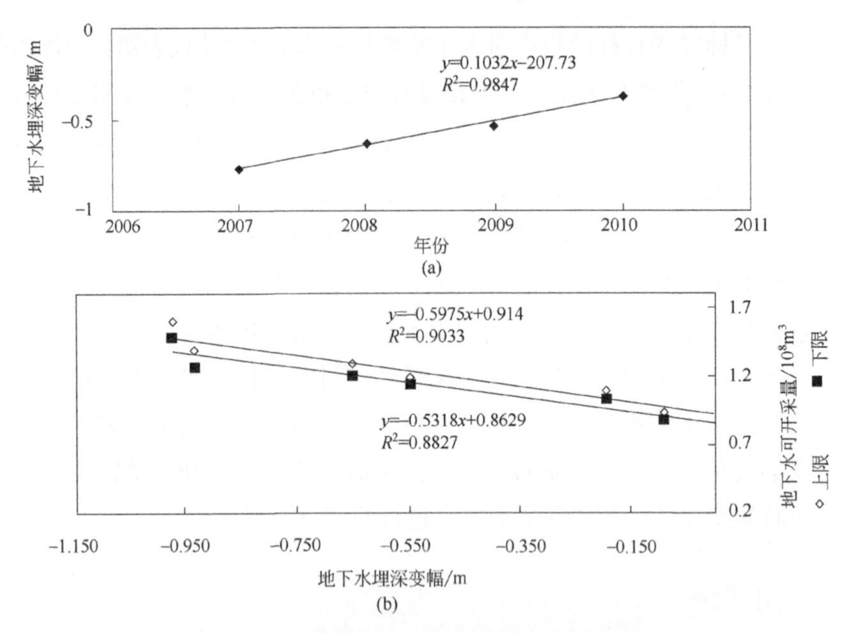

图 3-1　民勤县地下水埋深及可开采量变化

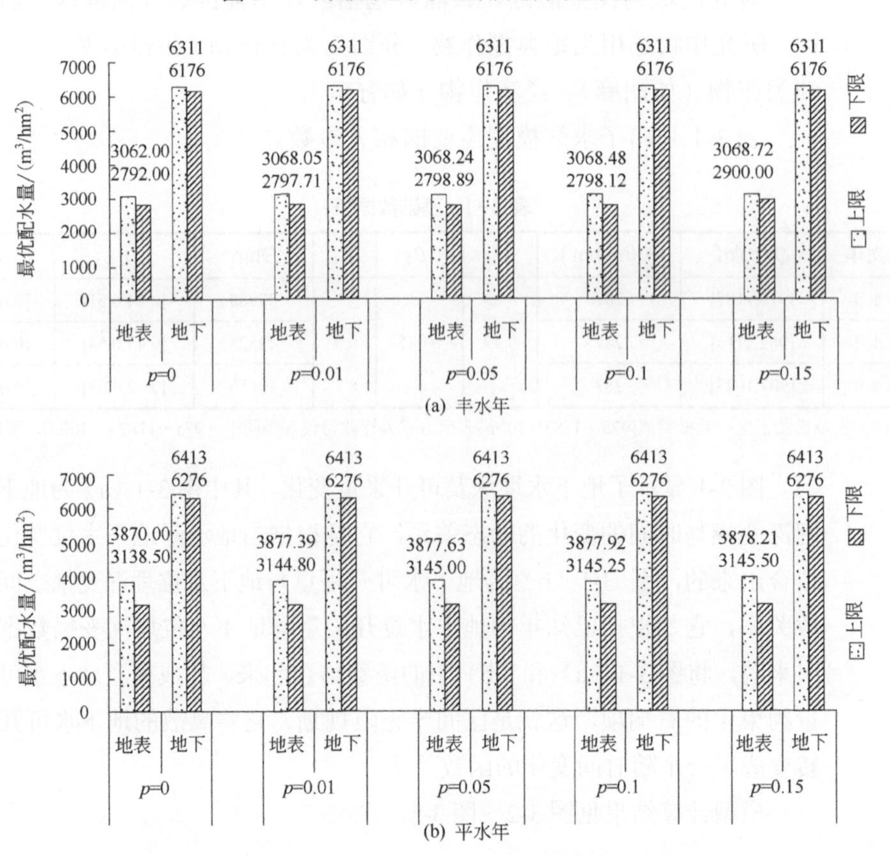

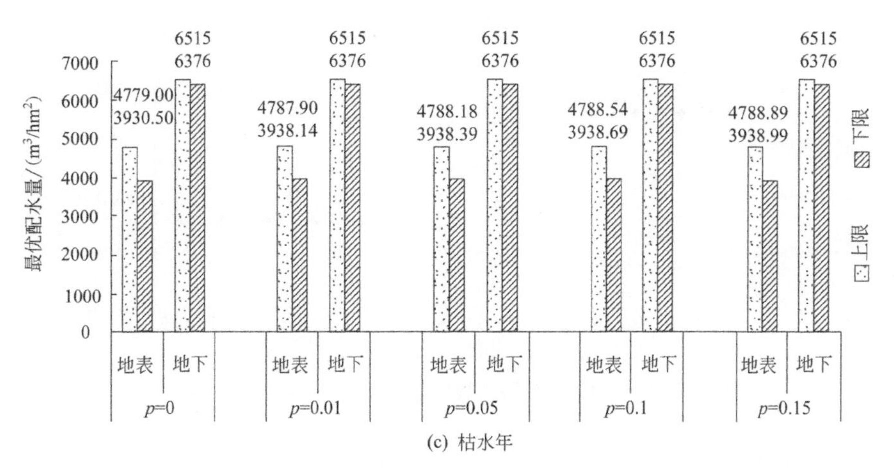

图 3-2　民勤县不同水文年不同违规概率下的作物间地表、地下最优配水图（图中 p 为违规概率水平，下同）

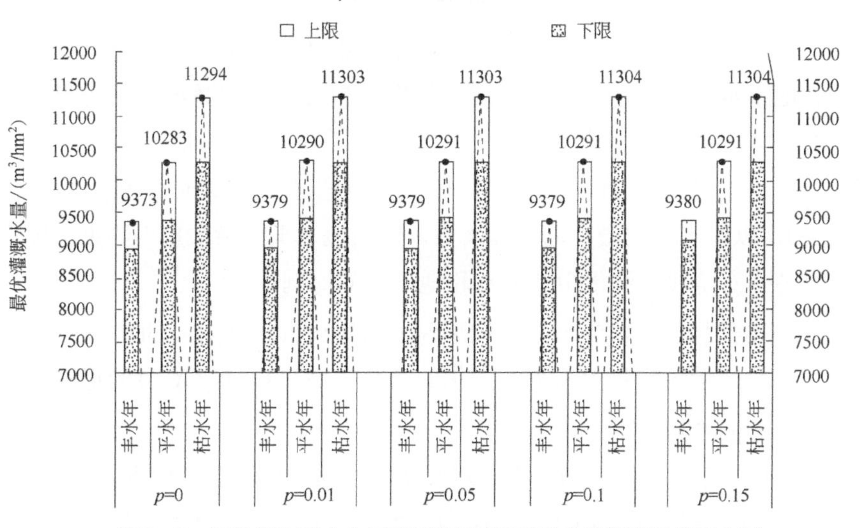

图 3-3　民勤县不同水文年不同违规概率下的作物间总最优配水图

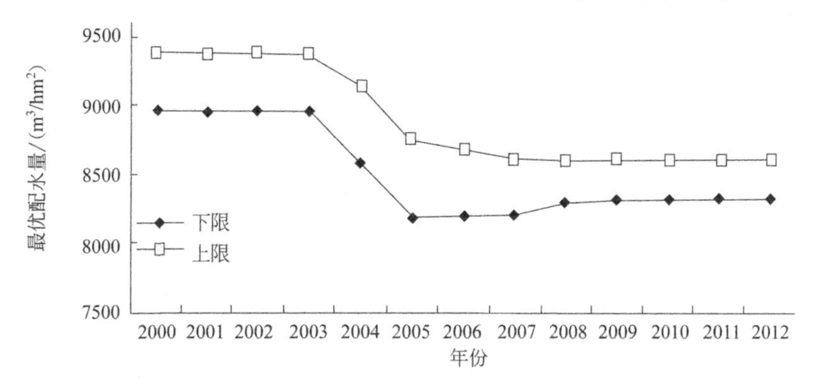

图 3-4　民勤县经济效益最大情况的最优配水量随时间变化图（丰水年，p=0）

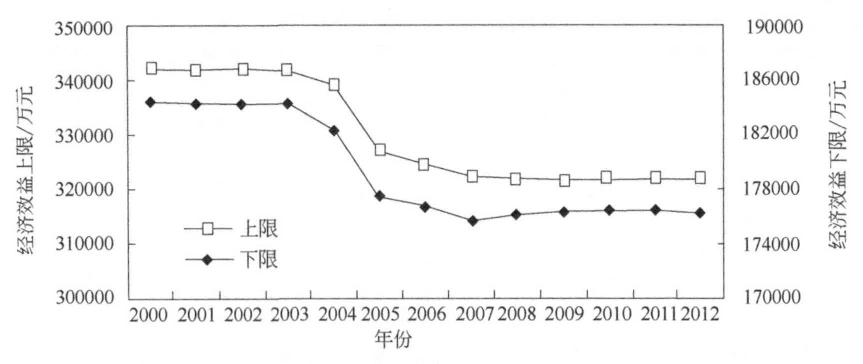

图 3-5 民勤县最大经济效益随时间变化图（丰水年，p=0）

3.1.3 结果分析

通过求解，得到了相应的优化配水方案。图 3-2 为多目标模型计算结果，得到综合效益最优情况下的作物在不同水文年、不同违规概率下的地表水和地下水分配方案，该优化结果与作物相对产量和灌水量之间的函数关系即 $G(X_{1j}, X_{2j})$ 有着密切的联系。关于 $G(X_{1j}, X_{2j})$ 的确定有以下两步：

① 根据作物在其各自不同生育阶段的灌溉制度（本书第 4 章优化结果），以配水费用最小为目标函数，地表地下水可供水量为约束，优化出作物各生育阶段灌溉水中地表水和地下水的比例；

② 根据作物各个生育阶段不同灌溉水量和其对应的相对产量拟合作物相对产量随作物灌溉水量变化的函数关系。$G(X_{1j}, X_{2j})$ 的形式直接影响着模型的求解结果。

图 3-2 为 4 种作物在不同水文年不同违规概率下的地表、地下最优配水图。从图 3-2 中我们可以看出，分配给作物的地下灌溉水量比地表水要多很多，这与当地的实际情况相关。由于石羊河上游用水量的增加及来水量的减少，导致民勤的主要灌溉水源由地表水逐渐转变为地下水。图 3-2 还表明，随着违规概率的增加，更多的地表水被分配给作物，这是因为随着违规概率的增加，粮食安全约束的左手边完全满足右手边的概率会减小，这也就意味着非粮食作物的可供水量会以给定的概率水平增加，本节中非粮食作物指的是胡麻和籽瓜，它们主要由地表水来灌溉，所以随着违规概率的增加，只有地表水会增加，其中 p=0 是 CCP 的极限情况，即确定性模型的表达形式。以丰水年为例，图 3-3 为民勤县 4 种作物在不同水文年不同违规概率下的总最优配水图。从图 3-3 中可以看出，3 种典型年的配水量满足：丰

水年<平水年<枯水年，这是由于在枯水年，降雨和径流相对较少，所以只能靠给作物灌溉较多的水来满足作物生长所需要的水分。本节定义的生态目标的目标函数为灌溉水中所含有的主要污染物的最小浓度，所以在满足每种作物最小需水的情况下，水量会尽可能少地分配给 4 种作物，所以由违规概率的增加带来的可供水量的增加对该单目标模型的结果没有影响。

以丰水年的经济目标为例，图 3-4 和图 3-5 表示民勤县 4 种作物的总最优配水量和最优大经济效益随时间的变化规律。建立的 ICCSIIMP 模型中的地下水可开采量约束中引入了 ILSIP，基于图 3-1（a）、（b），拟合出了地下水可开采量随时间变化的函数为 $M = -0.061662t + 125.0327$（上限），$M = -0.054882t + 111.3337$（下限）。图 3-4 和图 3-5 的趋势基本上是一致的，即在 2000～2003 年间最大经济效益以及对应的最优配水是保持不变的，这是由于地下水的可开采量能足够满足作物的用水需求；在 2004～2007 年间，最大经济效益以及对应的最优配水呈下降的趋势，这是由于拟合的地下水可开采量随时间变化的函数是一元减函数，随着年份的增加，地下水可开采量变少，已经不能完全满足作物的用水需求。在 2008～2012 年间最大经济效益以及对应的最优配水量保持稳定不变的趋势，这是因为如果在该阶段仍然采用拟合的地下水可开采量随时间变化的函数来作为地下水可供水量约束的右端项条件，那么它将不能满足以地下水灌溉为主要水源的春小麦和春玉米的最小需水要求，以（1.186～1.277）$\times 10^8 m^3$ 作为地下水的最小可开采量，其数值在地下水可开采量随时间变化的函数中所对应的年份大致为 2008 年，所以在 2008 年之后时间对模型的求解结果基本上没有影响。

本节建立的 ICCSIIMP 模型有以下 3 个特点：

① 它能更好地反映当地灌区的实际情况，符合可持续发展要求；

② 考虑到灌区内作物间水资源优化配置中存在的不确定性；

③ 模型能够展现优化配水方案随时间变化的动态趋势。

在考虑到灌区内作物间配水过程的多目标性和不确定性的基础上，建立了一个基于区间规划、机会约束规划和半无限规划的多目标灌区配水模型，并将其应用于民勤县灌区内作物间的优化配水上。通过对相关的不确定性方法和多目标解法做理论介绍，并对模型进行求解，得出不同水文年的优化配水方案，为当地的水资源管理者提供决策支持。本节的多目标优化配水结果均用区间数表示，决策者面对不同的区间时会有不同的决策方案，若更注重配水带来的经济效益，则偏向于选取区间上限，若注重节水则偏向于选取区间下限。

3.2 区间模糊两阶段随机规划模型

在灌区水资源优化配置系统中，水量分配越多意味着越大的经济效益，但是在枯水期会面临很大的由于缺水带来的经济损失；相应的，适当地降低配水目标也就降低了缺水损失，但是效益也会相应减少，如何通过建立模型来平衡灌区水管理是灌区水资源优化配水系统中一直关注的问题。两阶段规划（Two-stage Stochastic Programming, TSP)是解决这类问题的有效方法，尤其是系统中存在不确定性因素的情况下。

在 TSP 模型中，在随机事件不确定的情况下，先进行第一阶段的求解，之后，当随机事件确定之后，再进行第二阶段的计算求解来减少系统惩罚损失。在过去的 10 余年内 TSP 模型被广泛应用于水资源分配中。尽管 TSP 能够很好地解决配水问题，但是它也存在缺陷，例如它不能解决系统中存在的概率密度函数问题。基于此，Huang 等提出了不确定性两阶段随机规划（Inexact Two-stage Stochastic Programming, ITSP)模型并将其应用于水资源管理当中。然而在灌区水资源优化配置中，一些事件和参数具有模糊特征，例如水价、惩罚系数等，如果单纯用确定的参数则很难表示出这些参数的年级变化，造成优化结果具有局限性。模糊数学规划（Fuzzy Mathematical Programming, FMP)能够将这些不确定性很好地用模糊数来表示，将 ITSP 和 FMP 有效地结合起来具有重要意义。

3.2.1 模型建立

考虑到灌溉水资源优化配置中存在的模糊性，在区间两阶段随机规划模型（ITSP）的基础上，本节将运水成本、调水惩罚系数、可供水量和不同流量水平下的外来水量用模糊数来表示，因为它们在一定程度上具有模糊特征，建立含区间模糊两阶段随机优化配水（Inexact Fuzzy Two-stage Stochastic Programming, IFTSP）模型，具体表达形式如下所述。

（1）目标函数

$$\min F_{42}^{\pm}=\sum_{t=1}^{T}\sum_{n=1}^{N}\widetilde{C_{tn}}W_{tn}^{\pm}+\sum_{t=1}^{T}\sum_{h=1}^{H}\sum_{n=1}^{N}p_{thn}\widetilde{L_{hn}}S_{thn}^{\pm} \tag{3-10}$$

式中，t 为水源类型，$t=1$ 为地表水，$t=2$ 为地下水；n 为不同灌区；h 为水源不同的流量水平，$h=1$ 为低水平，$h=2$ 为中水平，$h=3$ 为高水平；$W_{tn}^{\pm}$ 为预先决策中决定的 t 水源向灌区 n 最优配水量，元/$10^4\,m^3$；$\widetilde{C_{tn}}$ 为 t 水源向 n 灌区调水的单位成本，元/$10^4\,m^3$；$S_{tnh}^{\pm}$ 为当水源地 t 的净来水量或净补水量为 $\widetilde{q_{tnh}}$ 时，未达到预先决策调水量 $W_{tn}^{\pm}$ 时的缺水量；$\widetilde{L_{tnh}}$ 为 t 水源给 n 灌区的实际调水量未达到 $W_{tn}^{\pm}$ 时所带来的单位惩罚，元/$10^4\,m^3$；p_{tnh} 为当水源 t 净来水量或净补水量为 $\widetilde{q_{tnh}}$ 时的概率。

（2）约束条件

① 最大、最小需水约束

$$W_{tn,\min} \leqslant \sum_{t}^{T}\sum_{n}^{N} W_{tn}^{\pm} \leqslant W_{tn,\max} \tag{3-11}$$

② 供水能力约束

$$W_{tn}^{\pm} - S_{tnh}^{\pm} \leqslant \widetilde{Q_{tn}} + \widetilde{q_{thn}} \tag{3-12}$$

式中，$\widetilde{Q_{tn}}$ 为 t 水源 n 灌区供水初期可供作物利用的水量，$10^4 m^3$；$\widetilde{q_{tnh}}$ 为 t 水源 n 灌区在 p_h 供水水平下的外来可供水量，$10^4 m^3$。

③ 非负约束

$$W_{tn}^{\pm} \geqslant S_{tn}^{\pm} \geqslant 0 \tag{3-13}$$

模型的框架见图 3-6。

上述模型中模糊数的隶属度函数选用为梯形隶属度函数，不同的 α 截集可以定量地表示模糊事件的模糊程度，$\alpha=0$ 代表模糊事件发生的概率最低，$\alpha=1$ 代表模糊事件发生的概率最高，本书在计算的时候将[0, 1]平均分配，分别令 $\alpha=0, 0.2, 0.4, 0.6, 0.8, 1$，计算在不同 α 下的配水方案。任一 α 截集下的隶属度函数可表示如下：

$$\mu(x)=\begin{cases} 0 & x \leqslant A_{1\min}\ , x \geqslant A_{2\max} \\ \dfrac{x-A_{1\min}}{A_1-A_{1\min}} & A_{1\min}<x<A_1 \\ \dfrac{A_{2\max}-x}{A_{2\max}-A_2} & A_2<x<A_{2\max} \\ 1 & A_1 \leqslant x \leqslant A_2 \end{cases} \tag{3-14}$$

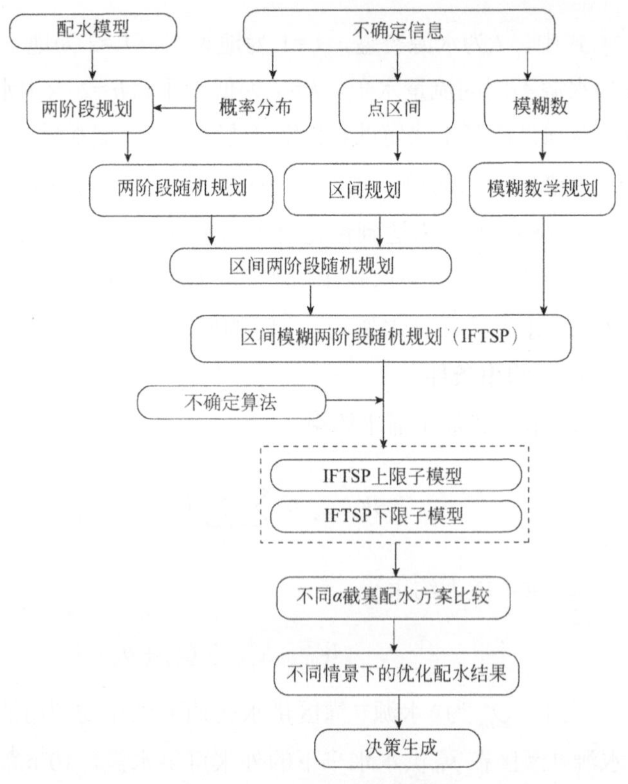

图 3-6 IFTSP 模型框架

在模型求解过程中，IFTSP 模型将转化成两个确定的子模型。令 $W_{tn}^{\pm}=W_{tn}^{-}+\Delta W_{tn}z_{tn}$，其中 $\Delta W_{tn}=W_{tn}^{+}-W_{tn}^{-}$，$z_{tn}\in[0,1]$。因此，在任一 α 截集下下限子模型可写成：

$$
\begin{cases}
F^{-}=\min\{\sum_{t=1}^{T}\sum_{n=1}^{N}[(1-\alpha)(C_{tn}^{-})^{-}+\alpha(C_{tn}^{-})^{+}](W_{tn}^{-}+\Delta W_{tn}z_{tn})+\sum_{t=1}^{T}\sum_{n=1}^{N}\sum_{h=1}^{H}p_{tnh} \\
\quad [(1-\alpha)(L_{tn}^{-})^{-}+\alpha(L_{tn}^{-})^{+}]S_{tnh}^{-} \\
\sum_{t=1}^{T}\sum_{n=1}^{N}(W_{tn}^{-}+\Delta W_{tn}z_{tn})\geqslant W_{\min} \\
\sum_{t=1}^{T}\sum_{n=1}^{N}(W_{tn}^{-}+\Delta W_{tn}z_{tn})\leqslant W_{tn,\max} \\
(W_{tn}^{-}+\Delta W_{tn}z_{tn})-S_{tnh}^{-}\leqslant[(1-\alpha)(Q_{tn}^{+})^{+}+\alpha(Q_{tn}^{+})^{-}]+[(1-\alpha)(q_{tnh}^{+})^{+}+\alpha(q_{tnh}^{+})^{-}] \\
0\leqslant z_{tn}\leqslant 1
\end{cases}
$$

（3-15）

式中，z_{tn} 和 S_{tnh}^{-} 是上述模型的决策变量；$z_{tn,opt}$，$S_{tnh,opt}^{-}$ 和 F_{opt}^{-} 是上述模型的最优解。

在下限子模型最优解的基础上，可以求解上限子模型。上限子模型的表达式如下：

$$
\begin{cases}
F^{+}=\min\{\sum_{t=1}^{T}\sum_{n=1}^{N}[(1-\alpha)(C_{tn}^{+})^{+}+\alpha(C_{tn}^{+})^{-}](W_{tn}^{-}+\Delta W_{tn}z_{tn,opt}) \\
\quad +\sum_{t=1}^{T}\sum_{n=1}^{N}\sum_{h=1}^{H}p_{tnh}[(1-\alpha)(L_{tn}^{+})^{+}+\alpha(L_{tn}^{+})^{-}]S_{tnh}^{+} \\
\sum_{t=1}^{T}\sum_{n=1}^{N}(W_{tn}^{-}+\Delta W_{tn}z_{tn,opt})\geqslant W_{\min} \\
\sum_{t=1}^{T}\sum_{n=1}^{N}(W_{tn}^{-}+\Delta W_{tn}z_{tn,opt})\leqslant W_{tn,\max} \\
(W_{tn}^{-}+\Delta W_{tn}z_{tn})-S_{tnh}^{+}\leqslant[(1-\alpha)(Q_{tn}^{-})^{-}+\alpha(Q_{tn}^{-})^{+}]+[(1-\alpha)(q_{tnh}^{-})^{-}+\alpha(q_{tnh}^{-})^{+}] \\
W_{tn}^{-}+\Delta W_{tn}z_{tn}\geqslant S_{tnh}^{+}\geqslant S_{tnh,opt}^{-}\geqslant 0 \\
A_{tnh,opt}^{\pm}=W_{tn,opt}^{\pm}-S_{tnh,opt}^{\pm}
\end{cases}
$$

（3-16）

式中，S_{tnh}^{+} 是上限子模型的决策变量。令 $S_{tnh,opt}^{+}$ 和 F_{opt}^{+} 为模型的解，那么在任一 α 截集水平下的模型二的解可表示为：$F_{opt}^{\pm}=[F_{opt}^{-},F_{opt}^{+}]$，$W_{tn,opt}^{\pm}=W_{tn}^{-}+\Delta W_{tn}z_{tn,opt}$，$S_{tnh,opt}^{\pm}=[S_{tnh,opt}^{-},S_{tnh,opt}^{+}]$。

3.2.2 应用实例

根据实际情况，建立民勤灌区间水资源优化配置模型，如前所述。其中 $N=3$，$n=1$ 代表红崖山灌区，$n=2$ 代表环河灌区，$n=3$ 代表昌宁灌区，其中红崖山灌区和环河灌区为渠灌和井灌混合的灌区，昌宁灌区为纯井灌区；$T=2$，$t=1$ 代表地表水，$t=2$ 代表地下水；$H=3$，$h=1$ 代表低流量水平，$h=2$ 代表中流量水平，$h=3$ 代表高流量水平。本书假定低、中、高流量出现的概率水平分别为 0.2、0.6、0.2。高、中、低需水水平是根据灌区内作物的单位面积总需水而定的，高、中、低需水水平对应的作物单位面积总需水分别为 1800～2000mm、1600～1800mm、1400～1600mm。模型求解的基础数据如表 3-2 所列。表 3-3～表 3-5，图 3-7～图 3-12 均为模型计算结果。

表 3-2　不同流量水平下的外来水量和缺水惩罚系数表

灌区名称	流量水平	不同外来可供水量/10^4m^3		缺水惩罚系数/（元/m^3）	
		地表水	地下水	地表水	地下水
红崖山	低流量（h=0.2）	[799.54, 977.21]	[2940.11, 3593.47]	[140.02, 188.73]	[514.87, 694.03]
	中流量（h=0.6）	[1771.92, 2165.69]	[4192.14, 5123.73]	[328.89, 446.39]	[778.10, 1056.09]
	高流量（h=0.2）	[3151.50, 3851.69]	[5236.85, 6400.73]	[281.68, 381.09]	[468.06, 633.26]
环河	低流量（h=0.2）	[36.94, 45.15]	[135.84, 166.03]	[140.02, 188.73]	[514.87, 694.03]
	中流量（h=0.6）	[81.87, 100.06]	[236.74, 160.96]	[328.89, 446.39]	[778.10, 1056.09]
	高流量（h=0.2）	[145.61, 177.97]	[295.73, 201.07]	[281.68, 381.09]	[468.06, 633.26]
昌宁	低流量（h=0.2）	0.00	[143.58, 175.49]	0.00	[654.89, 882.76]
	中流量（h=0.6）	0.00	[228.99, 279.88]	0.00	[1106.99, 1502.48]
	高流量（h=0.2）	0.00	[322.07, 393.64]	0.00	[749.74, 1014.35]

表 3-3　ITSP 模型计算结果

情景	灌区	水源类型	最优供水目标/10^4m^3	缺水量/10^4m^3		
				低流量（0.2）	中流量（0.6）	高流量（0.2）
高需水	红崖山	地表水	11634.80	[9628.97, 9929.59]	[8440.49, 8957.20]	[6754.34, 7577.62]
		地下水	26588.02	[19483.10, 20521.42]	[17952.84, 19269.39]	[16675.98, 18224.69]
	环河	地表水	499.81	[453.66, 462.63]	[451.71, 461.03]	[400.53, 419.16]
		地下水	1344.10	[960.76, 984.59]	[961.78, 964.41]	[953.76, 952.61]
	昌宁	地表水	0	0	0	0
		地下水	1486.49	[1181.00, 1206.88]	[1160.12, 1189.80]	[1137.37, 1171.19]
中需水	红崖山	地表水	14467.71	[12461.87, 13261.83]	[11273.40, 12386.68]	[9587.25, 11145.06]
		地下水	25406.92	[15799.61, 18750.27]	[14269.35, 17498.24]	[12992.49, 16453.54]
	环河	地表水	674.08	[608.50, 617.46]	[606.55, 615.86]	[555.37, 573.99]
		地下水	1120.12	[809.05, 832.88]	[810.07, 812.70]	[800.91, 802.05]
	昌宁	地表水	0	0	0	0
		地下水	1490.97	[1185.48, 1211.36]	[1164.60, 1194.28]	[1141.85, 1175.66]
低需水	红崖山	地表水	7429.53	[5423.70, 6454.23]	[4235.22, 5822.18]	[2549.07, 4925.45]
		地下水	26388.99	[19265.35, 20316.27]	[17735.09, 19076.70]	[16458.23, 18042.44]
	环河	地表水	319.16	[265.98, 323.84]	[264.03, 322.72]	[212.86, 293.41]
		地下水	1334.03	[951.24, 974.74]	[952.25, 954.77]	[944.23, 943.08]
	昌宁	地表水	0	0	0	0
		地下水	1319.06	[1013.57, 1194.81]	[992.69, 1177.90]	[969.94, 1159.47]

表 3-4　IFTSP 模型计算结果

α 截集	灌区	水源类型	最优供水目标/10^4m^3	缺水量/10^4m^3		
				低流量（0.2）	中流量（0.6）	高流量（0.2）
α=0	红崖山	地表水	11634.80	[9628.97,9929.59]	[8440.49,8957.20]	[6754.34,7577.62]
		地下水	29090.42	[19483.10,20521.42]	[17952.84,19269.39]	[16675.98,18224.69]
	环河	地表水	519.25	[453.66,462.63]	[451.71,461.03]	[400.53, 419.16]
		地下水	1271.83	[960.76,984.59]	[961.78,964.40]	[953.76, 953.76]
	昌宁	地表水	0	0	0	0
		地下水	1486.49	[1181.00,1206.88]	[1160.12,1189.80]	[1137.37, 1171.19]
α=0.2	红崖山	地表水	11634.80	[9642.85,9917.97]	[8466.26,8935.86]	[6796.97, 7542.49]
		地下水	29090.42	[19543.09,20469.50]	[18028.14,19204.95]	[16764.05,18149.80]
	环河	地表水	519.25	[454.03,462.31]	[452.10,460.70]	[401.44, 418.41]
		地下水	1271.83	[962.21,983.28]	[963.21,963.21]	[955.27, 955.27]
	昌宁	地表水	0	0	0	0
		地下水	1486.49	[1182.43,1205.59]	[1161.77,1188.34]	[1139.24, 1169.54]
α=0.4	红崖山	地表水	11634.80	[9656.74,9906.35]	[8492.04,8914.52]	[6839.61, 7507.35]
		地下水	29090.42	[19603.08,20417.59]	[18103.43,19140.51]	[16852.11,18074.92]
	环河	地表水	519.25	[454.49,462.00]	[452.49,460.37]	[402.34, 417.66]
		地下水	1271.83	[963.65,981.96]	[964.65,964.65]	[956.78, 956.78]
	昌宁	地表水	0	0	0	0
		地下水	1486.49	[1183.87,1204.30]	[1163.41,1186.88]	[1141.11, 1167.89]
α=0.6	红崖山	地表水	11634.80	[9670.63, 9894.74]	[8517.81,8893.18]	[6882.24, 7472.21]
		地下水	29090.42	[19663.07,20365.67]	[18178.72,19076.08]	[16940.17,18000.03]
	环河	地表水	519.25	[454.77, 461.68]	[452.88,460.04]	[403.24, 416.91]
		地下水	1271.83	[965.09,98.65]	[966.08,966.08]	[958.20, 958.20]
	昌宁	地表水	0	0	0	0
		地下水	1486.49	[1185.30,1203.01]	[1165.05,1185.42]	[1142.98, 1166.24]
α=0.8	红崖山	地表水	11634.80	[9684.51,9883.83]	[8543.58,8871.83]	[6924.87, 7473.07]
		地下水	29090.42	[19723.06,20313.75]	[18254.01,19011.64]	[17028.23,17925.15]
	环河	地表水	519.25	[455.15,461.37]	[453.27,459.70]	[404.14, 416.16]
		地下水	1271.83	[966.54,979.34]	[967.51,967.51]	[959.81, 959.81]
	昌宁	地表水	0	0	0	0
		地下水	1486.49	[1186.73,1201.72]	[1166.69,1183.96]	[1144.85, 1164.60]
α=1	红崖山	地表水	11634.80	[9698.40,9871.50]	[8569.35,8850.49]	[6967.51, 7401.94]
		地下水	29090.42	[19783.05,20261.84]	[18329.31,18947.20]	[17116.29,17850.27]
	环河	地表水	519.25	[455.52,461.05]	[453.66,459.37]	[405.04, 415.41]
		地下水	1271.83	[967.98,978.03]	[968.95,968.95]	[961.32, 961.32]
	昌宁	地表水	0	0	0	0
		地下水	1486.49	[1188.16,1200.43]	[1168.33,1182.49]	[1146.72, 1162.95]

表 3-5　IFTSP 模型最优配水结果

α 截集	灌区	水源类型	最优配水/10^4m^3		
			低流量（0.2）	中流量（0.6）	高流量（0.2）
α=0	红崖山	地表水	[1705.21, 2005.83]	[2677.56, 3194.31]	[4057.18, 4880.46]
		地下水	[8569, 9607.32]	[9821.03, 11137.58]	[10865.73, 12414.44]
	环河	地表水	[56.62, 65.598]	[58.22, 67.54]	[100.09, 118.72]
		地下水	[287.24, 311.07]	[307.42, 310.05]	[318.07, 318.07]
	昌宁	地表水	0	0	0
		地下水	[279.61, 305.49]	[296.69, 326.37]	[315.30, 349.12]
α=0.2	红崖山	地表水	[1716.83, 1991.95]	[2698.94, 3168.54]	[4092.31, 4837.83]
		地下水	[8620.92, 9547.33]	[9885.47, 11062.28]	[10940.62, 12326.37]
	环河	地表水	[56.94, 65.22]	[58.55, 67.15]	[100.84, 117.81]
		地下水	[288.55, 309.62]	[308.62, 308.62]	[316.56, 316.56]
	昌宁	地表水	0	0	0
		地下水	[280.90, 304.06]	[298.15, 324.73]	[316.95,347.25]
α=0.4	红崖山	地表水	[1728.45, 1978.06]	[2720.28, 3142.77]	[4127.45, 4795.19]
		地下水	[8672.83, 9487.34]	[9949.91, 10986.99]	[11015.50, 12238.31]
	环河	地表水	[57.25, 64.76]	[58.88, 66.76]	[101.59, 116.91]
		地下水	[289.87, 308.18]	[307.18, 307.18]	[315.05, 315.05]
	昌宁	地表水	0	0	0
		地下水	[282.19, 302.62]	[299.61, 323.08]	[318.60, 345.38]
α=0.6	红崖山	地表水	[1740.07, 1964.18]	[2741.62, 3116.99]	[4162.59, 4752.56]
		地下水	[8724.75, 9427.35]	[10014.34, 10911.70]	[11090.39, 12150.25]
	环河	地表水	[57.57, 64.48]	[59.21, 66.37]	[102.34, 116.01]
		地下水	[291.18, 306.74]	[305.75, 305.75]	[313.63, 313.63]
	昌宁	地表水	0	0	0
		地下水	[283.48, 301.19]	[301.07, 321.443]	[320.25, 343.51]
α=0.8	红崖山	地表水	[1750.97, 1950.29]	[2762.97, 3091.2]	[4161.73, 4709.93]
		地下水	[8776.67, 9367.36]	[10078.78, 10836.41]	[11165.27, 12062.19]
	环河	地表水	[57.884, 64.1049]	[59.55, 65.9791]	[103.09, 115.11]
		地下水	[292.49, 305.29]	[304.3176, 304.32]	[312.019, 312.02]
	昌宁	地表水	0	0	0
		地下水	[284.77, 299.76]	[302.53, 319.80]	[321.90, 341.64]
α=1	红崖山	地表水	[1763.30, 1936.40]	[2784.31, 3065.451]	[4232.87, 4667.30]
		地下水	[8828.58, 9307.37]	[10143.22, 10761.11]	[11240.15, 11974.13]
	环河	地表水	[58.20, 63.73]	[59.88, 65.59]	[103.84, 114.21]
		地下水	[293.80, 303.85]	[302.88, 302.8843]	[310.51, 310.51]
	昌宁	地表水	0	0	0
		地下水	[286.06, 298.33]	[304.00, 318.16]	[323.54, 339.78]

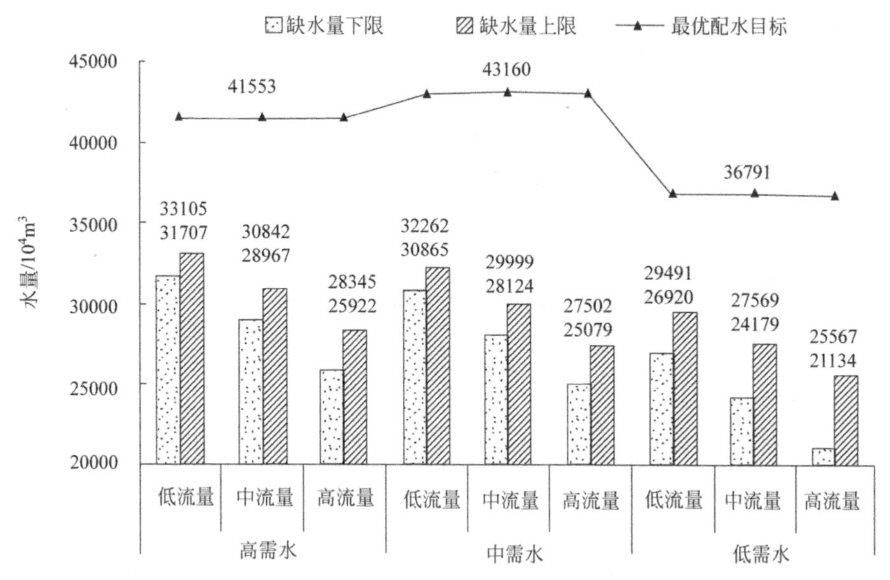

图 3-7 不同情景下民勤县最优供水目标和缺水量

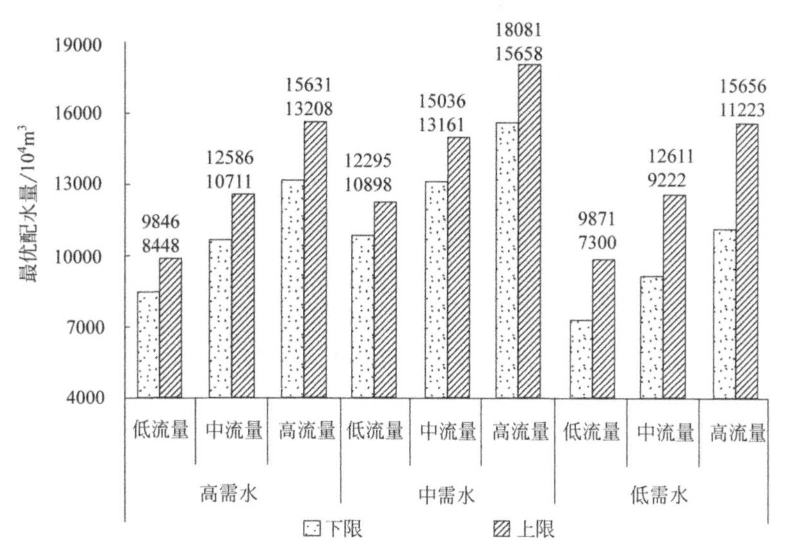

图 3-8 不同情景下民勤县最优配水量图

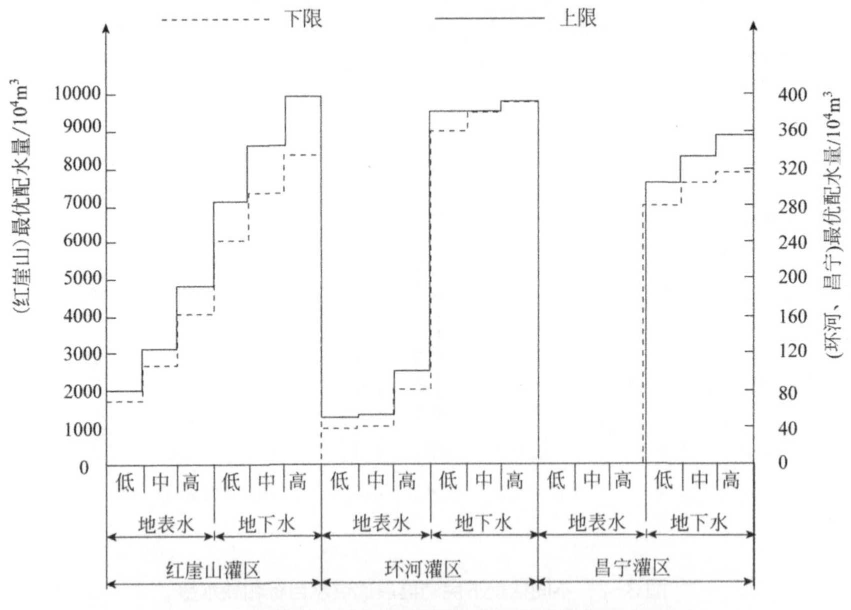

图 3-9　高需水情景下民勤县各灌区间的最优配水量图

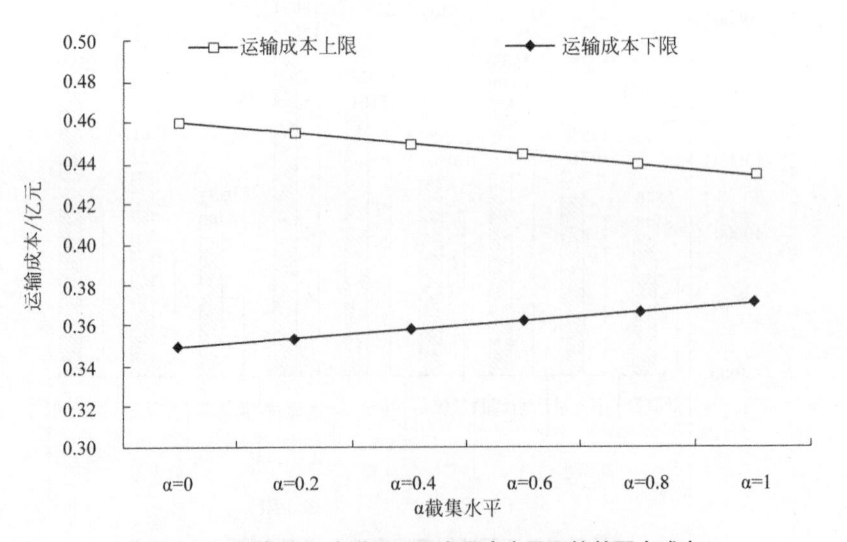

图 3-10　民勤县 3 个灌区不同隶属度水平下的总配水成本

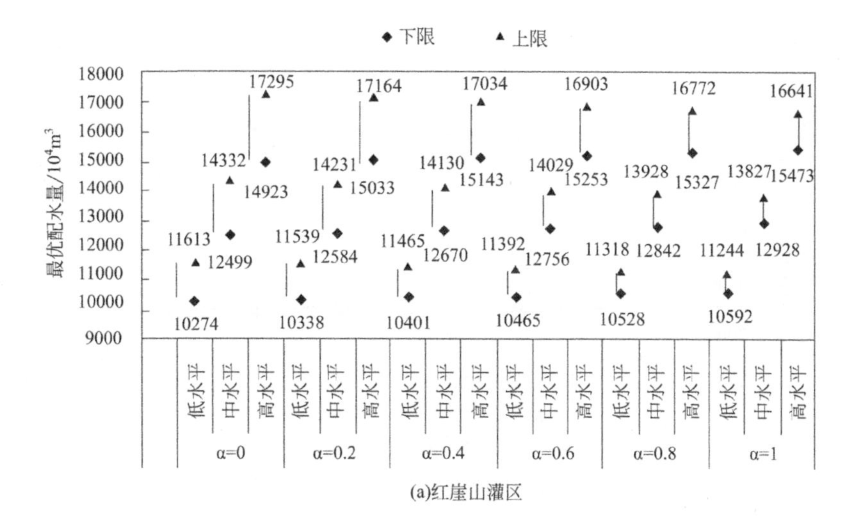

(a)红崖山灌区

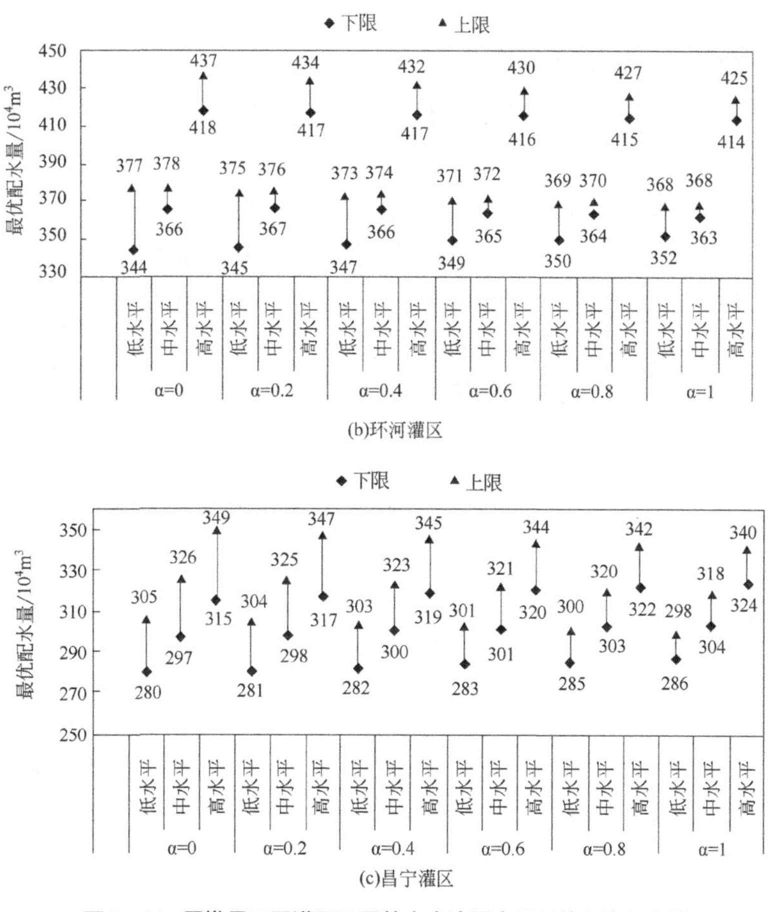

(c)昌宁灌区

图 3-11 民勤县不同灌区不同外来水流量水平下的最优配水量

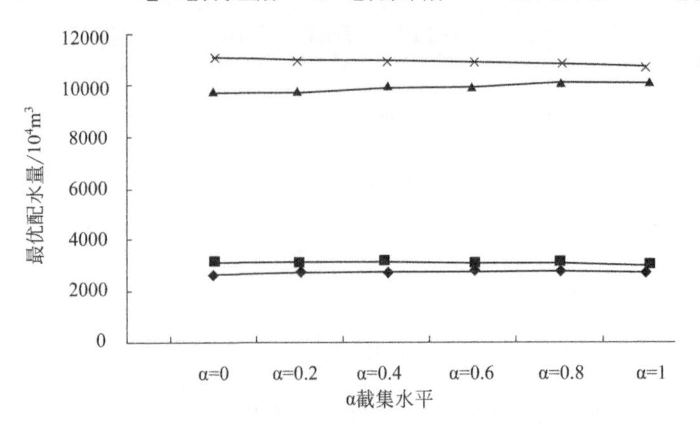

图 3-12　红崖山灌区中流量水平下不同水源的最优配水量图

3.2.3　结果分析

（1）ITSP 结果分析

通过 Lingo 软件编程，我们得到了 IFTSP 灌区间配水模型结果（表 3-5）：民勤县不同灌区不同水源不同流量水平在不同需水情况下的最优调水量和缺水量。图 3-7 将 3 个灌区的地表水和地下水综合起来，给出了民勤县不同流量水平在不同需水情况下的最优调水量和缺水量图。从表 3-6 和图 3-8 中我们可以看到民勤县的灌溉用水极度缺乏，地下水是民勤县的主要灌溉水来源。同样可以得出，在同一需水情况下低流量水平下缺水最严重，其次是中流量水平，最后是高流量水平，这符合客观规律；在同一流量水平下，缺水量满足高需水情况>中需水情况>低需水情况；然而对于最优调水目标，调水的不同仅存在于不同需水情况而不存在于不同流量水平，这是因为 $W_{tn,opt}$ 只与灌区和灌溉水源有关系，与其他因素没有关系，因此最优调水量在同一需水条件下不同流量水平下是相同的。对于最优配水量，中需水情况>高需水情况>低需水情况，得到的结果与正常高需水情况下最优配水应该多的结果相违背，事实上本节定义的不同水平需水量是单位面积的作物总需水量，但是由于各需水情况对应的作物总面积不同，导致中需水情况下的总需水最多，所以在中需水情况下，所分配的水量最多。图 3-8 为最优水量分配图，即 $W_{tn,opt} - S_{tnh,opt}$ 的结果，也就是我们要得到的以经济效益最大为目标的优化结果。图 3-9 为民勤县 3 个灌区在高需水量情况下不同水源的最优配水图，因为红崖山灌区的面积占整个民勤灌区面积的 92.8%，因此给它的配水量最多。

（2）IFTSP 结果分析

表 3-4 为 IFTSP 模型求解结果，以高需水水平为例。表 3-4 为民勤县不同灌区不同水源不同流量水平在不同 α 截集下的最优调水量和缺水量，表 3-5 为相应的最优配水量。其中 $\alpha=0$ 即为区间两阶段随机规划结果。图 3-10 为民勤县 3 个灌区在不同隶属度水平下的总配水成本图，从图中我们可以看到：随着隶属度的增加，配水成本的上限是逐渐减小的，而下限是逐渐增大的，最大上限成本为 0.46 亿元（$\alpha=0$），最大下限成本为 0.37 亿元（$\alpha=1$），这与模糊数的隶属度函数是相关的，本节中模糊数的隶属度函数为梯形函数，隶属度越大，模糊事件发生的概率越小。图 3-11 分别为 3 个灌区在不同隶属度、不同流量水平下的最优配水图（地表水和地下水综合），从图中我们也可以得到，随着隶属度水平的增加，配水上限逐渐减少，配水下限逐渐增加，在相同隶属度水平下，低流量配水最少，高流量配水最多。图 3-12 为红崖山灌区在中流量水平下的地表水和地下水配水量图。因此，我们得到了对应不同缺水量的灌区最优配水方案，得到的结果能够很好地反映灌区配水系统的效益变化及存在的风险。

（3）ITSP 和 IFTSP 比较

与 ITSP 模型优化结果相比，IFTSP 模型得到的结果趋势与 ITSP 模型相同，但是目标值和变量值都是不同的。在 ITSP 模型中，在高需水情况下系统配水费用上限为 0.46 亿元，这与 IFTSP 模型中 $\alpha=0$ 的结果是相同的，同样，ITSP 模型在高需水情况下系统配水下限为 0.37 亿元，与 IFTSP 模型中 $\alpha=1$ 的结果是相同的。然而，IFTSP 模型得到的总配水费用是随着 α 的变化而变化的，ITSP 模型得到的结果是 IFTSP 模型得到结果的极限情况。两个模型对于最优配水的趋势是相同的，但是由于不同的 α 水平能够表示不同模糊事件发生的概率，IFTSP 模型能够帮助决策者在不同风险水平下选取满意的决策方案，IFTSP 模型考虑到了灌区配水系统中存在的模糊现象，使结果更贴近实际情况。不同的 α 截集代表不同的水量分配方案，其中能够调水费用最小对应的方案存在的缺水惩罚也最大，相应的调水费用最大的方案存在的缺水惩罚也最小，所以对于决策者来说，找到调水成本和缺水惩罚之间的平衡点至关重要。对于不同的配水方案，以优化结果上限为例，乐观的决策者更偏向于选取 α 截集偏大的配水方案，而悲观的决策者更偏向于选取 α 截集偏小的配水方案。

通过阐述 TSP 和 ILP 的优缺点，将两种不确定性方法结合起来，构成了 ITSP 模型，并将其应用在民勤县灌区间水资源优化配置系统中，通过软件编程进行求解，得到了民勤县 3 个灌区（红崖山灌区、环河灌区、昌宁灌区）不同需水情况（高需水量、中需水量、低需水量）不同流量水平（低流量、中流量、高流量）的地表水和地下水最优配水方案。并在此基础上，考虑到灌区间水资源优化配置中存在的模糊现象及参数，将具有不同隶属度的模糊数引入了区间两阶段规划模型当中，构成了区间模糊两阶段随机优化模型，选择高需水量情景，对区间模糊两阶段随机规划模型进行求解，得到了民勤县在不同隶属度水平不同流量水平下的灌区间地表水和地下水最优配水方案，提出的模型和计算结果为当地决策者提供了一定的决策支持。

3.3 基于区间的灌区水资源优化模型

将我国的国情和农业水资源模型结合考虑，发现现阶段对农业水资源模型进行创新是国家、社会的需求，同时也是一项迫切的任务。只有不断创新，突破确定性模型的局限性，才能更高层次地提高水资源的利用效率，使农田生产的粮食产量最大化，进而使得农民的经济效益最大化。从现实方面来讲，冶河灌区的水源主要来源于冶河和岗南水库的配水，大气降水和地下水作为补充。对于冶河，其水源依赖于冶河上游的娘子关泉和中游的威州泉溢流量。如今又主要源自威州泉，究其缘由是位于冶河上游的山西省阳泉市和河北省井陉县的持续增加的用水量，造成冶河上游来水量锐减，而与此同时威州泉水量也在日益缩减。对于岗南水库，除了农业灌溉用水外，工业用水也随着工业化进程的加快而用水量逐年增加，例如石家庄市地表水厂投产和西柏村电厂扩建等使得岗南水库的水源压力倍增。冶河灌区由于其独特的地理位置，地下水位处于 20～50m 之间，从整体方面考虑地下水是不容易被开采的。综上所述，两大水源用水持续紧张，可用地下水资源量又极其有限，因此对冶河灌区水资源进行优化配置迫在眉睫。

农业系统中存在着许多不确定性，常用的处理方法为区间、模糊和随机规划。在本书中，由于查阅到的数据有限，根据区间规划的特性，在模型中引入区间规划方法来处理不确定性。但是从实际出发，在农业灌溉系统中具有诸多非线性特点，且分配水资源时多从整体的经济方面考虑，从而导致水资源分配不公平。因此，本节建立了一种能够处理农业灌溉水资源系统中的复杂不确定性的区间非线性优化模型。该模型不仅能够解决参考数据不足的困难，而且能够将系统中的复杂情况用非线性的形式表示出来，使得模型的计算结果更加符合实际。

3.3.1 模型建立

从“三农”角度考虑建立优化配水模型，以实现冶河灌区农民的最大化经济利益为目的。

（1）模型

$$\max f^{\pm}=\sum_{i=1}^{I}\sum_{j=1}^{J}P_{c,ij}Y_{ij}A_{ij}^{\pm}-\sum_{i=1}^{I}\sum_{j=1}^{J}\sum_{k=1}^{K}\sum_{l=1}^{L}P_{w,ki}W_{ijkl}^{\pm} \tag{3-17}$$

式中，$f^{\pm}$ 为农民的收益，元；i 为冶河灌区的研究区域，其中 $i=1$ 表示井陉县，$i=2$ 表示平山县，$i=3$ 表示鹿泉区，$i=4$ 表示元氏县；j 为农作物的编号，其中 $j=1$ 表示冬小麦，$j=2$ 表示夏玉米，$j=3$ 表示棉花；k 为水源来源编号，其中 $k=1$ 表示地表水，$k=2$ 表示地下水；$P_{c,ij}$ 为 i 地区 j 农作物的市场销售价格，元/kg；Y_{ij} 为 i 地区 j 农作物的水分生产函数，kg/hm^2；$A_{ij}^{\pm}$ 为 i 地区 j 农作物的种植面积，hm^2；$W_{ijkl}^{\pm}$ 为 i 地区 j 农作物从 k 水源处取水在 l 生育阶段内的配水量，m^3；$P_{w,ki}$ 为从 k 水源向 i 地区输送水的成本，元/m^3。

水分生产函数是一种水分与作物产量关系的函数表达式，所以上述模型中的 Y_{ij} 可以表示如下：

$$Y_{ij}=Y_m\prod_{l=1}^{L}\left(\frac{ET_{a,jl}}{ET_{a,\max,jl}}\right)^{\lambda_{jl}} \tag{3-18}$$

式中，λ_{jl} 为 j 农作物第 l 生育阶段的敏感指数，反映生育阶段缺水对农作物产量影响的程度；L 为农作物的总生育阶段数目；l 为各种农作物各个生育阶段的编号；Y_m 为在作物的全部生育阶段充分灌溉的产量，kg/hm^2；$ET_{a,jl}$ 为 i 地区 j 农作物 l 生育阶段的实际腾发量，mm；$ET_{a,\max,jl}$ 为 i 地区 j 农作物在充分灌溉条件下的 l 生育阶段的最大腾发量，mm。

(2) **约束条件**

① 蒸散发约束

$$ET^{\pm}_{a,jl} \geqslant ET_{a,\min,jl}, \forall j,l \tag{3-19}$$

$$ET^{\pm}_{a,jl} \leqslant ET_{a,\max,jl}, \forall j,l \tag{3-20}$$

$$ET_{a,ijl} \leqslant \frac{0.1\left(W_{ij1l}\eta_1 + W_{ij2l}\eta_2\right)}{A_{ij}} + pre_{ijl} \tag{3-21}$$

式中，$ET_{a,\min,ijl}$ 为保证农作物生长的最小蒸散发量，mm；η_1 为地表水的利用效率；η_2 为地下水的利用效率；W_{ij1l} 为可用的地表水量，m^3；W_{ij2l} 为可用的地下水量，m^3；pre_{ijl} 为 i 区域 j 农作物 l 生育阶段的降雨量，mm。

② 可供水约束

$$\sum_{i=1}^{I}\sum_{j=1}^{J}\sum_{k=1}^{K}\sum_{l=1}^{L} W^{\pm}_{ijkl} < \sum_{i=1}^{I} GW_i + \sum_{i=1}^{I} SW_i \tag{3-22}$$

式中，GW_i 为区域 i 地下水的供水量总和，m^3；SW_i 为区域 i 地表水的供水量总和，m^3。

(3) **优先使用地表水约束**

$$W^{\pm}_{ij2l} = 0 \qquad 当 \frac{0.1\left(W_{ij1l}\eta_1\right)}{A_{ij}} + pre_{ijl} \geqslant ET_{a,\max,jl} 时 \tag{3-23}$$

该约束表示在地表水和降水充足条件下，只使用地表水，即地下水灌溉量 $W^{\pm}_{ij2l}$ 为 0。此约束可以保证优先考虑地表水资源配置，有效保护地下水资源。

(4) **公平性约束**

$$\frac{\sum_{i_1}^{I}\sum_{i_2}^{I}\left|\frac{\sum_{j=1}^{J} P_{c,i_1 j} Y_{i_1 j} A^{\pm}_{i_1 j}}{po_{i_1}} - \frac{\sum_{j=1}^{J} P_{c,i_1 j} Y_{i_1 j} A^{\pm}_{i_1 j}}{po_{i_2}}\right|}{2N^2\mu} \leqslant G_0 \tag{3-24}$$

式中，i_1，i_2 为各个区域的编号，i 取 1，2，3，4，两两进行比较，使得冶河灌区的经济效益在农村人口间公平分配；po_{i_1} 和 po_{i_2} 分别为区域 i_1 和区域 i_2 的人口数量，人；N 为区域的总数目，个；μ 为区域中人均经济利益的平均值，元/人；G_0为Gini系数的上限值。

只有处于公平的环境之中，每一个人才能发挥出最大的潜能，积极性达到最大，因此公平在生活中扮演着很重要的角色。由于灌区周围的用户分布不均匀，如果以达到最大的经济效益为目的，必定会有不公正分配水资源的现象出现，最可能的分配结果是离水源较近的用户用于输配水成本低，会分配较多的水量，离水源较远的用户用于由于输配水成本高，会分配较少的水量，这种不公平的分配方式会严重打击当地农民种植农作物的积极性，导致地区间的经济效益出现很大的差异。因此，为了实现水资源的公平分配和最佳的经济效益，在模型中引入了Gini系数。Gini系数首次由科拉多·基尼在1912年使用来研究一个国家或者地区的收入是否分配均衡，表示的是未公平分配的经济价值在整体的经济价值中占到的比例。Gini系数通常通过洛伦兹曲线计算，随着在教育、经济、资源管理等领域的研究成熟，开始被应用到水资源规划的合理配置目标中，以保障水资源分配的公平性。Gini系数的取值范围在0～1之间，Gini系数的取值与公平分配程度在图中呈现出负相关的关系，即Gini系数从小到大的取值表示的是公平性逐渐降低的趋势，其中0表示完全公平，1表示完全不公平。根据联合国组织的规定，<0.2的Gini系数表示绝对公平，而在0.2～0.3之间、0.3～0.4之间以及0.4～0.5之间分别表示相对的公平、基本合理的水资源分配以及水资源分配基本不合理，>0.5就表示分配很不公平。

国际上Gini系数的警戒标准为0.4，所以在该模型中将G_0设置为0.4。

其中μ的计算公式如下：

$$\mu=\frac{\dfrac{\sum_{i=1}^{I}\sum_{j=1}^{J}P_{c,ij}Y_{ij}A_{ij}^{\pm}}{po_i}}{N} \tag{3-25}$$

式中，po_i为区域i的农村人数，人。

（5）非负约束

$$W_{ijkl}^{\pm}\geqslant 0,\forall i,j,k,l \tag{3-26}$$

3.3.2 模型求解

对于求解区间规划模型，惯用的方法是两步法。该方法的主要步骤是将模型分为分别求上限和下限两个子模型，具体解法如下所示。

(1) 子模型 a

$$\max f^{+}=\sum_{i=1}^{I}\sum_{j=1}^{J}P_{c,ij}Y_{ij}A_{ij}^{+}-\sum_{i=1}^{I}\sum_{j=1}^{J}\sum_{k=1}^{K}\sum_{l=1}^{L}P_{w,ki}W_{ijkl}^{+} \tag{3-27}$$

约束条件：

$$ET_{a,jl}\geqslant ET_{a,\min,jl},\forall j,l \tag{3-28}$$

$$ET_{a,jl}\leqslant ET_{a,\max,jl},\forall j,l \tag{3-29}$$

$$\sum_{i=1}^{I}\sum_{j=1}^{J}\sum_{k=1}^{K}\sum_{l=1}^{L}W_{ijkl}^{+}<\sum_{i=1}^{I}GW_{i}+\sum_{i=1}^{I}SW_{i} \tag{3-30}$$

$$W_{ij2l}^{+}=0 \qquad 当\frac{0.1\left(W_{ij1l}\eta_{1}\right)}{A_{ij}}+pre_{ijl}\geqslant ET_{a,\max,jl} \tag{3-31}$$

$$\sum_{i_1}^{I}\sum_{i_2}^{I}\left|\frac{\sum_{j=1}^{J}P_{c,i_1j}Y_{i_1j}A_{i_1j}^{+}}{po_{i_1}}-\frac{\sum_{j=1}^{J}P_{c,i_1j}Y_{i_1j}A_{i_1j}^{+}}{po_{i_2}}\right|\leqslant 2NG_0\sum_{j=1}^{J}\sum_{i=1}^{I}\frac{P_{c,ij}Y_{ij}A_{ij}}{po_{i}} \tag{3-32}$$

$$W_{ijkl}^{+}\geqslant 0 \quad \forall i,j,k,l \tag{3-33}$$

(2) 子模型 b

$$\max f^{-}=\sum_{i=1}^{I}\sum_{j=1}^{J}P_{c,ij}Y_{ij}A_{ij}^{-}-\sum_{i=1}^{I}\sum_{j=1}^{J}\sum_{k=1}^{K}\sum_{l=1}^{L}P_{w,ki}W_{ijkl}^{-} \tag{3-34}$$

约束条件：

$$ET_{a,jl}\geqslant ET_{a,\min,jl},\forall i,j,l \tag{3-35}$$

$$ET_{a,jl}\leqslant ET_{a,\max,jl},\forall j,l \tag{3-36}$$

$$\sum_{i=1}^{I}\sum_{j=1}^{J}\sum_{k=1}^{K}\sum_{l=1}^{L}W_{ijkl}^{-}<\sum_{i=1}^{I}GW_{i}+\sum_{i=1}^{I}SW_{i} \tag{3-37}$$

$$W_{ij2l}^{-}=0 \qquad 当\frac{0.1\left(W_{ij1l}\eta_{1}\right)}{A_{ij}}+pre_{ijl}\geqslant ET_{a,\max,jl} \tag{3-38}$$

$$\sum_{i_1}^{I}\sum_{i_2}^{I}\left|\frac{\sum_{j=1}^{J}P_{c,i_1j}Y_{i_1j}A_{i_1j}^{-}}{po_{i_1}}-\frac{\sum_{j=1}^{J}P_{c,i_1j}Y_{i_1j}A_{i_1j}^{-}}{po_{i_2}}\right|\leqslant 2NG_0\sum_{j=1}^{J}\sum_{i=1}^{I}\frac{P_{c,ij}Y_{ij}A_{ij}}{po_i} \quad (3\text{-}39)$$

$$W_{ijkl}^{-}\geqslant 0 \quad \forall i,j,k,l \quad (3\text{-}40)$$

3.3.3 结果分析

研究区域为冶河灌区，研究对象为冬小麦、夏玉米、棉花三种农作物。根据《河北省统计年鉴》《石家庄市统计年鉴》、新思农网、中国报告大厅棉花价格最新行情预测以及网上查阅相关资料，可以分别得到 2013～2015 年三种农作物在井陉县、平山县、鹿泉区和元氏县的种植面积、经济价格、地下水可用水量、地表水可用水量、冶河灌区相对应的供水成本。具体数据如表 3-6～表 3-9 所列。

表 3-6　冶河灌区水资源数据

区域	地表水供水量/10^8m^3	地下水供水量/10^8m^3	农业灌溉用水量/10^8m^3		地表水供水成本/（元/m^3）
			总量	地下水用量	
井陉县	0.3996	0.2660	0.4281	0.0400	0.41
平山县	1.3610	0.1700	0.9960	0.0000	0.14
鹿泉区	0.5591	0.8389	0.9580	0.4000	0.41
元氏县	0.2095	0.6286	0.4669	0.3599	0.46

表 3-7　冶河灌区的种植面积

区域	种植面积/hm^2		
	冬小麦	夏玉米	棉花
井陉县	[7805，7953]	[10936，12275]	[148，158]
平山县	[15653，16260]	[15525，16401]	[658，668]
鹿泉区	[15867，16800]	[16103，16480]	[141，205]
元氏县	[26000，26500]	[22353，30819]	[538，541]

表 3-8　冶河灌区的农作物价格和分区人口数

区域	农产品价格/（元/kg）			农村人数/人
	冬小麦	夏玉米	棉花	
井陉县	3.00	1.10	19.00	190900
平山县				283200
鹿泉区				200500
元氏县				284700

表 3-9 冶河灌区农作物全生育阶段充分灌溉的产量

区域	全生育阶段充分灌溉的产量/（kg/hm^2）		
	冬小麦	夏玉米	棉花
井陉县	4590	5424	965
平山县	6459	5954	925
鹿泉区	6278	6056	1028
元氏县	6535	6840	965

通过本节建立的区间非线性规划模型以及查找到的数据，运用编程求得模型的目标值，既分别得出该灌区可用的总水量在四个区域的冬小麦、夏玉米、棉花的总配水量，又得到分配给各个地区的农作物的水量在各个生育阶段的配水量。结果如图 3-13～图 3-16 所示。

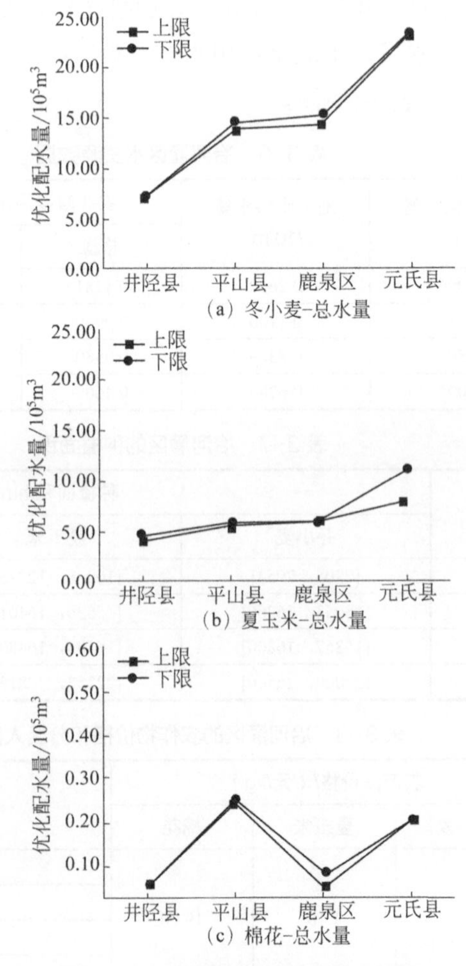

图 3-13 总水量在农作物中的分配图

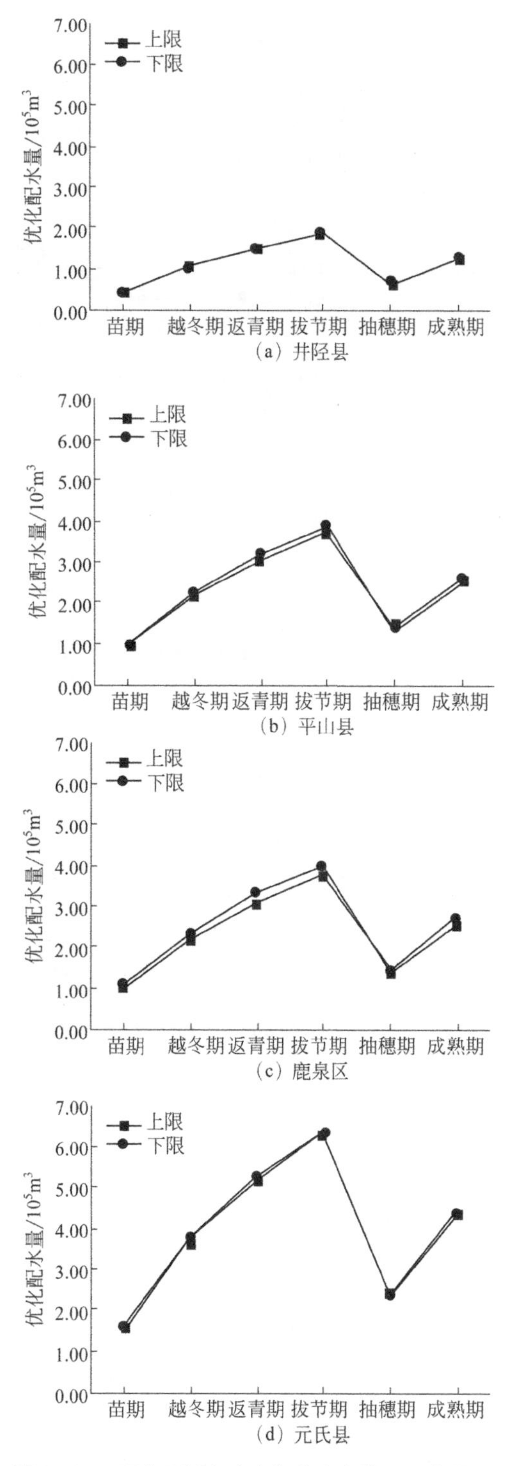

图 3-14 四个区域冬小麦各个生育阶段配水量

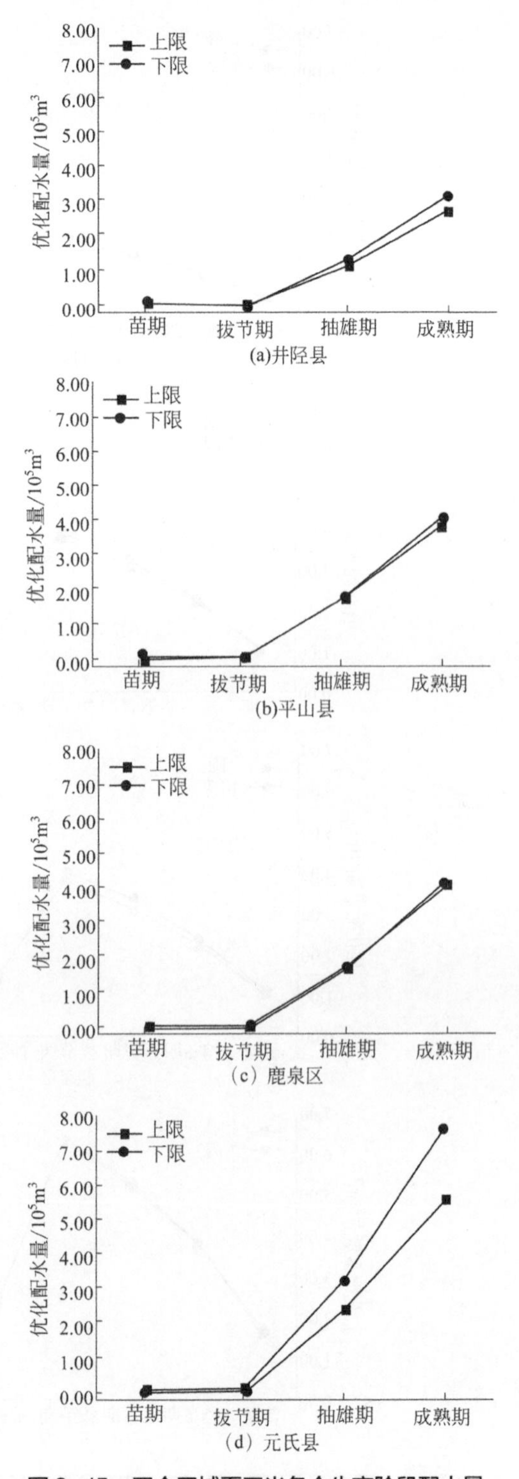

图 3-15　四个区域夏玉米各个生育阶段配水量

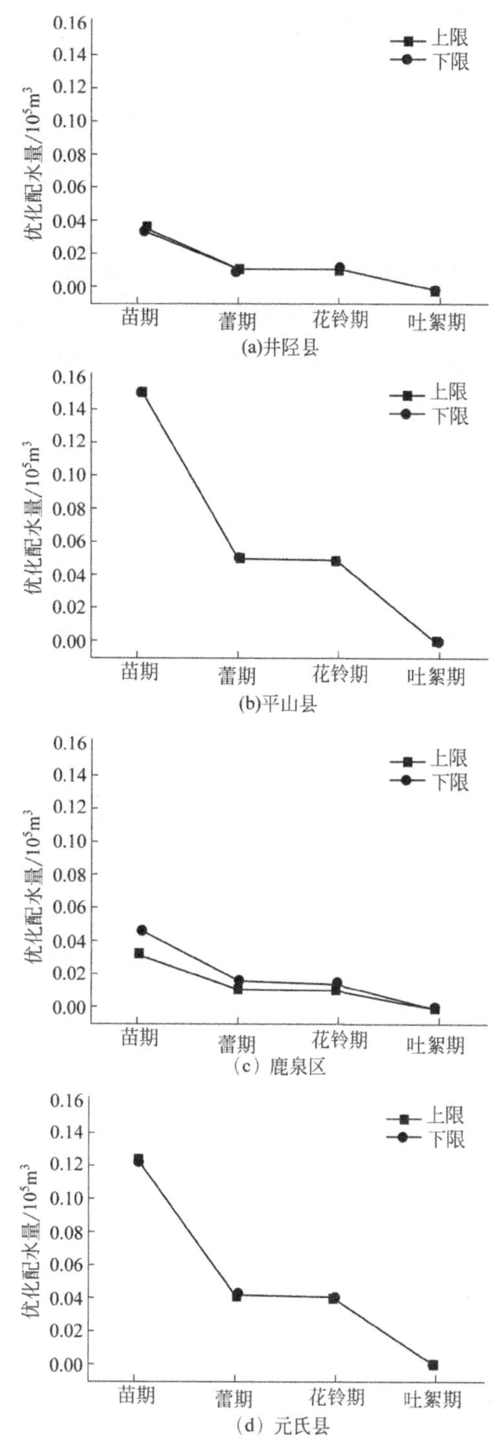

图 3-16 四个区域棉花各个生育阶段配水量

图 3-13 中，可以得出总水量在冶河灌区的四个区域的优化配水量结果。在井陉县，冬小麦的灌溉水量为[6.96,7.09]×10^5m^3，夏玉米的灌溉水量为[3.88,4.35]×10^5m^3，棉花的灌溉水量为[0.055,0.059]×10^5m^3。在平山县，冬小麦的灌溉水量为[13.96,14.50]×10^5m^3，夏玉米的灌溉水量为[5.50，5.81]×10^5m^3，棉花的灌溉水量为[0.245,0.249]×10^5m^3。在鹿泉区，冬小麦的灌溉水量为[14.15，14.98]×10^5m^3，夏玉米的灌溉水量为[5.71，5.84]×10^5m^3，棉花的灌溉水量为[0.053，0.076]×10^5m^3。在元氏县，冬小麦的灌溉水量为[23.19，23.64]×10^5m^3，夏玉米的灌溉水量为[7.92，10.92]×10^5m^3，棉花的灌溉水量为[0.200，0.202]×10^5m^3。

通过分析可以得出，将总水量分配给井陉县、平山县、鹿泉区、元氏县得到的结论是分配给各个地区的冬小麦的水量最多，夏玉米的配水量次之，分配给棉花的水量最少，这与当地的农作物种植面积以及生长周期有很大关系。每个区域的冬小麦种植面积最大且生长周期是从 10 月初开始，于翌年 6 月初结束，这个阶段比较干旱，需水量多；夏玉米的种植面积较小且生长周期开始于 6 月中旬，结束于 9 月末或者 10 月初，这个阶段雨水充沛，需水量少。棉花属于一种耐旱作物且要求土壤环境相对干旱，如果土壤水分含量过多，会严重影响棉花的生长，导致成熟期推迟、产量大减，这是棉花的灌溉水量最少的重要原因。井陉县的冬小麦、夏玉米、棉花的配水量均比其他三个区域的配水量少，归其原因，是由于井陉县全部位于石家庄市的西部山区位置，适宜发展林业和畜牧业，因此井陉县相对于其他区域三种农作物的种植面积相差较多，所以配水量相对较少。总水量在分配给冬小麦的过程中，由图 3-13（a）可以看出，在鹿泉区的水量分配中有一个相对大的区间范围，说明可以适当降低配水量；同理，在夏玉米的配水量中也可以降低元氏县的配水量，可以降低鹿泉区的棉花的配水量，因为可以降低水资源浪费的风险。

图 3-14 表示井陉县、平山县、鹿泉区和元氏县四个区域中冬小麦的 6 个生育阶段的灌溉水量优化结果：a. 在苗期，井陉县的优化配水量为[0.4821，0.4912]×10^5m^3，平山县的优化配水量为[0.9668，1.0043]×10^5m^3，鹿泉区的优化配水量为[0.9800，1.0370]×10^5m^3，元氏县的优化配水量为[1.6059，1.6367]×10^5m^3；b. 在越冬期，井陉县的优化配水量为[1.0955,1.1163]×10^5m^3，平山县的配水量为[2.1970,2.2822]×10^5m^3，鹿泉区的配水量为[2.2270,2.3566]×10^5m^3，元氏县的配水量为[3.6493，3.7194]×10^5m^3；c. 在返青期，井陉县的

优化配水量为[1.5358,1.5649]×10^5m^3，平山县的配水量为[3.0801，3.1995]×10^5m^3，鹿泉区的配水量为[3.1222，3.3038]×10^5m^3，元氏县的配水量为[5.1161，5.2145]×10^5m^3；d. 在拔节期，井陉县的配水量为[1.8627，1.8980]×10^5m^3，平山县的优化配水量为[3.7356，3.8804]×10^5m^3，鹿泉区的配水量为[3.7866，4.0069]×10^5m^3，元氏县的配水量为[6.2049，6.3242]×10^5m^3；e. 在抽穗期，井陉县的配水量为[0.6922，0.7053]×10^5m^3，平山县的配水量为[1.3882，1.4420]×10^5m^3，鹿泉区的配水量为[1.4072，1.4890]×10^5m^3，元氏县的配水量为[2.3059，2.3501]×10^5m^3；f. 在成熟期，井陉县的优化配水量为[1.2933，1.3178]×10^5m^3，平山县的优化配水量为[2.5938，2.6943]×10^5m^3，鹿泉区的优化配水量为[2.6292，2.7822]×10^5m^3，元氏县的优化配水量为[4.3083，4.3911]×10^5m^3。

四个区域的冬小麦在各个生育阶段的配水量趋势大致相同，从苗期至拔节期的配水量逐渐上升，拔节期至抽穗期的配水量下降，抽穗期至成熟期配水量逐渐回升。以平山县为例，苗期开始于10月初，土壤还具有一定的储存水量，在拔节期的配水量达到了最大，因为冬小麦的拔节期的后一阶段抽穗期是决定粮食产量的关键时期，上一阶段的水量供应充足，使得冬小麦正常发育，在抽穗期适当配水可以避免水量过多造成根部腐烂的现象发生，也可以避免农业水资源的浪费。在抽穗期至成熟期适当配水，使冬小麦种子饱满，增加产量。通过这种灌溉方式，可以使得农作物的产量最大，农户的经济利益最大，从而可以为灌区管理者在配水方面提供建议。

从图3-15中可以看出在井陉县、平山县、鹿泉区、元氏县的夏玉米的各个生育阶段的配水量：a. 在井陉县的抽雄期的配水量为[1.1433,1.2832]×10^5m^3，成熟期的配水量为[2.7324,3.0669]×10^5m^3；b. 平山县的抽雄期的配水量为[1.6230,1.7146]×10^5m^3，成熟期的配水量[3.8789,4.0978]×10^5m^3；c. 鹿泉区的抽雄期的配水量为[1.6834,1.7228]×10^5m^3，成熟期的配水量为[4.0233,4.1175]×10^5m^3；d. 元氏县的抽雄期的配水量为[2.3368,3.2218]×10^5m^3，成熟期的配水量为[5.5849,7.7001]×10^5m^3。

夏玉米从每年的6月中旬开始种植，9月末收割。夏玉米共有4个生育阶段，分别是苗期、拔节期、抽雄期和成熟期，需水呈现出“前期少，中期多，后期偏多”的规律。夏玉米的生长阶段处于一年之中的汛期，降雨量充沛，在夏玉米的苗期-拔节期阶段，各个区域的降雨量已经足够满足夏玉米在该阶段的需水量，如果水分过多则容易造成种子霉烂，从而影响玉米正常的发芽、出苗，因而在四个区域均没有给该阶段提供配水量。夏玉米在拔节期以后是夏玉米生长关键时期，且在夏玉米穗期耗水量最大，所以拔节期至成熟期的配水量是上升的趋势，且在成熟期配水量达到最大。

图 3-16 为井陉县、平山县、鹿泉区和元氏县四个区域的棉花在各个生育阶段的配水量。从图 3-16 中可以看出：a．井陉县的苗期配水量为[0.03339, 0.03565]$\times 10^5 m^3$，蕾期配水量为[0.01099,0.01174]$\times 10^5 m^3$，花铃期的配水量为[0.01078,0.01150]$\times 10^5 m^3$；b．平山县的苗期配水量为[0.1485,0.1507]$\times 10^5 m^3$，蕾期配水量为[0.04889,0.04963]$\times 10^5 m^3$，花铃期的配水量为[0.04791, 0.04864]$\times 10^5 m^3$；c．鹿泉区的苗期配水量为[0.03181,0.04625]$\times 10^5 m^3$，蕾期配水量为[0.01048,0.01523]$\times 10^5 m^3$，花铃期的配水量为[0.01027,0.01493]$\times 10^5 m^3$；d．元氏县的苗期配水量为[0.1214,0.1221]$\times 10^5 m^3$，蕾期配水量为[0.03997,0.04019]$\times 10^5 m^3$，花铃期的配水量为[0.03917,0.03939]$\times 10^5 m^3$。

在图 3-14～图 3-16 中，四个区域灌溉的水量同冬小麦的生育阶段的一致性较高，夏玉米和棉花的生育阶段同灌溉水量的一致性也较高。四个区域中的冬小麦的拔节期配水量达到最大，苗期和抽穗期的配水量最小。在各个区域的冬小麦的生育阶段中，拔节期的区间跨度最大，井陉县的区间跨度达到 $0.0353\times 10^5 m^3$，平山县的区间跨度达到 $0.1448\times 10^5 m^3$，鹿泉区的区间跨度达到 $0.2203\times 10^5 m^3$，元氏县的区间跨度为 $0.1193\times 10^5 m^3$。夏玉米的成熟期的生育阶段区间跨度达到最大，例如元氏县在成熟期的区间跨度为 $2.11523\times 10^5 m^3$，较大的区间跨度是由种植面积的变化导致的。因此，在具有较大跨度的生育阶段可以灌溉区间范围内较低的灌溉水量，即区间供水的下限，可以使得系统保持较低的优化系统收益，适当增加该生育阶段的水量，以达到最大的系统效益，但后期可能会有浪费农业水资源的风险。

图 3-17 中将实际系统收益与优化后的系统收益进行了比较。从图中可以看出优化后的系统收益高于实际的系统收益。2013 年，实际系统收益为 0.1708×10^{10} 元，优化后的系统收益增加了 0.3×10^7 元。2014 年增幅较大，实际系统收益为 0.1684×10^{10} 元，优化后的系统收益为 0.1808×10^{10} 元，增加了 1.24×10^8 元。2015 年的增幅最小。因此可以看出：当前的优化模型可以适当提高整个系统的收益，可以提高农业水资源的利用效率。

本节建立了一种能够处理农业灌溉水资源系统中的复杂不确定性的区间非线性优化模型。该模型不仅能够解决数据收集方面不足的困难，而且能够将系统中的复杂情况用非线性的形式表示出来，为该灌区提供农业水资源配置方案。

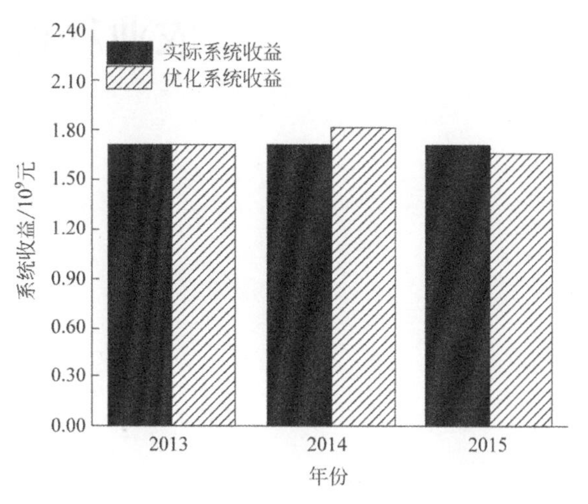

图 3-17　实际系统收益与优化系统收益比较

该模型以当地农民的经济收入最大为目标函数，帮助决策者建立有效的灌区水资源优化配置方案。经过优化模型，得到了可用的总水量在冶河灌区的冬小麦、夏玉米、棉花的优化配水结果，同时也得到了在各个地区各种农作物的各种生育阶段的优化配水结果。在四个区域的冬小麦的拔节期生育阶段中，井陉县的区间跨度达到 $0.0353\times10^5m^3$，平山县的区间跨度达到 $0.1448\times10^5m^3$，鹿泉区的区间跨度达到 $0.2203\times10^5m^3$，元氏县的区间跨度为 $0.1193\times10^5m^3$。夏玉米的成熟期的生育阶段区间跨度达到最大，例如元氏县在成熟期的区间跨度为 $2.11523\times10^5m^3$，较大的区间跨度是由种植面积的变化导致的。因此，在具有较大跨度的生育阶段可以灌溉区间范围内较低的灌溉水量，即区间供水的下限，可以使系统保持较低的优化系统收益，适当增加该生育阶段的水量，可以达到最大的系统效益，但后期可能会面临浪费农业水资源的风险。2014 年的实际系统收益比优化后的系统收益增加了 0.1684×10^{10} 元，2013 年的实际系统收益增加了 0.3×10^7 元，2015 年优化后的系统收益增幅较低。

从上述建立的模型以及得出的结论综合分析，该优化后的系统效益均增加，为当地农户合理配置农业水资源，对增加当地的经济效益具有一定的参考意义，也为其他相似地区的优化配水方案提供理论指导。

第4章
农业种植结构优化模型

种植结构规划是灌区水资源优化的一个重要内容，在种植结构规划模型的研究中，线性规划模型是通常被采用的，该模型的参数、目标和约束条件都是确定的。但是，涉及种植结构规划的某些参数、目标、约束条件等是不能被精确定义的，需要通过综合预测、估计、分析来确定，而且在作物种植结构决策的优选识别过程中并不存在绝对分明的界限，具有模糊特征。此外，在对种植结构规划的研究上，人们往往追求的是经济效益最大，而忽略了社会效益、生态效益，这样虽然能够获得较高的经济效益，但是极易导致地区生态环境的恶化，直接影响灌区可持续发展。本章将介绍两个关于不确定性多目标和双层分层规划特点的不确定性种植结构优化模型。

4.1　不确定性多目标种植结构优化模型

对于种植结构中包含的一些不确定性目标、约束和参数，本节分别建立了含有模糊机会约束规划的区间模糊机会约束模糊线性规划（IFCCFLP）模型、基于模糊优选理论的多目标模糊线性规划（FOB-FLMP）种植结构模型、基于对偶理论的多目标分式规划（MFP）种植结构模型。在单目标模型中，引进模糊参数，可为决策者提供稳定的种植结构规划政策。在多目标种植结构模型建立中，将模糊优选理论与模糊线性规划模型进行结合，既解决了种植结构优化中存在的模糊问题，又考虑综合效益最优。

4.1.1　模型建立

4.1.1.1　含有模糊机会约束规划的区间模糊线性规划单目标模型

（1）区间模糊机会约束线性规划模型

区间模糊机会约束线性规划（Inexact Fuzzy Chance-Constrained Programming, IFCCP）模型表达式如下。

1）目标函数

$$\max F_{21}^{\pm} = \sum_{j}^{J} w_j^{\pm} a_j^{\pm} \tag{4-1}$$

式中，$w_j^{\pm}$为j作物的单位效益，万元/万亩（1 亩≈666.7m^2，下同）；$a_j^{\pm}$为j作物的规划。

2）约束条件

① 水量约束

$$\text{pos}\{\sum_{j=1}^{J}\widetilde{m_j}a_j^{\pm}\leqslant\widetilde{Q}\}\geqslant 1-\widetilde{p} \quad (4\text{-}2)$$

式中，$\widetilde{m_j}$ 为以 $\mu(\widetilde{m_j})$ 为隶属度函数的第 j 种作物灌溉水量，m^3/万亩；$\widetilde{Q}$ 为以 $\mu(\widetilde{Q})$ 为隶属度函数的可供水量，$10^4\ m^3$；$\widetilde{p}$ 为预先设定的置信水平。

② 种植面积约束

$$\sum_{j=1}^{J}a_j^{\pm}\leqslant A_{\max}^{\pm} \quad (4\text{-}3)$$

$$a_{j,\min}^{\pm}\leqslant a_j^{\pm}\leqslant a_{j,\max}^{\pm} \quad (4\text{-}4)$$

式中，$a_{j,\min}^{\pm}$，$a_{j,\max}^{\pm}$ 分别为 j 作物的最小、最大种植面积，万亩；A 为作物总灌溉面积，万亩。

③ 非负约束

$$a_j^{\pm}\geqslant 0 \quad (4\text{-}5)$$

（2）区间模糊机会约束模糊线性规划模型

区间模糊机会约束模糊线性规划（Inexact Fuzzy Chance-Constrained Programming Fuzzy Linear Programming, IFCCFLP）模型表达式如下：

1）目标函数

$$\max F_{22}^{\pm}=\sum_{j}^{J}w_j^{\pm}a_j^{\pm}\gtreqqless Z_0 \quad (4\text{-}6)$$

式中，Z_0 为普通线性规划的最优目标值，万元。

2）约束条件

① 水量约束

$$\text{pos}\{\sum_{j=1}^{J}m_j a_j^{\pm}\leqslant Q\}\geqslant 1-\widetilde{p} \quad (4\text{-}7)$$

式中，pos{}为可能性条件；$\widetilde{Q}$ 为梯形模糊数；$\widetilde{m_j}$，$\widetilde{p}$ 为三角模糊数。

② 种植面积约束

$$\sum_{j=1}^{J}a_j^{\pm}\leqslant A_{\max}^{\pm} \quad (4\text{-}8)$$

$$a_{j,\min}^{\pm} \lessapprox a_j^{\pm} \lessapprox a_{j,\max}^{\pm} \tag{4-9}$$

③ 非负约束

$$a_j^{\pm} \geqslant 0 \tag{4-10}$$

在求解 IFCCP 模型时，要先将不确定模型转化为确定性模型，本节的可供水量为梯形模糊数，每种作物的灌溉定额及置信水平为三角模糊数，在任一个 α 截集下，可供水量表示为$[\underline{Q_1},Q_1,Q_2,\overline{Q_2}]$，灌溉水量表示为$[\underline{m},m,\overline{m}]$，置信水平表示为$[\underline{p},p,\overline{p}]$，所以该模型具体转化为以下两个子模型。

Ⅰ．IFCCP 上限子模型：

$$\max F_{22}^{+} = \sum_{j=1}^{J} w_j^{+} a_j^{+} \tag{4-11}$$

$$[(1\text{-}\alpha)\underline{m_j} + \alpha m_j]a_j^{+} \leqslant [(1-\alpha)\overline{Q_2} + \alpha Q_2]^{[(1-\alpha)\overline{p}+\alpha p]} \tag{4-12}$$

$$\sum_{j=1}^{J} a_j^{+} \leqslant A_{\max}^{+} \tag{4-13}$$

$$a_{j,\min}^{-} \leqslant a_j^{+} \leqslant a_{j,\max}^{+} \tag{4-14}$$

$$a_j^{+} \geqslant 0 \tag{4-15}$$

Ⅱ．IFCCP 下限子模型：

$$\max F_{22}^{-} = \sum_{j}^{J} w_j^{-} a_j^{-} \tag{4-16}$$

$$[(1\text{-}\alpha)\overline{m_j} + \alpha m_j]a_j^{-} \leqslant [(1-\alpha)\underline{Q_1} + \alpha Q_1]^{[(1-\alpha)\underline{p}+\alpha p]} \tag{4-17}$$

$$\sum_{j=1}^{J} a_j^{-} \leqslant A_{\max}^{-} \tag{4-18}$$

$$a_{j,\min}^{+} \leqslant a_j^{-} \leqslant a_{j,\max}^{-} \tag{4-19}$$

$$a_j^{-} \leqslant a_{jopt}^{+} \tag{4-20}$$

$$a_j^{-} \geqslant 0 \tag{4-21}$$

式中，符号意义同前，符号上标“+”表示上限值，上标“−”表示下限值。对于 IFCCFLP 模型，先将不确定性模型转化为确定性模型，再进行模糊线性规划的计算，计算方法见 5.1.2 模糊线性规划方法介绍。

4.1.1.2 种植结构多目标模型建立

（1）基于模糊优选理论的多目标模糊线性种植结构规划模型

求解多目标规划的最常用方法就是将多目标问题转化成单目标问题。模糊优选理论的实质就是将计算不同目标对优的相对权重。本书将模糊优选理论与模糊线性规划模型应用于作物种植结构优化当中，建立了基于模糊优选理论的模糊线性多目标规划种植结构规划（Fuzzy Optimization Theory Based Fuzzy Linear Multi-objective Programming, FOB-FLMP）模型，考虑的因素更多，使规划结果更加接近实际。模型具体表达式如下。

1）目标函数

$$\max F_{23} = \sum_{j=1}^{J} u_j a_j \gtrapprox Z_0 \tag{4-22}$$

2）约束条件

① 水量约束

$$\sum_{j=1}^{J} m_j a_j \leqslant Q^{\pm} \tag{4-23}$$

② 种植面积约束

$$\sum_{j=1}^{J} a_j \leqslant A_{\max} \tag{4-24}$$

$$a_{j,\min} \lessapprox a_j \lessapprox a_{j,\max} \tag{4-25}$$

③ 非负约束

$$a_j \geqslant 0 \tag{4-26}$$

（2）FP 多目标模型

本节分式多目标规划（Multi-objective Fractional Programming, MFP）模型中考虑两种效益，分别为经济效益和社会效益，其中经济效益以系统净效益最大为目标函数，社会效益以缺水量最小为目标函数，其规划模型如下：

$$\max F_{24} = \frac{\max F_{24(1)}}{\min F_{24(2)}} = \frac{\max \sum_{j=1}^{J} w_j a_j - W}{\min \sum_{j=1}^{J} m_j a_j} \tag{4-27}$$

式中，w 为研究区域种植总投入，万元。

① 水量约束

$$\sum_{j=1}^{J} m_j a_j \leqslant Q \tag{4-28}$$

② 种植面积约束

$$\sum_{j=1}^{J} a_j \leqslant A_{\max} \tag{4-29}$$

$$a_{j,\min} \leqslant a_j \leqslant a_{j,\max} \tag{4-30}$$

③ 非负约束

$$a_j \geqslant 0 \tag{4-31}$$

4.1.2 种植结构单目标规划模型结果分析

研究区域为民勤灌区，根据基础参数（表 4-1、表 4-2）对 IFCCP 模型进行求解，优化模型如式（4-32）所列，优化结果见图 4-1、图 4-2。根据实际情况对 IFCCFLP 模型上限设不同的伸缩值，并根据基础参数对 IFCCFLP 模型进行求解。

表 4-1 灌区内不同水文年基础数据

水文年	可供水量（梯形模糊数）/$10^4 m^3$	不同水源的价格/（元/m^3）		p(三角模糊数)
	($Q_{1\min}$, Q_1, Q_2, $Q_{2\max}$)	地表水下限	地下水下限	($1-p_{\max}$, $1-p$, $1-p_{\min}$)
丰水年	(6870.17, 7082.40, 7252.81, 7465.04)	[0.12, 0.16]	[0.18, 0.22]	(0.85, 0.90, 0.95)
平水年	(7087.37, 7220.72, 7504.90, 7638.25)			
枯水年	(7228.03, 7368.05, 7571.04, 7711.06)			

表 4-2 灌区内不同作物基础数据

作物	产值/（元/亩）	最大种植面积/万亩	最小种植面积/万亩	最大总种植面积/万亩	最小总种植面积/万亩	需要水量($m_{\min}$, m, $m_{\max}$)/（m^3/亩）
春小麦	[728.65, 971.54]	[24.09, 24.71]	[19.00, 21.44]	[35.43, 35.85]	[29.32, 31.54]	(233.33, 250.00, 266.67)
春玉米	[945.94, 1309.77]	[9.30, 9.43]	[7.80, 8.10]			(200.00, 226.67, 250.00)
胡麻	[616.44, 924.66]	[0.20, 0.21]	[0.11, 0.15]			(150.00, 173.33, 200.00)
籽瓜	[1079.76, 1439.68]	[2.63, 2.93]	[1.86, 2.21]			(90.00, 120.00, 150.00)

$$
\max \lambda
$$

$$
\text{s.t.}\begin{cases}3.3a_1 + 4.45a_2 + 3.14a_3 + 4.89a_4 - \lambda \geqslant 132.2 \\ a_1 + a_2 + a_3 + a_4 + 0.15\lambda \leqslant 36 \\ a_2 + 0.57\lambda \leqslant 10 \\ a_3 + 0.09\lambda \leqslant 0.3 \\ a_4 + 0.07 \leqslant 3 \\ 232a_1 + 205.33a_2 + 154.67a_3 + 96a_4 \leqslant 7531.562 \\ a_1, a_2, a_3, a_4 \geqslant 0 \\ 0 \leqslant \lambda \leqslant 1\end{cases} \tag{4-32}
$$

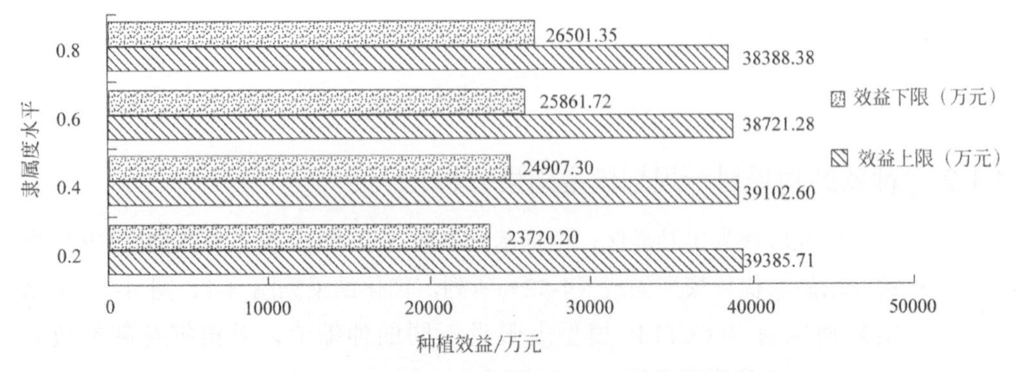

图 4-1　IFCCP 不同隶属度水平下的作物效益

图 4-1 为 IFCCP 模型在不同隶属度水平下种植作物所获得的效益，以平水年为例，从图中可以看出，随着隶属度水平的增加，作物最大总效益减少，但是最小总效益增加，这与隶属度函数的表达形式有关，即隶属度增加，获得效益的区间范围减少。图 4-2 为 IFCCP 模型优化结果。表 4-3 为 IFCCFLP 模型优化结果，同样以平水年为例，本节只对其上限设定伸缩值，根据作物种植面积实际情况，采用不同方案设定伸缩值，来比较其获得的经济效益，并获得最终的决策方案，其中 d_1 对应总面积伸缩值，d_2 对应春玉米伸缩值，d_3 对应胡麻伸缩值，d_4 对应籽瓜伸缩值。从图 4-1 中我们可以看出，在 α 隶属度水平为 0.8 时获得的效益最大，并且在 α=0.8 时，方案二比确定性模型增加的效益最多，即 d_1=0.15，d_2=0.57，d_3=0.01，d_4=0.07，此时转化成最终确定的模型表示为下式，最终计算得到 λ=0.4898，增加效益 673.28 万元。

表 4-3　不同 α 水平下 IFCCFLP 优化出的不同作物种植面积结果（上限）

α 值	IFCCP 优化结果/（万亩，万元）					模糊线性规划模型优化结果/（万亩，万元）												优化后效益	增效
	a_1	a_2	a_3	a_4	Z_0	情景	d_1	d_2	d_3	d_4	Z	d_0	最大隶属度	a_1	a_2	a_3	a_4		
α=0.2	23.38	9.43	0.11	2.93	39385.71	一	0.15	0.07	0.09	0.07	39581.99	196.28	0.5033	23.39	9.47	0.11	2.97	39486.14	100.43
						二	0.15	0.57	0.09	0.07	39757	371.29	0.4438	23.11	9.75	0.11	2.97	39592.24	206.53
						三	0.65	0.07	0.09	0.07	39663.84	278.1	0.6373	23.38	9.46	0.24	2.96	39581.57	195.85
						四	0.65	0.57	0.09	0.07	39888.97	503.06	0.3459	22.87	9.8	0.27	2.98	39599.5	208.77
α=0.4	22.9934	9.43	0.21	2.93	39102.60	一	0.15	0.07	0.09	0.07	39225.71	123.1	0.6431	23.11	9.46	0.24	2.96	39309.19	206.59
						二	0.15	0.57	0.09	0.07	39436.94	334.33	0.4803	22.59	9.73	0.28	2.97	39553.74	451.14
						三	0.65	0.07	0.09	0.07	39225.7	123.1	0.6419	23.1	9.46	0.24	2.96	39309.35	206.74
						四	0.65	0.57	0.09	0.07	39255.99	153.39	0.5541	22.72	9.68	0.25	2.96	39251.68	149.08
α=0.6	22.6009	9.43	0.21	2.93	38721.28	一	0.15	0.07	0.09	0.07	38838.35	117.07	0.439	22.85	9.47	0.26	2.97	39117.79	396.51
						二	0.15	0.57	0.09	0.07	39035.7	314.42	0.5659	22.07	9.68	0.25	2.96	39199.05	477.78
						三	0.65	0.07	0.09	0.07	38838.35	117.07	0.4389	22.84	9.47	0.26	2.97	39117.79	396.51
						四	0.65	0.57	0.09	0.07	39035.7	314.42	0.7877	22.64	9.55	0.23	2.95	38954.56	233.28
α=0.8	22.2583	9.43	0.21	2.93	38388.38	一	0.15	0.07	0.09	0.07	38499.35	110.97	0.7812	22.73	9.45	0.23	2.95	38909.17	520.79
						二	0.15	0.57	0.09	0.07	38682.66	294.28	0.4898	22.46	9.72	0.26	2.97	39061.56	673.28
						三	0.65	0.07	0.09	0.07	38499.35	110.97	0.5036	22.69	9.46	0.25	2.97	38944.99	556.61
						四	0.65	0.57	0.09	0.07	38682.66	294.28	0.5663	22.33	9.68	0.25	2.96	38863.2	474.82

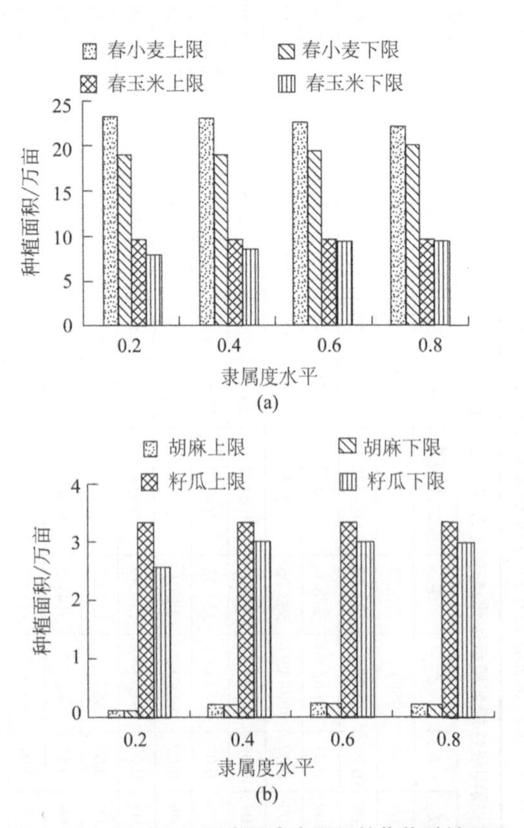

图 4-2 IFCCP 不同隶属度水平下的作物种植面积

4.1.3 种植结构多目标规划模型结果分析

4.1.3.1 基于模糊优选理论的模糊线性多目标规划模型求解（FOB-FLMP）

指标权重 w_i 的确定是影响模型求解的一个重要因素，为减少人为主观因素的影响，本节确定 w_i 的方法是从指标 i 对于模糊概念“重要性”的相对隶属度出发的。本节考虑经济目标和社会目标，其中，经济效益指标以灌溉效益分摊值（元/亩）来进行计算，社会效益指标以农产品的商品比例来计算，农产品商品比例（%）=商品量（t）/生产产量（t），具体基础数据见表 4-4，灌溉效益分摊值可从第 4 章单一作物优化灌溉制度计算结果中得到，计算农产品商品比例所需要的基础来自武威市统计年鉴。

表 4-4　不同作物相关经济参数

作物	经济效益/（元/hm²）	社会效益/%	商品量/t	生产产量/t	商品产量比例/%
春小麦	13115.73	25.00	24839.35	99359	25.00
春玉米	16372.10	60.00	28296	47160	60.00
胡麻籽	11558.31	30.00	63	210	30.00
瓜类（籽瓜）	18895.78	65.00	57135	87900	65.00

求解过程及结果如下所述。

(1) 相对隶属度矩阵

根据基础数据表，计算相对隶属度矩阵，本节的经济效益指标和社会效益指标都是越大越优型指标，所以选取隶属度公式 $r_{ij}=x_{ij}/\max x_j$ 来进行计算，即：

$$R=\begin{pmatrix} 0.6941 & 0.8664 & 0.6117 & 1 \\ 0.3846 & 0.9231 & 0.4615 & 1 \end{pmatrix}$$

(2) 指标权重矩阵 W

$$W=R^{\mathrm{T}}=\begin{pmatrix} 0.6941 & 0.3846 \\ 0.8664 & 0.9231 \\ 0.6117 & 0.4615 \\ 1 & 1 \end{pmatrix}=w_{ji(4\times 2)}$$

(3) 非归一化权重向量

本节在计算非归一化权重时的距离参数取海明距离及欧式距离 2 个参数，即 $p=1$， $p=2$ 并做一比较。

$p=1$（海明距离）：$w_i=(0.9362\ 0.8350)$

$p=2$（欧式距离）：$w_i=(0.9086\ 0.7664)$

(4) 归一化权重

$p=1$（海明距离）：$w_i=(0.5286\ 0.4714)$

$p=2$（欧式距离）：$w_i=(0.5424\ 0.4575)$

(5) 相对优属度确定

$p=1$（海明距离）：$u_j=(0.5955\ 0.9859\ 0.5812\ 1)$

$p=2$（欧式距离）：$u_j=(0.4354\ 0.9699\ 0.4191\ 1)$

在模糊线性规划的计算中，分别取春小麦的面积伸缩值为 0.07 万亩、春玉米的伸缩值为 0.57 万亩、胡麻的伸缩值为 0.01 万亩、籽瓜的伸缩值为

0.07 万亩，根据上述原理计算，最终优化结果如表 4-5 所列。

表 4-5 模糊优选理论优化结果

作物	相对优属度		优化种植面积/万亩		面积/万亩
	p=2	p=1	p=2	p=1	
春小麦	0.4354	0.5955	19.935	19.9351	19.9
春玉米	0.9699	0.9859	9.7153	9.7146	9.7
胡麻	0.4191	0.5813	0.105	0.105	0.105
籽瓜	1	1	2.965	2.9649	2.97

注：p=2 对应的最大隶属度为 0.4995；p=1 对应的最大隶属度为 0.5007。

4.1.3.2 基于对偶理论的多目标分式规划种植结构模型（MFP）

根据所建模型和求解方法，得到分式多目标规划模型（MFP）优化结果。另外，本节用最小偏差法求解该多目标模型，并与 MFP 规划模型进行对比，结果如表 4-6 所列。

表 4-6 各优化模型结果比较

作物	最小偏差优化面积结果/万亩			Fraction 优化面积结果/万亩		
	丰水年	平水年	枯水年	丰水年	平水年	枯水年
春小麦	22.67	23.58	23.67	22.67	23.58	21.11
春玉米	10.37	10.23	9.99	10.20	10.23	8.17
胡麻	0.19	0.12	0.19	0.19	0.12	0.19
籽瓜	3.22	1.79	2.37	3.22	1.79	2.89
最佳比例				4.37	4.3	3.65

4.1.3.3 结果分析

表 4-5 为模糊优选理论多目标模型求解结果，以平水年为例我们在选取 IFCCFLP 模型中获得最大增效效果的伸缩值方案的基础上（d_2=0.57，d_3=0.09，d_4=0.07），为春小麦设定了 0.07 万亩的伸缩值，然后对用模糊优选理论计算得到的多目标权重来计算对应的模糊线性规划模型，得到如表 4-5 所列的民勤种植面积规划结果。从表 4-5 中可以看出，p=1 和 p=2 的优化结果基本一致，事实上，p=1 和 p=2 计算出的相对优属度权重向量也基本上一致。表 4-6 为 MFP 模型在不同水文年的优化结果，从表中可以看出，MFP 优化结果与其他几个模型的优化结果相差不是很大，且都在种植面积允许范围之内，初步可以证明 MFP 用于种植结构多目标规划的可行性；另外，MFP 多目标规划模型的一个优点就是它可以计算出两个目标的最佳比

例，从表 4-5 中我们可以看出，丰水年比例为 4.37、平水年比例为 4.3、枯水年比例为 3.65，即在比较缺水的年份，缺水量最小这个目标在整个规划中所占的比例大。

4.2 基于双层分式规划的种植结构优化模型

冶河灌区作为河北省的主要灌区，对保障河北省的粮食安全、水安全和企业发展起着至关重要的作用。上层决策者包括冶河灌区农业管理者，他们面向的是整个冶河灌区，要从冶河灌区层面实现经济效益的最大化。如果从上层决策者层面考虑问题，容易只关注整体布局，引起决策方案向部分灌溉效率高的分灌区过度倾斜的问题。下层决策者包括各分灌区的管理单位，他们同样想在消耗最少的灌溉水量情况下取得各个灌区最大的经济效益。因此，在上、下层决策者之间就可能存在着冲突和不协调。

为了达到上、下层决策者之间的不同要求，本节将构造基于双层分式规划的冶河灌区种植结构优化模型，以期在协调上下层利益的基础上，达到兼顾整个灌区和各分灌区的种植结构优化方案，本节模型的决策变量为分灌区农作物的种植面积。种植结构优化开始于 20 世纪 80 年代，主要揭示作物比例关系及其发展演变规律等诸多方面，通过调整、优化等主要手段，最大限度地实现生态效益、经济效益、社会效益的协调统一。在现实生活中，灌溉水分配规划应该在考虑不确定性和多层决策者之间的权衡的情况下进行。以往的研究多集中在单一层次的决策问题上，过于简化了现实中农业生产计划问题的层次结构特征。因此，要达到真正意义上的可持续发展水平，综合规划上下层决策的影响是一种有效途径。

4.2.1 模型建立

本节基于双层分式规划和模糊方法建立了种植结构优化模型。该模型通过统筹上层管理者和下层决策者的意见，在使整个区域有限的水资源满足当地的粮食需求下，可以达到灌溉的水量效率最高的效果，同时也得到满足地区可持续发展的最佳种植方案。

模型可以表示为如下几种形式。

（1）上层规划

从农业管理者角度考虑冶河灌区的经济目标

$$\max z_0\left(a\right)=\frac{\sum_{i=1}^{I}\sum_{j=1}^{J}P_{c,ij}Y_{ij}a_{ij}-\sum_{i=1}^{I}10^8C_i}{\sum_{i=1}^{I}\sum_{j=1}^{J}K_{ij}a_{ij}} \tag{4-33}$$

式中，$z_0\left(a\right)$为上层规划的目标函数，元/m^3；i为区域编号，$i=1,2,3,4$；j为农作物编号，$j=1,2,3$；a_{ij}为第i地区第j类作物种植面积，hm^2；$P_{c,ij}$为第i地区第j类作物市场平均销售价格，元/kg；Y_{ij}为第i地区第j类作物单位面积产量，kg/hm^2，C_i为从k水源向i区域输送水的农业种植中间消耗，元，K_{ij}为第i地区第j类作物毛灌溉定额，m^3/hm^2。

（2）下层规划

从各分灌区的管理单位考虑冶河灌区的经济目标：

$$\max z_i\left(a\right)=\frac{\sum_{j=1}^{J}P_{c,ij}Y_{ij}a_{ij}-10^8C_i}{\sum_{j=1}^{J}K_{ij}a_{ij}} \quad \forall i \tag{4-34}$$

式中，$z_i\left(a\right)$为下层规划的目标函数，元/m^3。

（3）约束条件

① 种植面积约束

$$\sum_{j=1}^{J}A_{\min,ij}\leqslant\sum_{j=1}^{J}a_{ij} \tag{4-35}$$

$$\sum_{j=1}^{J}a_{ij}\leqslant\sum_{j=1}^{J}A_{\max,ij} \tag{4-36}$$

式中，$A_{\max,ij}$为任意区域中的最大总种植面积，hm^2；$A_{\min,ij}$为任意区域里的最小总种植面积，hm^2。

② 灌溉水量约束

$$\sum_{i=1}^{I}\sum_{j=1}^{J}K_{ij}a_{ij}\leqslant\sum_{i=1}^{I}SW_i+\sum_{i=1}^{I}GW_i \tag{4-37}$$

式中，SW_i 为 i 地区的可用地表水量，m^3；GW_i 为 i 地区的可用地下水量，m^3。

③ 粮食安全约束

$$\sum_{j=1}^{J} Y_{\min,ij} \leqslant \sum_{j=1}^{J} Y_{ij} \quad \forall i \tag{4-38}$$

$$\sum_{j=1}^{J} Y_{ij} \leqslant \sum_{j=1}^{J} Y_{\max,ij} \quad \forall i \tag{4-39}$$

式中，$Y_{\min,ij}$ 为任意区域中的最小农作物需求量，kg/hm^2；$Y_{\max,ij}$ 为任意区域中的最大农作物需求量，kg/hm^2。

④ 非负约束

$$k_{ij} \geqslant 0, \forall i = 1,2,3,4, j = 1,2,3 \tag{4-40}$$

4.2.2 模型求解

基于上文提供的种植结构优化模型建立的目标函数以及约束条件，利用交互式算法求解双层分式规划模型。模型中选择用 2013～2017 年的数据（见表 4-7～表 4-9）以及具体的求解过程。

表 4-7　农业灌溉用水量以及总产量的基础数据

区域	农业灌溉用水量 $/10^8m^3$	总产量$/10^4t$		
		冬小麦	夏玉米	棉花
井陉县	0.4281	[0.46,3.60]	[4.07,6.66]	[0.0057,0.0125]
平山县	0.9960	[1.83,10.41]	[8.23,9.24]	[0.0059,0.0618]
鹿泉区	0.9580	[6.43,10.50]	[8.20,9.98]	[0.0015,0.0197]
元氏县	0.4669	[16.25,17.09]	[14.12,18.00]	[0.0129,0.0521]

表 4-8　农作物农业中间消耗和播种面积的基础数据

区域	农业中间消耗 $/10^8$元	播种面积$/hm^2$		
		冬小麦	夏玉米	棉花
井陉县	[1.7514,2.9812]	[995,7953]	[10936,12275]	[84,158]
平山县	[1.3877,7.6692]	[2922,16260]	[15525,16400]	[72,668]
鹿泉区	[3.9008,8.6106]	[10684,16800]	[15041,16480]	[16,205]
元氏县	[2.1570,7.2103]	[25636,26500]	[22353,30819]	[152,541]

表 4-9　农作物灌溉定额

农作物	灌溉定额/（m^3/hm^2）	
	平水年（50%）	枯水年（75%）
冬小麦	1350	2025
夏玉米	675	1350
棉花	675	1350

注：数据来源于河北省地方标准-用水定额。

（1）建立各层规划的隶属度函数

1）在平水年，上层规划 D_0 通过 Lingo 编程计算求的 $z^*=\max z_0(a)=7.450009$ 元/m^3，相对应的 $a^*=(a_{11}, a_{12}, a_{13}, a_{21}, a_{22}, a_{23}, a_{31}, a_{32}, a_{33}, a_{41}, a_{42}, a_{43})$=（4583，11688，4115，15625，15525，2179，12460，15041，5974，25636，22353，9871）；$z^m=\min z_0(a)=5.193136$ 元/m^3，相对应的 a^m=（a_{11}，a_{12}，a_{13}，a_{21}，a_{22}，a_{23}，a_{31}，a_{32}，a_{33}，a_{41}，a_{42}，a_{43}）=（4583，11688，120，15625，15525，308，12460，15041，165，25636，22353，241）。在枯水年，$z^*=\max z_0(a)=4.348369$ 元/m^3，相对应的 a^*=（a_{11}，a_{12}，a_{13}，a_{21}，a_{22}，a_{23}，a_{31}，a_{32}，a_{33}，a_{41}，a_{42}，a_{43}）=（4583，11688，4115，15625，15525，2179，12460，15041，5974，25636，22353，9871），$z^m=\min z_0(a)=3.091641$ 元/m^3，相对应的 a^m=（4583，11688，120，15625，15525，308，12460，15041，165，25636，22353，241）。其中，a_{11}、a_{12}、a_{13} 分别表示井陉县冬小麦、夏玉米、棉花的种植面积，hm^2；a_{21}、a_{22}、a_{23} 分别表示平山县冬小麦、夏玉米、棉花的种植面积，hm^2；a_{31}、a_{32}、a_{33} 分别表示鹿泉区冬小麦、夏玉米、棉花的种植面积，hm^2；a_{41}、a_{42}、a_{43} 分别表示元氏县冬小麦、夏玉米、棉花的种植面积，hm^2。

① 平水年

$$\mu_{z0}=\frac{z_0-z_0^m}{z_0^*-z_0^m}=\frac{z_0-5.193136}{2.256873} \tag{4-41}$$

② 枯水年

$$\mu_{z_0}=\frac{z_0-z_0^m}{z_0^*-z_0^m}=\frac{z_0-3.091641}{1.256728} \tag{4-42}$$

2）下层规划 D_i　下层规划各目标的目标值以及相应的自变量见表 4-10。

表 4-10 下层规划平水年、枯水年对应的最大最小的种植面积　单位：hm^2

编号	平水年		枯水年	
	最大值	最小值	最大值	最小值
a_{11}	4588	4583	4583	4583
a_{12}	11688	11688	11688	11688
a_{13}	4115	120	4115	120
a_{21}	15625	15625	15625	15625
a_{22}	15525	15525	15525	15525
a_{23}	2179	308	2179	308
a_{31}	12460	12460	12460	12460
a_{32}	15041	15041	15041	15041
a_{33}	5974	165	5974	165
a_{41}	25636	25636	25636	25636
a_{42}	22353	22353	22353	22353
a_{43}	9871	241	9871	241

① 平水年

$$\mu_{z1}=\frac{z_1+2.85699}{4.109581} \tag{4-43}$$

$$\mu_{z2}=\frac{z_2-7.613644}{1.980037} \tag{4-44}$$

$$\mu_{z3}=\frac{z_3+1.91945}{3.902058} \tag{4-45}$$

$$\mu_{z4}=\frac{z_4-9.215817}{2.069933} \tag{4-46}$$

② 枯水年

$$\mu_{z_1}(z_1)=\frac{z_1-3.091641}{1.256728} \tag{4-47}$$

$$\mu_{z_2}(z_2)=\frac{z_2-5.101492}{0.371417} \tag{4-48}$$

$$\mu_{z_3}(z_3)=\frac{z_3+1.13612}{2.282967} \tag{4-49}$$

$$\mu_{z_4}(z_4)=\frac{z_4-5.575129}{1.091124} \tag{4-50}$$

(2) 检验判断矩阵的一致性

假设 D_0 指定$[\Delta_L,\Delta_U]=[0.5,1.0]$，通过不断的试验得出平水年和枯水年的

δ=0.96。本书采用层次分析法计算出四个地区的重要性权重，根据判断矩阵 $B=(b_{ij})_{n\times n}$，随机一致性指标如表 4-11 所列，计算相关结果如表 4-12 所列。通过计算得到井陉县、平山县、鹿泉区、元氏县的重要性权重分别为 0.1209、0.2297、0.3399、0.3094。然后对判断矩阵进行一致性检验，通过计算得到最大特征值为 λ_{max}=4.2072。一致性指标 $CI=(\lambda_{max}-n)/(n-1)$=0.0691，随机一致性指标 RI 查表得到其值为 0.90，所以判断矩阵的一致性比率指标 $CR=CI/RI$=0.0767，因为 $CR<0.1$，所以认为比较判断矩阵的一致性是可以接受的，满足一致性要求。

表 4-11 随机一致性指标

n	2	3	4	5	6	7	8
RI	0	0.58	0.90	1.12	1.24	1.32	1.41

表 4-12 AHP 判断矩阵以及权重计算相关结果

指标	判断矩阵元素				指标权重 ω_i
	Z_1	Z_2	Z_3	Z_4	
Z_1	1	0.5	0.5	0.3333	0.1209
Z_2	2	1	1	0.5	0.2297
Z_3	2	1	1	2	0.3399
Z_4	3	2	0.5	1	0.3094

(3) 双层分式规划模型转化为普通线性规划模型的具体转化过程

1）平水年

$$\max = \lambda \tag{4-51}$$

① 结构约束

$$y_{11}+y_{12}+y_{13}+y_{21}+y_{22}+y_{23}+y_{31}+y_{32}+y_{33}+y_{41}+y_{42}+y_{43}-145059t \leqslant 0 \tag{4-52}$$

$$y_{11}+y_{12}+y_{13}-20386t \leqslant 0 \tag{4-53}$$

$$y_{21}+y_{22}+y_{23}-33329t \leqslant 0 \tag{4-54}$$

$$y_{31}+y_{32}+y_{33}-33475t \leqslant 0 \tag{4-55}$$

$$y_{41}+y_{42}+y_{43}-57860t \leqslant 0 \tag{4-56}$$

$$\begin{aligned}&1350y_{11}+675y_{12}+675y_{13}+1350y_{21}+675y_{22}+675y_{23}+1350y_{31}\\&+675y_{32}+675y_{33}+1350y_{41}+675y_{42}+675y_{43}-443270000t \leqslant 0\end{aligned} \tag{4-57}$$

$$-y_{11}+4583t \leqslant 0 \tag{4-58}$$

$$-y_{12}+11688t\leqslant 0 \tag{4-59}$$

$$-y_{13}+120t\leqslant 0 \tag{4-60}$$

$$-y_{21}+15625t\leqslant 0 \tag{4-61}$$

$$-y_{22}+15525t\leqslant 0 \tag{4-62}$$

$$-y_{23}+328t\leqslant 0 \tag{4-63}$$

$$-y_{31}+12460t\leqslant 0 \tag{4-64}$$

$$-y_{32}+15041t\leqslant 0 \tag{4-65}$$

$$-y_{33}+165t\leqslant 0 \tag{4-66}$$

$$-y_{41}+25636t\leqslant 0 \tag{4-67}$$

$$-y_{42}+22353t\leqslant 0 \tag{4-68}$$

$$-y_{43}+241t\leqslant 0 \tag{4-69}$$

② 转换约束

③ 上层规划的最小满意度约束

$$\begin{aligned}&1350y_{11}+675y_{12}+675y_{13}+1350y_{21}+675y_{22}+675y_{23}+1350y_{31}\\&+675y_{32}+675y_{33}+1350y_{41}+675y_{42}+675y_{43}\leqslant\frac{1}{2.2569}\end{aligned} \tag{4-70}$$

$$1350y_{11}+675y_{12}+675y_{13}\leqslant\frac{1}{4.1096} \tag{4-71}$$

$$1350y_{21}+675y_{22}+675y_{23}\leqslant\frac{1}{1.9800} \tag{4-72}$$

$$1350y_{31}+675y_{32}+675y_{33}\leqslant\frac{1}{3.9021} \tag{4-73}$$

$$1350y_{41}+675y_{42}+675y_{43}\leqslant\frac{1}{2.0699} \tag{4-74}$$

$$\begin{aligned}&3834y_{11}+999y_{12}+10441y_{13}+9441y_{21}+1582y_{22}+12607y_{23}+8898y_{31}\\&+1694y_{32}+14564y_{33}+9669y_{41}+2556y_{42}+13367y_{43}-91969000t\geqslant 0\end{aligned} \tag{4-75}$$

④ 妥协约束

$$\begin{aligned}&6759y_{11}+2461y_{12}+11904y_{13}+12366y_{21}+1582y_{22}+12607y_{23}+8898y_{31}\\&+1694y_{32}+14564y_{33}+12594y_{41}+4019y_{42}+14830y_{43}-91969000t-\lambda\geqslant 0\end{aligned} \tag{4-76}$$

$$17627y_{11}+7895y_{12}+17337y_{13}-175140000t-0.12\lambda \geqslant 0 \tag{4-77}$$

$$9099y_{21}+1410y_{22}+12436y_{23}-138770000t-0.23\lambda \geqslant 0 \tag{4-78}$$

$$21425y_{31}+7957y_{32}+20828y_{33}-390080000t-0.34\lambda \geqslant 0 \tag{4-79}$$

$$7164y_{41}+1303y_{42}+12114y_{43}-215700000t-0.31\lambda \geqslant 0 \tag{4-80}$$

⑤ 非负约束

$$y_{ij} \geqslant 0, \forall i, j \tag{4-81}$$

$$\lambda \geqslant 0 \tag{4-82}$$

$$t \geqslant 0 \tag{4-83}$$

2）枯水年

$$\max = \lambda \tag{4-84}$$

① 结构约束

$$y_{11}+y_{12}+y_{13}+y_{21}+y_{22}+y_{23}+y_{31}+y_{32}+y_{33}+y_{41}+y_{42}+y_{43}-145059t \leqslant 0 \tag{4-85}$$

$$y_{11}+y_{12}+y_{13}-20386t \leqslant 0 \tag{4-86}$$

$$y_{21}+y_{22}+y_{23}-33329t \leqslant 0 \tag{4-87}$$

$$y_{31}+y_{32}+y_{33}-33475t \leqslant 0 \tag{4-88}$$

$$y_{41}+y_{42}+y_{43}-57860t \leqslant 0 \tag{4-89}$$

$$\begin{aligned}&2025y_{11}+1350y_{12}+1350y_{13}+2025y_{21}+1350y_{22}+1350y_{23}+2025y_{31}\\&+1350y_{32}+1350y_{33}+2025y_{41}+1350y_{42}+1350y_{43}-443270000t \leqslant 0\end{aligned} \tag{4-90}$$

$$-y_{11}+4583t \leqslant 0 \tag{4-91}$$

$$-y_{12}+11688t \leqslant 0 \tag{4-92}$$

$$-y_{13}+120t \leqslant 0 \tag{4-93}$$

$$-y_{21}+15625t \leqslant 0 \tag{4-94}$$

$$-y_{22}+15525t \leqslant 0 \tag{4-95}$$

$$-y_{23}+328t \leqslant 0 \tag{4-96}$$

$$-y_{31}+12460t \leqslant 0 \tag{4-97}$$

$$-y_{32}+15041t \leqslant 0 \tag{4-98}$$

$$-y_{33}+165t \leqslant 0 \tag{4-99}$$

$$-y_{41}+25636t \leqslant 0 \tag{4-100}$$

$$-y_{42}+22353t \leqslant 0 \tag{4-101}$$

$$-y_{43}+241t \leqslant 0 \tag{4-102}$$

② 转换约束

$$2025y_{11}+1350y_{12}+1350y_{13}+2025y_{21}+1350y_{22}+1350y_{23}+2025y_{31}$$
$$+1350y_{32}+1350y_{33}+2025y_{41}+1350y_{42}+1350y_{43} \leqslant \frac{1}{1.256728} \tag{4-103}$$

$$2025y_{11}+1350y_{12}+1350y_{13} \leqslant \frac{1}{2.293288} \tag{4-104}$$

$$2025y_{21}+1350y_{22}+1350y_{23} \leqslant \frac{1}{0.371417} \tag{4-105}$$

$$2025y_{31}+1350y_{32}+1350y_{33} \leqslant \frac{1}{2.282967} \tag{4-106}$$

$$2025y_{41}+1350y_{42}+1350y_{43} \leqslant \frac{1}{1.091124} \tag{4-107}$$

③ 上层规划的最小满意度约束

$$5066y_{11}+164y_{12}+9607y_{13}+10673y_{21}+747y_{22}+11773y_{23}+10130y_{31}$$
$$+859y_{32}+13730y_{33}+10901y_{41}+1722y_{42}+12533y_{43}-91969000t \geqslant 0 \tag{4-108}$$

④ 妥协约束

$$7509y_{11}+1793y_{12}+11235y_{13}+13116y_{21}+2376y_{22}+13401y_{23}+12573y_{31}$$
$$+2488y_{32}+15358y_{33}+13344y_{41}+3350y_{42}+14161y_{43}-91969000t-\lambda \geqslant 0 \tag{4-109}$$

$$17018y_{11}+8131y_{12}+17574y_{13}-175140000t-0.12\lambda \geqslant 0 \tag{4-110}$$

$$9046y_{21}-338y_{22}+10688y_{23}-138770000t-0.23\lambda \geqslant 0 \tag{4-111}$$

$$21135y_{31}+8195y_{32}+21066y_{33}-390080000t-0.34\lambda \geqslant 0 \tag{4-112}$$

$$8315y_{41}-2y_{42}+10809y_{43}-215700000t-0.31\lambda \geqslant 0 \tag{4-113}$$

⑤ 非负约束

$$y_{ij} \geqslant 0, \forall i, j \tag{4-114}$$

$$\lambda \geqslant 0 \tag{4-115}$$

$$t \geqslant 0 \tag{4-116}$$

4.2.3 结果分析

首先从平水年角度考虑构建的模型。其中$a^* = y^* / t^*$，y^*、t^*为上述模型的最优解，$t^*=0.3247\times10^{-4}$，$\lambda = 0.7396$。相应的$z_0(a^*) = 6.941474$，$z_1(a^*) = 0.1761672$，$z_2(a^*) = 8.537485$，$z_3(a^*) = 1.983550$，$z_4(a^*) = 11.32980$，$\mu_{z_0}(z_0) = 0.774645$，$\mu_{z_1}(z_1) = 0.73807$，$\mu_{z_2}(z_2) = 0.466578$，$\mu_{z_3}(z_3) = 1.000241$，$\mu_{z_4}(z_4) = 1.021281$，$\Delta = 0.96$，在[0.5, 1.0]的范围之内。枯水年，$t^* = 0.3408\times10^{-4}$，$\lambda = 0.3054$，$z_0(a^*) = 4.297848$，$z_1(a^*) = 0.07421$，$z_2(a^*) = 5.472726$，$z_3(a^*) = 1.146301$，$z_4(a^*) = 6.666143$，$\mu_{z_0}(z_0) = 0.9598$，$\mu_{z_1}(z_1) = 0.731666$，$\mu_{z_2}(z_2) = 0.999507$，$\mu_{z_3}(z_3) = 0.999761$，$\mu_{z_4}(z_4) = 1.000908$。

基于双层分式规划的种植结构模型求解结果如表 4-13 所列。2013 年实际的种植面积以及优化后平水年和枯水年的最优的种植面积比较如表 4-14 所列。可见平水年和枯水年优化后的种植面积只有轻微的变化。结果显示，夏玉米和棉花的种植面积相差很大。其原因可能在于近些年来收购棉花的价格处于降低的趋势，且成本处于上升的趋势，种植棉花需要耗费大量体力，农村青壮年劳动力少，国家关于棉花的优惠政策较少等导致的棉花种植面积偏低。为此，政府可通过以下政策来增强农民种植棉花的积极主动性，例如：a. 通过工程和非工程措施提高棉花的质量，生产出现所需的棉花品种，从而提高棉花的经济价值、产量；b. 增加棉花的优惠政策，落实到位，让农民实实在增加收益。政府的鼓励政策和引导对于合理的种植面积、水资源以及区域的经济效益均有很重要的作用。

表 4-13 基于双层分式规划的种植结构模型求解结果 单位：hm^2

水平年	参数											
	y_{11}	y_{12}	y_{13}	y_{21}	y_{22}	y_{23}	y_{31}	y_{32}	y_{33}	y_{41}	y_{42}	y_{43}
平水年	0.1488	0.3795	0.0951	0.5073	0.5041	0.0708	0.4046	0.4884	0.1940	0.8324	0.7258	0.3205
枯水年	0.1562	0.3983	0.0983	0.5324	0.5290	0.0743	0.4246	0.5125	0.2036	0.8736	0.7617	0.3364

注：表中 y 表示计算上、下层最优的种植面积的转化过程中的参数。

表 4-14 优化种植结构方案与实际种植结构方案比较（2013 年） 单位：hm^2

年份	面积											
	a_{11}	a_{12}	a_{13}	a_{21}	a_{22}	a_{23}	a_{31}	a_{32}	a_{33}	a_{41}	a_{42}	a_{43}
实际	7953	12275	154	16260	15525	660	16790	16480	205	26500	22353	541
平水年	4583	11688	2929	15624	15525	2180	12461	15042	5975	25636	22353	9871
枯水年	4583	11687	2884	15622	15522	2180	12458	15038	5974	25633	22350	9871

2013 年平水年效益对比如图 4-3 所示。

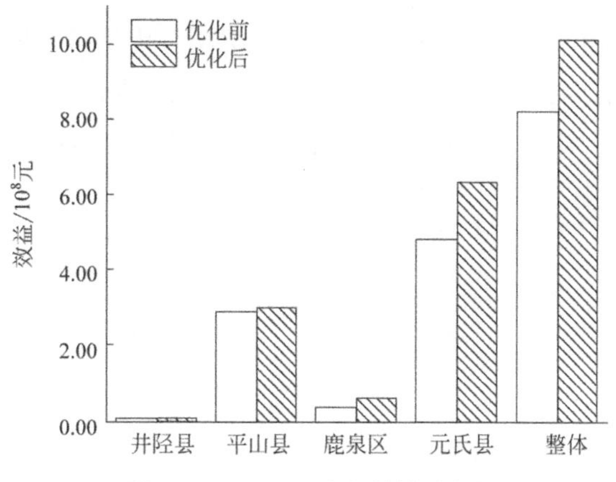

图 4-3　2013 平水年效益对比图

图 4-3 中，井陉县优化前的效益为 1.0430×10^7 元，优化后的效益为 1.1410×10^7 元，井陉县的效益增加了 0.98×10^6 元。平山县优化前的效益为 2.8960×10^8 元，优化后的效益为 3.0400×10^8 元，效益增加了 1.44×10^7 元。鹿泉区优化前的效益为 3.9930×10^7 元，优化后的效益为 6.1520×10^7 元，效益增加了 2.159×10^7 元。元氏县优化前的效益为 4.8190×10^8 元，优化后的效益为 6.3610×10^8 元，效益增加了 1.542×10^8 元，相对于其他区域增幅最大。冶河灌区优化前的效益为 8.2190×10^8 元，优化后的效益为 1.0130×10^9 元，整体效益增加了 1.911×10^8 元。所以，双层分式规划模型提高了当地的效益。

图 4-4 为 2013 年冶河灌区的用水量优化前后对比图。2013 年井陉县优化前的用水量为 $1.913 \times 10^7 m^3$，优化后的用水量为 $1.605 \times 10^7 m^3$，用水量减少了 $0.308 \times 10^7 m^3$。2013 年平山县优化前的用水量为 $3.288 \times 10^7 m^3$，优化后的用水量为 $3.304 \times 10^7 m^3$，用水量增加了 $0.016 \times 10^7 m^3$。2013 年鹿泉区优化前的用水量为 $3.393 \times 10^7 m^3$，优化后的用水量为 $3.101 \times 10^7 m^3$，用水量减少了 $0.292 \times 10^7 m^3$。2013 年元氏县优化前的用水量为 $5.123 \times 10^7 m^3$，优化后的用水量为 $5.635 \times 10^7 m^3$，用水量增加了 $0.512 \times 10^7 m^3$。从整体考虑，优化前的用水量为 $1.372 \times 10^8 m^3$，优化后的用水量为 $1.365 \times 10^8 m^3$，用水量整体减少了 $0.7 \times 10^6 m^3$。

图 4-5 表示的是枯水年 2013 年前后冶河灌区的用水量情况。井陉县优化前的用水量为 $0.3288 \times 10^8 m^3$，优化后的用水量为 $0.2895 \times 10^8 m^3$。平山县

优化前的用水量为 0.5478×10^8m^3，优化后的用水量为 0.5553×10^8m^3。鹿泉区优化前的用水量为 0.5652×10^8m^3，优化后的用水量为 0.5359×10^8m^3。元氏县优化前的用水量为 0.8456×10^8m^3，优化后的用水量为 0.9541×10^8m^3。整体方面，优化前的用水量为 0.2288×10^9m^3，优化后的用水量为 0.2334×10^9m^3，优化前后的水量相差不大，但效益增加明显。

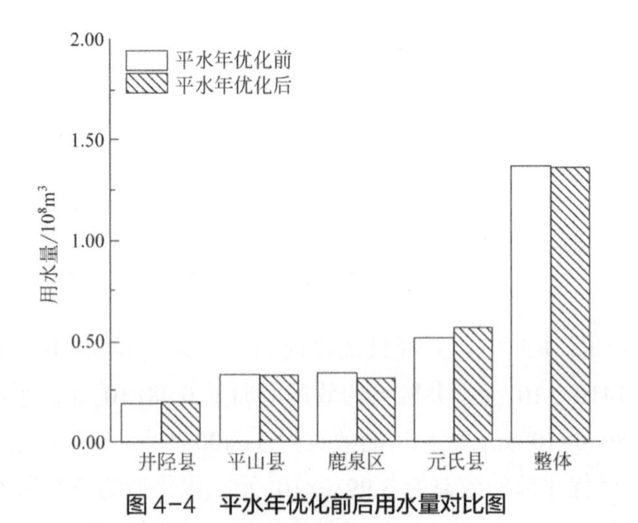

图 4-4　平水年优化前后用水量对比图

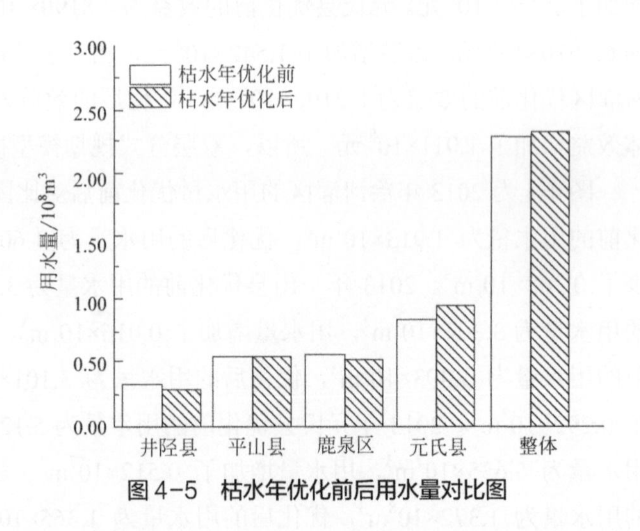

图 4-5　枯水年优化前后用水量对比图

在上、下层决策者之间存在着冲突和不协调，为了尊重上、下层决策者之间的不同诉求，本节构造了冶河灌区的双层分式规划种植结构优化模型，分别从平水年和枯水年两个角度求得冶河灌区的最优效益及用水量，达到了兼顾各个灌区和整个灌区的种植结构优化方案。优化后的结果显示：通过种植结构优化，使得平水年的整体用水量减少了 $0.7\times10^6m^3$，整体效益增加了 $1.911\times10^8m^3$；枯水年的整体用水量增加了 $4.6\times10^6m^3$，整体效益增加了 $1.911\times10^8m^3$。最终满足上、下层的利益，为灌区的各个层次的管理者提供参考意见。

第5章
农业系统评价方法

农业系统的评价模型常采用模糊综合评判方法。模糊综合评判方法是一种基于模糊数学的综合评标方法。该方法根据模糊数学的隶属度理论把定性评价转化为定量评价，具有系统性强、结果清晰的特点，对于处理模糊的、难以量化的不确定性问题非常有效，因此在农业系统中常用于评价农业灌溉用水的水质。另外，本节还按照区域协调发展的理念，基于主客观权重的综合权重，综合水平，提出了农业水资源与社会经济发展的协调度的计算方法，可用于评价农业水资源与社会经济发展发展协调状态。

5.1 模糊综合评判方法用于灌区水质评价

水质评价是水环境管理的重要基础和可靠保证，关乎着人们的生产生活和社会的可持续发展。水的质量与人类的健康安全息息相关，对社会、经济、环境的可持续发展有很重要的影响，对于水资源缺乏的地区更为重要。通过对水体质量进行分析、判断，得到的水体污染状况更加符合实际情况。因此，从水资源的开发、利用、保护、规划和管理方面而言水质的综合评价具有明显的现实意义。

5.1.1 模糊综合评判方法

水质是多种因素综合作用后得出的一个评价结果，在评价水质的过程中会涉及多种不确定因素，例如水质级别、分类标准，用确定的界限值是难以进行划分的，而模糊综合评判方法是以模糊数学为基础，应用模糊关系形成的原理，将一些边境不清、不易定量的因素定量化，从而进行综合评价的一种方法，因此模糊评价方法的模糊性与水质的许多不确定性相契合，并且水质的评价体系得到了广泛的应用。模糊综合评判方法的解答思路是根据监测数据确定影响水质的各个因子的因素集，查阅地表水环境质量标准建立评判集，利用超标法计算出各个因子的权重并进行归一化处理，得到评价因子的权重矩阵，然后从标准角度出发形成每个因子指标隶属度矩阵，最后用归一化的权向量矩阵乘以隶属度矩阵，得到样本的综合评判结果，综合反映了水质水平的模糊结果。本节涉及的运算算子采用改进后的加权平均法进行计算，因此拟采用模糊综合评判方法对冶河灌区的水质展开研究。

5.1.1.1 模糊综合评判方法的步骤

模糊综合评判方法通常用以下几个步骤来求解。

（1）确定因素集

$$U=\{u_1,u_2,\cdots,u_n\} \tag{5-1}$$

式中，$u_i\ (i=1,2,\cdots,n)$ 为因素集 U 中第 i 类水质因素的监测值，水质的某一个因子具有多个监测值就选择其平均值 $\overline{u_i}$ 。

（2）确定评判集

$$V=\{v_1,v_2,\cdots,v_m\} \tag{5-2}$$

式中，$v_j\ (j=1,2,\cdots,m)$ 为评判集合 V 中的第 j 个评价等级。

（3）建立评价因子的权重矩阵及归一化处理

$$A=\{a_1,a_2,\cdots,a_n\} \tag{5-3}$$

$$a_i=\frac{W_i}{\sum_{i=1}^{n}W_i} \tag{5-4}$$

$$W_i=\frac{\overline{u_i}}{s_i}=\frac{m\overline{u_i}}{\sum_{j=1}^{m}s_{ij}} \tag{5-5}$$

式中，s_{ij} 分别为 s_{i1} 、s_{i2} 、s_{i3} 、s_{i4} 、s_{i5} ，表示因素 i 的第Ⅰ、Ⅱ、Ⅲ、Ⅳ、Ⅴ类等级标准值；s_i 为第 i 类因素的标准值的算数平均值；A 为各评价因素的归一化权向量矩阵；W_i 为第 i 类因素的权重，本书采用超标法确定其权重；a_i 为相应的归一化权重结果。

（4）建立综合评判矩阵

$$R=\begin{bmatrix} r_{11} & r_{12} & \cdots & r_{1m} \\ r_{21} & r_{22} & \cdots & r_{2m} \\ \vdots & \vdots & \ddots & \vdots \\ r_{n1} & r_{n2} & \cdots & r_{nm} \end{bmatrix} \tag{5-6}$$

式中，R 为样本的隶属度矩阵，为各评价因素与对应的各评价等级的比值。

（5）构造模糊评价模型

$$B=A\circ R=(b_1,b_2,\cdots,b_m) \tag{5-7}$$

式中，“∘”为运算符号；B 为样本的综合评判结果；b_j 为从整体方面考虑各个因素的综合评判数值对于整体的重要程度。

5.1.1.2 确定隶属度函数

隶属度函数的确定对模糊方法的准确使用具有关键作用。本书选择较为成熟的降半梯形分布一元线性隶属度函数。

(1) 指标大为差因素对应的隶属度函数表达式

① 第Ⅰ级隶属度函数

$$r_{i1}(u_i)=\begin{cases}1 & u_i \leqslant s_{i1} \\ \dfrac{s_{i2}-u_i}{s_{i2}-S_{i1}} & s_{i1}<u_i<s_{i2} \\ 0 & u_i \geqslant s_{i2}\end{cases} \tag{5-8}$$

② 第Ⅱ、Ⅲ、Ⅳ级隶属度函数

$$r_{ij}(u_i)=\begin{cases}1 & u_i = s_{ij} \\ \dfrac{u_i-s_{i(j-1)}}{s_{ij}-s_{i(j-1)}} & s_{i(j-1)}<u_i<s_{ij} \\ \dfrac{s_{i(j+1)}-u_i}{s_{i(j+1)}-s_{ij}} & s_{ij}<u_i<s_{i(j+1)} \\ 0 & s_{i(j+1)} \leqslant u_i \leqslant s_{i(j-1)}\end{cases} \tag{5-9}$$

③ 第Ⅴ级隶属度函数

$$r_{i5}(u_i)=\begin{cases}1 & u_i \geqslant s_{i5} \\ \dfrac{u_i-s_{i4}}{s_{i5}-s_{i4}} & s_{i4}<u_i<s_{i5} \\ 0 & u_i \leqslant s_{i4}\end{cases} \tag{5-10}$$

(2) 指标大为优的因素对应的隶属度函数表达式

① 第Ⅰ级隶属度函数

$$r_{i1}(u_i)=\begin{cases}1 & u_i \geqslant s_{i1} \\ \dfrac{u_i-s_{i2}}{s_{i2}-s_{i2}} & s_{i2}<u_i<s_{i1} \\ 0 & u_i \leqslant s_{i2}\end{cases} \tag{5-11}$$

② 第Ⅱ、Ⅲ、Ⅳ级隶属度函数

$$r_{ij}\left(u_i\right)=\begin{cases}1 & u_i=s_{ij}\\ \dfrac{s_{i(j-1)}-u_i}{s_{i(j-1)}-s_{ij}} & s_{ij}<u_i<s_{i(j-1)}\\ \dfrac{u_i-s_{j(j+1)}}{s_{ij}-s_{i(j+1)}} & s_{i(j+1)}<u_i<s_{ij}\\ 0 & s_{i(j-1)}\leqslant u_i\leqslant s_{i(j+1)}\end{cases} \tag{5-12}$$

③ 第Ⅴ级隶属度函数

$$r_{i5}\left(u_i\right)=\begin{cases}1 & u_i\leqslant s_{i5}\\ \dfrac{s_{i4}-u_i}{s_{i4}-s_{i5}} & s_{i5}<u_i<s_{i4}\\ 0 & u_i>s_{i4}\end{cases} \tag{5-13}$$

在复合运算过程中一般有四种运算模型，分别是取大取小模型、相乘取大模型、取小相加模型、相乘相加模型。根据本节的特点，选取相乘取大模型作为运算模型。

5.1.2 冶河灌区水质评价

水质监测数据是水质评价的重要依据，数据来源于石家庄市生态环境局网，本书选择12个月的数据进行统计，在冶河灌区水质评价中的监测因素有pH值、溶解氧（DO）、高锰酸钾盐（$KMnO_4$）和氨氮（NH_3-N），这几个因子为水质监测过程中的必测项目。pH值对水质有着很重要的影响，过高或者过低均会降低水中微生物的活性，破坏水体的生态系统，导致自净能力下降，水质被污染，水中有毒物质的毒性逐渐增强。DO对水中的有机物具有重要作用，如水中有充足的DO，水中有机物氧化比较完全，会生成一些无毒或者低毒的物质；若水中的DO不足，有机物氧化不完全，就会产生有毒物质。高锰酸钾盐则自身的强氧化性能够杀死水中的寄生虫，是一种传统消毒剂，主要是通过氧化水中细菌体内的活性基因或者其他有机物，从而释放出新生态氧的机理来达到消毒的效果，同时还具有副作用小、用量少、毒性小的特征。NH_3-N指标过高，会导致水域出现富营养化，藻类生长旺盛，水质环境变差。

根据以上几个因子对冶河灌区的水质进行综合评判具有重要现实意义。

表 5-1～表 5-3 分别为冶河灌区 2014 年、2015 年和 2016 年的岗南水库水质监测数据。

表 5-1　岗南水库 2014 年地表水环境质量监测数据

采样时间	水温/℃	pH 值	DO/（mg/L）	电导率 /（μS/cm）	高锰酸钾盐指数/（mg/L）	NH_3-N /（mg/L）
1 月 13 日	7.2	8.33	11.11	579	2	0.08
2 月 17 日	3.8	7.58	10.87	717	1.9	0.04
3 月 17 日	5.2	8.15	10.79	725	2.1	0.04
4 月 14 日	13.3	8.48	9.74	732	2.1	0.02
5 月 19 日	21.8	8.32	7.53	711	2.8	0.03
6 月 16 日	25.3	8.14	7.1	712	1.9	0.03
7 月 14 日	26.6	8.04	7.61	712	1.8	0.03
8 月 18 日	26.9	8.13	7.54	674	2	0.02
9 月 15 日	25.3	8.13	7.51	672	1.8	0.04
10 月 13 日	21.8	8.18	8.01	670	1.6	0.06
11 月 17 日	18.1	8.35	9.41	633	1.8	0.03
12 月 15 日	13.5	8.47	10.34	633	1.5	0.06

表 5-2　岗南水库 2015 年地表水环境质量监测数据

采样时间	水温/℃	pH 值	DO/（mg/L）	电导率 /（μS/cm）	高锰酸钾盐指数/（mg/L）	NH_3-N /（mg/L）
1 月 19 日	10.4	7.85	11.06	634	1.4	0.06
2 月 16 日	11.4	7.88	9.99	611	1.5	0.04
3 月 16 日	10.5	8.07	10.42	625	1.5	0.04
4 月 13 日	13	7.99	9.65	508	1.5	0.04
5 月 18 日	20.4	8.23	8.35	640	1.8	0.03
6 月 15 日	25.5	8.21	7.91	680	2.2	0.09
7 月 13 日	28.5	7.85	8.03	673	1.7	0.02
8 月 17 日	28.8	8.01	7.92	660	1.6	0.02
9 月 14 日	24.1	8.04	8.16	673	1.4	0.03
10 月 19 日	20.7	8.38	9.21	678	1.4	0.03
11 月 16 日	14.9	8.46	9.83	698	1.3	0.06
12 月 19 日	—	—	—	—	—	—

表 5-3　岗南水库 2016 年地表水环境质量监测数据

采样时间	水温/℃	pH 值	DO/（mg/L）	电导率 /（μS/cm）	高锰酸钾盐指数/（mg/L）	NH_3-N /（mg/L）
1 月 18 日	6.9	7.46	11.01	650	1.2	0.04
2 月 15 日	6.5	7.58	11.41	665	1	0.02
3 月 14 日	7.1	7.89	11.51	681	1.4	0.07
4 月 18 日	17.1	7.82	8.58	697	1.5	0.02
5 月 16 日	21.4	7.77	8.41	637	1	0.02
6 月 13 日	25	8.04	8.21	661	0.9	0.02
7 月 18 日	27	8.34	8.54	653	1.9	0.08
8 月 15 日	27.4	8.26	8.03	657	3	0.05
9 月 19 日	24.2	8.77	10.85	679	2.4	0.09
10 月 17 日	22.2	8.42	7.61	681	1.8	0.05
11 月 14 日	17.3	8.75	10.56	675	1.6	0.04
12 月 19 日	11.7	7.54	10.76	672	1.5	0.05

根据我国《地表水环境质量标准》（GB 3838—2002），在表 5-4 中分别将评价因素和评判标准列出。通过表 5-4 不难发现，随着评判标准的提高，DO 的数值逐渐降低，所以在计算隶属度时以指标大为优；高锰酸钾盐指数和 NH_3-N 的数值大小均与评判等级标准呈正相关关系，所以在计算隶属度函数时使用指标大为差的计算方法。

表 5-4　地表水水质评价标准

评价因素	评判标准				
	Ⅰ级	Ⅱ级	Ⅲ级	Ⅳ级	Ⅴ级
pH 值	6～9				
DO	≤7.5	≤6	≤5	≤3	≤2
高锰酸钾盐指数	2	4	6	10	15
NH_3-N	≤0.15	≤0.5	≤1	≤1.5	≤2

根据式(5-3)～式(5-5)可以计算出各评价项目的权向量矩阵 A，具体计算过程以及计算结果见表 5-5～表 5-7。

表 5-5　2014 年地表水的模糊综合评判方法计算过程

评价因素	实测值平均值 D_i	实测最小值 D_{imin}	实测最大值 D_{imax}	水质标准值的算术平均值 x_i	$W_i = D_i / x_i$	$Z_i = W_i \Big/ \sum_{i=1}^{l} W_i$
pH 值	8.191666667	7.58	8.48	7.66	1.06940818	0.32626558
DO	8.963333	7.1	11.11	4.7	1.90709213	0.58183444
高锰酸钾盐指数	1.941667	1.5	2.8	7.4	0.26238743	0.08050537
NH_3-N	0.04	0.02	0.08	1.03	0.03883495	0.01184815
总和					3.277723	1

表 5-6 2015 年地表水的模糊综合评判方法计算过程

评价因素	实测值平均值 D_i	实测最小值 D_{imin}	实测最大值 D_{imax}	水质标准值的算术平均值 x_i	$W_i = D_i / x_i$	$Z_i = W_i \Big/ \sum_{i=1}^{l} W_i$
pH 值	8.088181818	7.85	8.46	7.66	1.0558984	0.3245407
DO	9.139090909	7.91	11.06	4.7	1.944487	0.5976571
高锰酸钾盐指数	1.5727273	1.3	2.2	7.4	0.2125307	0.06532339
NH_3-N	0.041818	0.02	0.09	1.03	0.0406	0.01247881
总和					3.2535161	1

表 5-7 2016 年地表水的模糊综合评判方法计算过程

评价因素	实测值平均值 D_i	实测最小值 D_{imin}	实测最大值 D_{imax}	水质标准值的算术平均值 x_i	$W_i = D_i / x_i$	$Z_i = W_i \Big/ \sum_{i=1}^{l} W_i$
pH 值	8.053333	7.46	8.77	7.66	1.07377733	0.31749692
DO	9.62333	7.61	11.51	4.7	2.047517	0.60540063
高锰酸钾盐指数	1.6	0.9	3	7.4	0.216216	0.06393124
NH_3-N	0.0458333	0.02	0.09	1.03	0.04449835	0.01315737
总和					3.3820086	1

根据上述的计算方法对冶河灌区灌溉用水水质进行评价，并建立岗南水库断面 2014～2016 年的模糊关系矩阵，具体如下所示。

① 隶属度矩阵

$$R_{2014} = \begin{bmatrix} 0 & 0.5030 & 0.4969 & 0 & 0 \\ 1 & 0 & 0 & 0 & 0 \\ 1 & 0 & 0 & 0 & 0 \\ 1 & 0 & 0 & 0 & 0 \end{bmatrix}$$

$$R_{2015} = \begin{bmatrix} 0 & 0.5347 & 0.4653 & 0 & 0 \\ 1 & 0 & 0 & 0 & 0 \\ 1 & 0 & 0 & 0 & 0 \\ 1 & 0 & 0 & 0 & 0 \end{bmatrix}$$

$$R_{2016} = \begin{bmatrix} 0 & 0.6288 & 0.3712 & 0 & 0 \\ 1 & 0 & 0 & 0 & 0 \\ 1 & 0 & 0 & 0 & 0 \\ 1 & 0 & 0 & 0 & 0 \end{bmatrix}$$

② 权向量矩阵

$$A_{2014}=(0.3263,0.5818,0.0805,0.0118)$$

$$A_{2015}=(0.3245,0.5976,0.0653,0.0124)$$

$$A_{2016}=(0.3175,0.6054,0.0639,0.0131)$$

根据$B=A\circ R$和上面得出的权向量矩阵和模糊关系矩阵，可以得到如表5-8所列的综合评价结果。

表5-8 河流水面的综合评判结果

年份	断面	Ⅰ类	Ⅱ类	Ⅲ类	Ⅳ类	Ⅴ类	评判结果
2014	岗南水库	0.6742	0.2052	0.1211	0	0	Ⅰ类
2015	岗南水库	0.6755	0.1735	0.0304	0	0	Ⅰ类
2016	岗南水库	0.6825	0.1597	0.1578	0	0	Ⅰ类

由表5-8可知：在2014年，岗南水库的Ⅰ类的评判结果为0.6742，Ⅱ类的评判结果为0.2052，Ⅲ类的评判结果为0.1211，Ⅳ类和Ⅴ类的评判结果均为0，根据最大隶属度原则得到2014年的水质评判结果为Ⅰ类；2015年，Ⅰ类的评判结果均为0.6755，Ⅱ类的评判结果为0.1735，Ⅲ类的评判结果为0.0304，Ⅳ类和Ⅴ类的评判结果均为0，得到2015年的评判结果为Ⅰ类。同理，2016年的水质评判结果为Ⅰ类。这说明2014～2016年岗南水库断面的水质情况良好，水质监管力度相对较强，能够满足区域用水安全的问题，同时也可以为岗南水库的管理和安全提供科学依据。

水质评价是水环境管理的重要基础和可靠保证。由于采集到的数据和收集到的资料比较少，主要监测地表水体，但地下水硬度大，监测站点比较局限于地表水，综合考虑到现实状况，所以模糊综合评判方法成为研究冶河灌区水体质量的首要选择。本节通过模糊综合评判方法对冶河灌区的岗南水库断面的水质评判，根据超标法计算水质各种因子的权重，根据最大隶属度原则得到岗南水库断面2014～2016年的水质为Ⅰ类。通过查阅石家庄市生态环境局网上的《2013年环境质量公报》《2014年环境质量公报》《2015年环境质量公报》得到岗南水库水质级别分别为Ⅱ级标准、Ⅰ级标准和Ⅰ级标准，据有关资料表明，2013年受局部工业废水和生活污水排放的影响较大，随着国家环保力度的增强以及人们环保意识的提高，当地的水务局计划在2013～2018年的6年中实施岗南水库水土保持综合治理工程，各方通力合作共同保护水质，所以水体质量在逐渐向更好的方向转变。同时，由该方法得到的结果对岗南水库的水质管理和安全具有一定的借鉴意义，同时也说明该地区的水质处于安全状态，可安全使用。模糊综合评判方法的使用也为岗南水库的水质安全提供了一定的保障。

5.2 基于区间数的模糊综合评判方法和灰色聚类法的地表水水质评价

水质评价是水资源评价中的一项重要内容，它根据地表、地下水的主要物质组成成分和相应的水质标准，分析水质的时空分布状况和可利用程度，为管理和利用地下水资源提供科学依据。

5.2.1 地下灌溉用水水质评价方法

地下灌溉用水评价采用现行国家推行的《农田灌溉水质标准》(表 5-9)，由西北地区的水域背景值调整制定。根据农田灌溉水水质评价标准，地下水灌溉用水水质评价不仅是单个污染物的浓度，而是要根据水质监测出的污染物浓度计算出其盐度、碱度，然后再根据监测出的地下水矿化度对地下灌溉用水进行综合评价。

表 5-9 农田灌溉水质标准

评价指标	Ⅰ级（好水）	Ⅱ级（中等水）	Ⅲ级（盐碱水）	Ⅳ级(重盐碱水）
盐度①/（mmol/L）	＜15	15～25	25～40	＞40
碱度②/（mmol/L）	＜4	4～8	8～12	＞12
矿化度/（g/L）	＜2	2～3	3～4	＞4

①碱度为 0 时的盐度。

②盐度小于 10 时的碱度。

农田灌溉用水盐度、碱度的评价方法主要采用盐害、碱害、综合危害三种指标。钠与硫酸、氯组合表现为盐害，具体计算盐度的方法如下 ：

当 $r_{Na^+} > r_{Cl^-} + r_{SO_4^{2-}}$ 时，盐度$= r_{Cl^-} + r_{SO_4^{2-}}$；

当 $r_{Na^+} < r_{Cl^-} + r_{SO_4^{2-}}$ 时，盐度$= r_{Na^+}$。

钠与重碳酸组合表现为碱害，其计算方法如下：

碱度=$(r_{HCO_3^-}+r_{CO_3^{2-}})-(r_{Ca^{2+}}+r_{Mg^{2+}})$；若其值为负值，则盐害起主要作用。

5.2.2 灌溉用水水质评价

5.2.2.1 地表水水质评价

民勤县地表水均由红崖山水库调蓄分配，根据基础数据和上述模型原理，对民勤县地表水环境质量进行评价。

（1）区间值模糊综合评判方法

表 5-10 为红崖山水库水质污染物的实际监测值。

表 5-10 2007 年红崖山水库地表水环境质量监测数据 单位：mg/L

项目	采样时间	水温/℃	pH值	DO	高锰酸钾盐指数	化学需氧量（COD）	生化需氧量（BOD）	NH_3–N	TP	TN
监测值	3月1日	0	8.01	6.79	4.47	15.21	12	1.845	0.038	1.979
监测值	5月9日	15	8.66	7.5	9.77	20.37	10	1.406	0.05	1.69
监测值	7月4日	8	7.86	6.11	9.74	20.28	13	0.289	0.058	0.304
监测值	9月2日	9	7.63	7.48	8.95	15.79	9	—	0.021	0.21
监测值	11月2日	6	8	8.14	6.59	—	16.07	—	—	—

注：表中数据来源于武威环保信息网。

根据上述原理得到 R 矩阵：

$$R=\begin{bmatrix} [0.073,1] & [0,0.927] & [0,0] & [0,0] & [0,0] \\ [0,0.603] & [0,0.397] & [0,0] & [0,0.31] & [0,0.69] \\ [0,0] & [0,0.958] & [0.042,0.963] & [0,0.037] & [0,0] \\ [0,0] & [0,0] & [0,0] & [0,0.25] & [0,1] \\ [0,0] & [0,0.765] & [0.0575,0.235] & [0,0.9425] & [0,0] \\ [0,0.267] & [0,0.733] & [0,0.84] & [0,0.16] & [0,0] \\ [0,0.967] & [0,0.033] & [0,0] & [0,0] & [0,0] \end{bmatrix} \begin{matrix} \text{DO} \\ \text{NH}_3\text{-N} \\ \text{COD} \\ \text{BOD} \\ \text{KMnO}_4\text{指数} \\ \text{TP} \\ \text{TN} \end{matrix}$$

权向量矩阵：

$$A=\begin{pmatrix}0.1856 & 0.1428 & 0.0851 & 0.2604 & 0.1331 & 0.0676 & 0.1253\end{pmatrix}$$

$$B=A\cdot\widetilde{R}=\begin{pmatrix}[0.073,0.1856] & [0,0.1856] & [0.0575,0.1331] & [0,0.25] & [0,0.2604]\end{pmatrix}$$

将计算结果得到的区间数进行排序，确定评判结果。

基于中间点的排序方法：

$$B=(0.1293\quad 0.0928\quad 0.0953\quad 0.1250\quad 0.1302)$$

评判结果为第Ⅴ类水质级别。

基于可信度的区间数排序方法：

$f_{\mathrm{I}}(x)=0.1126x+0.073$, $f_{\mathrm{II}}(x)=0.1856x$, $f_{\mathrm{III}}(x)=0.0756x+0.0575$, $f_{\mathrm{IV}}(x)=0.25x$, $f_{\mathrm{V}}(x)=0.2604x$

红崖山水库水环境质量的评价结果级别为Ⅴ类的可信度为 50.61%，评判结果与基于中间点的排序方法相同。根据评判过程可得到影响民勤地表水的主要污染物为 BOD、COD。

(2) 灰色聚类法

聚类样本即表 5-11 中所列的污染物浓度实际监测值，根据白化函数的表达式，计算得到的白化函数和聚类系数如下，聚类权计算结果如表 5-11 所列。

$$f=\begin{bmatrix} 0.67 & 0.33 & 0 & 0 & 0 \\ 0 & 0 & 0.64 & 0.36 & 0 \\ 0 & 0.42 & 0.58 & 0 & 0 \\ 0 & 0 & 0 & 0 & 1 \\ 0 & 0 & 0.52 & 0.48 & 0 \\ 0.33 & 0.67 & 0 & 0 & 0 \\ 0 & 0 & 0.91 & 0.09 & 0 \end{bmatrix}\begin{matrix} \text{DO} \\ \text{NH}_3\text{-N} \\ \text{COD} \\ \text{BOD} \\ \text{KMNO}_4\text{指数} \\ \text{TP} \\ \text{TN} \end{matrix}$$

表 5-11 灰色聚类法聚类权重计算结果 单位：mg/L

评价项目	评价标准				
	Ⅰ级	Ⅱ级	Ⅲ级	Ⅳ级	Ⅴ级
DO	0.2049	0.1708	0.1305	0.1358	0.1344
NH_3-N	0.0597	0.1327	0.169	0.1583	0.1392
COD	0.2561	0.1708	0.1451	0.1358	0.1194
BOD	0.2364	0.1577	0.1339	0.1254	0.1378
$KMnO_4$ 指数	0.1108	0.1478	0.1411	0.1468	0.1453
TP	0.0532	0.0888	0.113	0.1411	0.1861
TN	0.0788	0.1314	0.1674	0.1567	0.1378
求和	1	1	1	1	1

$$\sigma_{jk}=\begin{bmatrix} \text{I} & \text{II} & \text{III} & \text{IV} & \text{V} \\ 0.1543 & 0.1874 & 0.4186 & 0.1413 & 0.1378 \end{bmatrix}$$

根据最大隶属度原则，确定评价结果为Ⅲ级水质。

5.2.2.2 地下灌溉用水水质评价

本书采用模糊综合评判方法对民勤县的地下灌溉用水水质进行综合评价。

表 5-12、表 5-13 分别为民勤县地下灌溉用水水质评价的基础数据。根据计算得到民勤县 2008 年地下水的盐度为 16.38mmol/L，碱度为 5.35mmol/L，矿化度为 2.56g/L。

表 5-12 灌溉水评价标准及权重计算结果

评价指标	好水 Ⅰ级	中等水 Ⅱ级	盐碱水 Ⅲ级	重盐碱水 Ⅳ级	各指标平均值	均值倒数	归一化
盐度/（mmol/L）	10	15	25	40	22.50	0.04	0.0731
碱度/（mmol/L）	0.5	4	8	12	6.13	0.16	0.2687
矿化度/（g/L）	1	2	3	4	2.50	0.40	0.6582

表 5-13 民勤县 2008 年地下水离子浓度监测数据

离子名称	SO_4^{2-}	Cl^-	HCO_3^-	CO_3^{2-}	Na^+	Mg^{2+}	Ca^{2+}	K^+
离子浓度/（mg/L）	921	241	282	4.7	468	156	142	17.6
分子数	96	35.5	61	60	23	24	40	39
离子浓度/（mmol/L）	9.59	6.79	4.62	0.078	20.35	6.50	3.55	0.45

根据模糊综合评判方法的计算方法，得到：

$$B = A \bullet \widetilde{R} = \begin{pmatrix} 0.0731 & 0.2987 & 0.6582 \end{pmatrix} \begin{bmatrix} 0.3618 & 0.6382 & 0 & 0 \\ 1 & 0 & 0 & 0 \\ 0 & 0.44 & 0.56 & 0 \end{bmatrix}$$

$$=[(0.0731 \wedge 0.3618) \vee (0.2687 \wedge 1) \vee (0.6582 \wedge 0)],$$
$$[(0.0731 \wedge 0.6383) \vee (0.2687 \wedge 0) \vee (0.6582 \wedge 0.44)],$$
$$[(0.0731 \wedge 0) \vee (0.2687 \wedge 0) \vee (0.6582 \wedge 0.56)],$$
$$[(0.0731 \wedge 0) \vee (0.2687 \wedge 0) \vee (0.6582 \wedge 0)] = \begin{pmatrix} 0.2687 & 0.44 & 0.56 & 0 \end{pmatrix}$$

评判结果表明，民勤县地下灌溉用水水质级别为Ⅲ级，属于盐碱水，水质的主要影响因子为矿化度。

本节主要介绍了水质评价方法中的模糊综合评判方法和灰色聚类法，考虑到只用监测值的平均值（或最大值、最小值）来对研究区域水质进行综合评价存在遗漏信息的弊端，将区间数引入了模糊综合评判方法当中，并用区间值模糊综合评判方法和灰色聚类法对民勤县红崖山水库的水质进行评价，区间值模糊综合评判方法的评价结果为Ⅴ级，而灰色聚类法评价的结果为Ⅲ级，相差比较大，说明两种方法各有利弊。区间值模糊综合评判方法在进行合成运算的时候采用的是取大取小的模糊算法，而灰色聚类法在进行聚类的时候是矩阵的直接运算，这是导致评价结果存在差异的最主要原因。若区间值模糊综合评判方法在进行复合运算时也采用矩阵的直接相乘，则评价结果也为Ⅲ级。两种方法都是合理的，但由于民勤县地表水污染严重，民勤县历年水环境质量均为Ⅴ级（单因子评判方法），所以区间值模糊综合评判方法（复合运算为取大取小的模糊运算）更适用于民勤地表水水环境质量评价。另外，通过模糊综合评判方法对民勤县地下灌溉水进行了评价，评价结果为Ⅲ级，属于盐碱水。根据评价过程，可以得到影响民勤县地表水和地下水的主要因子分别为BOD、COD和矿化度。

5.3 农业水资源与社会经济协调发展预测分析

随着社会经济的发展，农业水资源的利用过程与社会、经济、环境的结合也将越来越紧密，因此有必要研究农业水资源与社会经济的协调发展，充分体现农业水资源与社会发展、经济发展、生态环境的协调变化。

5.3.1 模型应用

山西省处在经济改革和农业发展的过程中，其农业水资源与社会经济的协调发展已成为一个重要的研究课题。省内当前与未来合作水平之间存在诸多不确定性，这些不确定性决定了社会经济发展和农业水资源利用的复杂性。

假设农村社会经济发展水平和资源环境水平在乡村振兴中处于同等重要的地位，因此式（2-97）中令 $\alpha=\beta=0.5$，在式（2-98）中设 $k=2$。

数据来源于政府发布的统计年鉴、水资源公报、2015 年山西省国民经济和社会发展统计公报等地方统计信息。

5.3.1.1 主观权重矩阵

根据指标体系（表 2-2），计算农业水资源系统和社会经济发展系统的主观权重矩阵，如表 5-14、表 5-15 所列。

表 5-14　农业水资源系统主观权重矩阵

指标	f_{a11}	f_{a12}	f_{a13}	f_{a21}	f_{a22}	f_{a23}	f_{a31}	f_{a32}	f_{a33}
f_{a11}	1.000	2.000	3.000	3.000	3.000	5.000	5.000	6.000	9.000
f_{a12}	0.500	1.000	3.000	3.000	3.000	5.000	5.000	7.000	8.000
f_{a13}	0.333	0.333	1.000	1.000	2.000	5.000	5.000	6.000	8.000
f_{a21}	0.333	0.333	1.000	1.000	2.000	3.000	3.000	4.000	5.000
f_{a22}	0.333	0.333	0.500	0.500	1.000	3.000	3.000	4.000	5.000
f_{a23}	0.200	0.200	0.200	0.333	0.333	1.000	1.000	2.000	2.000
f_{a31}	0.200	0.200	0.200	0.333	0.333	1.000	1.000	2.000	2.000
f_{a32}	0.167	0.140	0.167	0.333	0.500	0.500	0.500	1.000	2.000
f_{a33}	0.111	0.125	0.125	0.200	0.200	0.500	0.500	0.500	1.000

表 5-15　社会经济发展系统主观权重矩阵

指标	f_{e11}	f_{e12}	f_{e13}	f_{e21}	f_{e22}	f_{e23}	f_{e31}	f_{e32}	f_{e33}
f_{e11}	1.000	0.330	1.000	7.000	0.330	5.000	1.000	2.000	5.000
f_{e12}	3.000	1.000	4.000	9.000	1.000	7.000	3.000	5.000	7.000
f_{e13}	1.000	0.250	1.000	5.000	0.330	3.000	0.500	2.000	3.000
f_{e21}	0.143	0.111	0.200	1.000	0.125	0.330	0.143	0.250	0.500
f_{e22}	3.000	1.000	3.000	8.000	1.000	7.000	2.000	5.000	7.000
f_{e23}	0.200	0.143	0.330	3.000	0.143	1.000	0.200	0.500	2.000
f_{e31}	1.000	0.330	2.000	7.000	0.500	5.000	1.000	3.000	6.000
f_{e32}	0.500	0.200	0.500	4.000	0.200	2.000	0.330	1.000	3.000
f_{e33}	0.200	0.143	0.330	2.000	0.143	0.500	0.167	0.330	1.000

对于农业水资源系统，CI=0.059，RI=1.45，CR=0.041；对于社会经济发展系统，CI=0.036，RI=1.45，CR=0.025。

5.3.1.2 客观权重矩阵

通过数据调查，得到了客观权重矩阵，如表 5-16 所列。

表 5-16　农业水资源系统与社会经济发展系统客观权重矩阵

指标	太原	大同	阳泉	长治	晋城	朔州	晋中	运城	忻州	临汾	吕梁	方向
f_{a11}	0.220	0.570	0.117	0.453	0.317	0.719	0.648	0.797	0.582	0.633	0.574	−1
f_{a12}	455.760	435.445	585.928	459.719	531.705	439.418	489.544	458.654	469.230	390.314	433.205	1
f_{a13}	0.036	0.032	0.002	0.038	0.003	0.031	0.033	0.040	0.028	0.027	0.017	−1
f_{a21}	0.000	0.000	0.000	0.000	0.000	0.000	0.000	0.000	0.000	0.000	0.000	−1
f_{a22}	2.234	0.714	0.820	0.988	1.021	0.964	1.323	2.236	1.156	1.069	0.456	−1
f_{a23}	0.550	0.570	0.490	0.500	0.490	0.490	0.470	0.510	0.511	0.510	0.550	1
f_{a31}	0.383	0.295	0.263	0.514	0.370	0.322	0.392	0.448	0.358	0.336	0.238	1

续表

指标	太原	大同	阳泉	长治	晋城	朔州	晋中	运城	忻州	临汾	吕梁	方向
f_{a32}	18.528	7.028	24.635	9.014	14.061	9.173	14.524	11.225	6.239	9.361	8.550	1
f_{a33}	0.051	0.021	0.086	0.033	0.045	0.026	0.059	0.058	0.040	0.026	0.030	1
f_{e11}	0.016	0.071	0.018	0.051	0.048	0.064	0.104	0.173	0.066	0.078	0.056	−1
f_{e12}	57.416	23.403	39.462	35.680	44.553	48.680	30.450	22.495	21.680	26.411	23.613	1
f_{e13}	0.621	0.712	0.522	0.461	0.348	0.315	0.522	0.557	0.508	0.488	0.423	1
f_{e21}	4.590	4.250	4.020	4.690	2.610	4.710	4.620	4.380	4.340	4.760	5.000	1
f_{e22}	25.900	35.100	28.000	36.500	25.000	34.900	28.900	31.900	31.670	27.300	38.700	−1
f_{e23}	0.844	0.507	0.659	0.496	0.574	0.532	0.517	0.461	0.459	0.486	0.468	1
f_{e31}	0.033	0.028	0.119	0.039	0.019	0.013	0.024	0.003	0.032	0.041	0.057	1
f_{e32}	92.900	86.300	82.000	84.847	93.500	98.600	95.200	91.700	88.190	86.500	81.000	1
f_{e33}	0.024	0.015	0.016	0.015	0.004	0.011	0.011	0.018	0.015	0.013	0.015	1

注：指标方向栏 1 为正向指标；−1 为负向指标。

经过无量纲处理，得到无量纲客观权重矩阵，如表 5-17 所列。

表 5-17 农业水资源系统与社会经济发展系统的无量纲客观权重矩阵

指标	太原	大同	阳泉	长治	晋城	朔州	晋中	运城	忻州	临汾	吕梁
f_{a11}	0.848	0.335	1.000	0.506	0.706	0.116	0.220	0.000	0.316	0.241	0.329
f_{a12}	0.665	0.769	0.000	0.645	0.277	0.749	0.493	0.651	0.597	1.000	0.781
f_{a13}	0.108	0.228	1.000	0.051	0.979	0.244	0.189	0.000	0.327	0.360	0.603
f_{a21}	0.731	0.000	1.000	0.753	0.850	0.205	0.655	0.638	0.547	0.695	0.164
f_{a22}	0.001	0.855	0.796	0.702	0.683	0.715	0.513	0.000	0.607	0.656	1.000
f_{a23}	0.200	0.000	0.800	0.700	0.800	0.800	1.000	0.600	0.590	0.600	0.200
f_{a31}	0.474	0.796	0.910	0.000	0.522	0.696	0.444	0.238	0.566	0.644	1.000
f_{a32}	0.332	0.957	0.000	0.849	0.575	0.841	0.550	0.729	1.000	0.830	0.874
f_{a33}	0.533	1.000	0.000	0.813	0.623	0.919	0.407	0.422	0.706	0.920	0.853
f_{e11}	1.000	0.650	0.984	0.775	0.797	0.692	0.438	0.000	0.679	0.606	0.741
f_{e12}	0.000	0.952	0.502	0.608	0.360	0.244	0.755	0.977	1.000	0.868	0.946
f_{e13}	0.228	0.000	0.477	0.632	0.917	1.000	0.480	0.390	0.513	0.564	0.728
f_{e21}	0.172	0.314	0.410	0.130	1.000	0.121	0.159	0.259	0.276	0.100	0.000
f_{e22}	0.934	0.263	0.781	0.161	1.000	0.277	0.715	0.496	0.513	0.832	0.000
f_{e23}	0.000	0.876	0.482	0.905	0.701	0.812	0.849	0.995	1.000	0.930	0.978
f_{e31}	0.737	0.786	0.000	0.691	0.862	0.911	0.818	1.000	0.749	0.673	0.534
f_{e32}	0.324	0.699	0.943	0.781	0.290	0.000	0.193	0.392	0.591	0.688	1.000
f_{e33}	0.000	0.454	0.389	0.442	1.000	0.666	0.669	0.322	0.467	0.544	0.435

5.3.1.3 历年统计数据

为准确预测和分析未来农业水资源与社会经济发展的协调发展，收集了山西省 2005～2015 年农业水资源系统和社会经济发展系统的统计数据，如表 5-18 所列。

表 5-18　2005～2015 年农业水资源系统和社会经济发展系统统计数据

指标	太原市	大同市	阳泉市	长治市	晋城市	朔州市	晋中市	运城市	忻州市	临汾市	吕梁市
f_{a11}	0.556	0.551	0.561	0.557	0.568	0.549	0.514	0.544	0.544	0.547	0.582
f_{a12}	463.0	477.8	556.3	466.4	498.7	520.0	602.1	510.1	588.3	520.9	480.6
f_{a13}	0.027	0.027	0.026	0.025	0.027	0.024	0.024	0.026	0.027	0.027	0.028
f_{a21}	0.000	0.000	0.000	0.000	0.000	0.000	0.000	0.000	0.000	0.000	0.000
f_{a22}	0.386	0.412	0.471	0.531	0.572	0.690	0.844	1.004	1.097	1.211	1.156
f_{a23}	0.470	0.476	0.482	0.488	0.494	0.500	0.506	0.512	0.518	0.524	0.530
f_{a31}	0.306	0.321	0.322	0.325	0.314	0.327	0.339	0.351	0.357	0.358	0.358
f_{a32}	7.308	7.718	7.793	7.883	7.999	8.325	8.653	9.057	9.390	9.829	10.12
f_{a33}	0.034	0.036	0.040	0.042	0.044	0.044	0.048	0.054	0.058	0.058	0.058
f_{e11}	0.056	0.078	0.066	0.173	0.104	0.064	0.048	0.051	0.018	0.071	0.061
f_{e12}	12.815	14.698	18.056	21.776	21.464	25.709	31.209	33.584	34.892	34.983	34.842
f_{e13}	0.322	0.320	0.314	0.321	0.391	0.350	0.337	0.361	0.406	0.448	0.473
f_{e21}	6.020	5.750	5.330	5.310	4.890	5.296	4.860	4.870	5.240	4.990	4.420
f_{e22}	44.2	38.5	38.5	39.0	37.1	37.5	37.7	33.4	33.0	29.4	29.0
f_{e23}	0.580	0.570	0.560	0.549	0.540	0.519	0.503	0.487	0.474	0.462	0.459
f_{e31}	0.020	0.020	0.013	0.024	0.027	0.028	0.031	0.031	0.047	0.048	0.032
f_{e32}	56.23	60.22	63.32	71.40	75.20	84.90	86.50	88.00	88.40	88.40	89.20
f_{e33}	0.009	0.018	0.019	0.019	0.023	0.019	0.019	0.020	0.019	0.020	0.018

5.3.2　评价结果及分析

5.3.2.1　城市间协调发展分析

基于该方法，得到了城市间的协调发展结果，主要结果如表 5-19 所列。图 5-1 比较了农业水资源与社会经济发展的综合水平。从图 5-1 中可以看出，农业水资源的综合水平高于社会经济发展的综合水平。太原市、大同市、阳泉市、长治市、朔州市、吕梁市农业水资源与社会经济发展的综合水平基本相等，但阳泉市和运城市存在较大差距。

表 5-19　2015 年研究区各城市评价结果

指标	太原市	大同市	阳泉市	长治市	晋城市	朔州市	晋中市	运城市	忻州市	临汾市	吕梁市
F_a	0.500	0.576	0.674	0.558	0.688	0.568	0.484	0.350	0.570	0.638	0.665
F_e	0.439	0.557	0.523	0.549	0.713	0.540	0.600	0.573	0.652	0.656	0.575
T	0.469	0.567	0.598	0.554	0.701	0.554	0.542	0.461	0.611	0.647	0.620
C	0.992	0.999	0.968	1.000	0.999	0.999	0.977	0.887	0.991	1.000	0.989
D	0.682	0.752	0.761	0.744	0.837	0.744	0.728	0.640	0.778	0.804	0.783
协调发展度	P	I	I	I	W	I	I	P	I	W	I
失调方向	E	B	E	B	B	B	A	A	A	B	E

注：P—初级协调；I—中级协调；W—良好协调；A—农业水资源失调；B—未失调；E—社会经济发展失调。

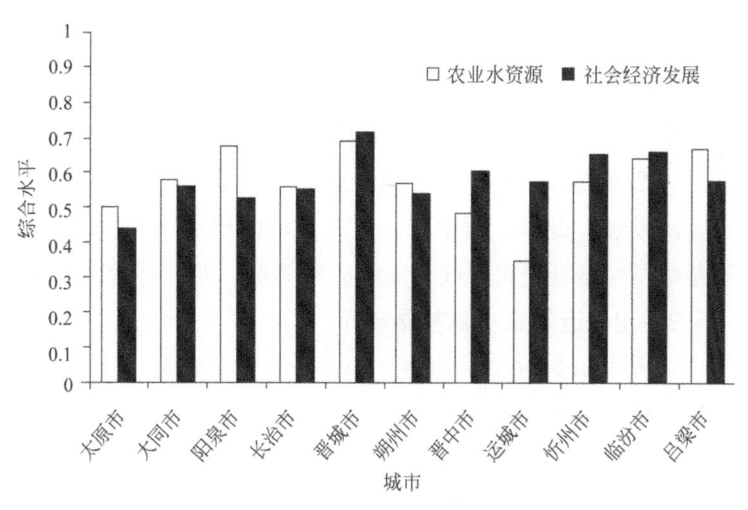

图 5-1 2015 年研究区城市综合水平

太原市、朔州市、大同市、吕梁市的有效利用系数较高，阳泉市降水丰富，较易满足农业用水需求，表现为 $F_a>F_e$，晋中市、运城市第一产业占 GDP 的比重较高，经济发展优于农业用水。

2015 年研究区各城市协调发展程度见图 5-2，协调发展程度范围为(0.7, 0.8)。其中，晋城市的协调发展程度最大（0.837），运城市最小（0.640）。晋城市农业水资源与社会经济协调发展最好，表现为其综合水平在所有城市中最高（F_a=0.688, F_e=0.713）。运城市农业水资源综合水平差距较大（F_a-F_e= −0.236），农业水资源面临的形势较为严峻。

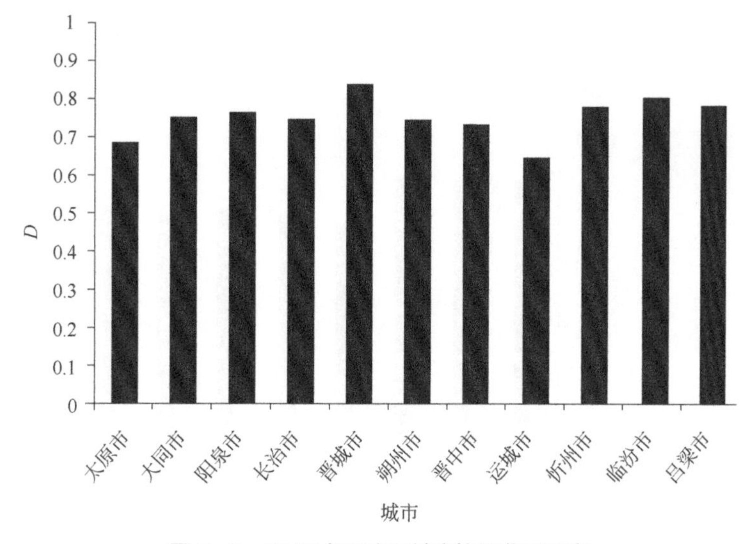

图 5-2 2015 年研究区城市协调发展程度

从全局来看，2015 年山西省协调发展状况为中等协调，太原市、运城市协调发展状况为初级协调，晋城市、临汾市协调发展状况较好，太原市、阳泉市社会经济发展缓慢，晋中市、运城市、忻州市农业水资源利用率低。

要实现经济社会的协调发展，重点是抓好太原市、阳泉市两市的社会经济发展。此外，晋中市、运城市、忻州市三市的农业水资源开发利用也是维持经济社会可持续发展势头的关键，尤其是运城市。

5.3.2.2 近年来协调发展分析

表 5-20 为2005～2015 年山西省农业水资源与社会经济发展综合水平评价结果，图 5-3 为 2005～2015 年山西省农业水资源与社会经济发展综合水平比较，除 2008 年外，农业水资源综合水平均低于社会经济发展综合水平。从图 5-3 中可以看出，2007 年存在较大差距（$F_a - F_e = -0.134$）。

表 5-20　2005～2015 年协调发展评价结果

项目	2005 年	2006 年	2007 年	2008 年	2009 年	2010 年	2011 年	2012 年	2013 年	2014 年	2015 年
F_a	0.640	0.617	0.551	0.610	0.606	0.589	0.511	0.550	0.468	0.511	0.526
F_e	0.681	0.682	0.685	0.564	0.596	0.596	0.586	0.605	0.591	0.582	0.617
T	0.661	0.649	0.618	0.587	0.601	0.592	0.549	0.577	0.529	0.546	0.572
C	0.998	0.995	0.976	0.997	1.000	1.000	0.991	0.995	0.974	0.991	0.988
D	0.812	0.804	0.777	0.765	0.775	0.770	0.737	0.758	0.718	0.736	0.751
协调发展度	W	W	I	I	I	I	I	I	I	I	I
失调方向	B	A	A	B	B	B	A	B	A	A	A

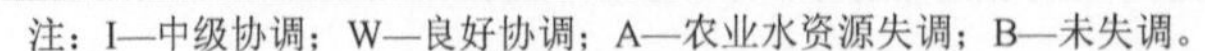

注：I—中级协调；W—良好协调；A—农业水资源失调；B—未失调。

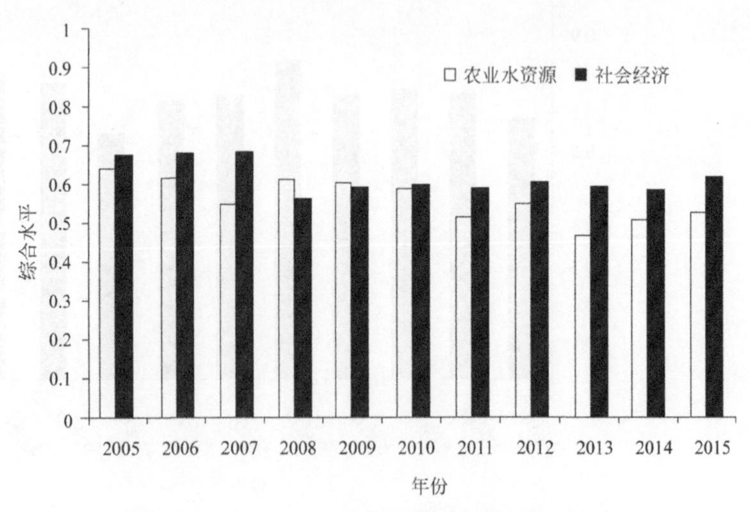

图 5-3　2005～2015 年山西省协调发展综合水平

图 5-4 为山西省协调发展程度的年际变化，平均协调发展程度为 0.758，随着时间的延长，2005～2015 年山西协调发展程度呈缓慢下降趋势，2005 年协调发展状况较好，其余年份协调发展状况处于中等水平。

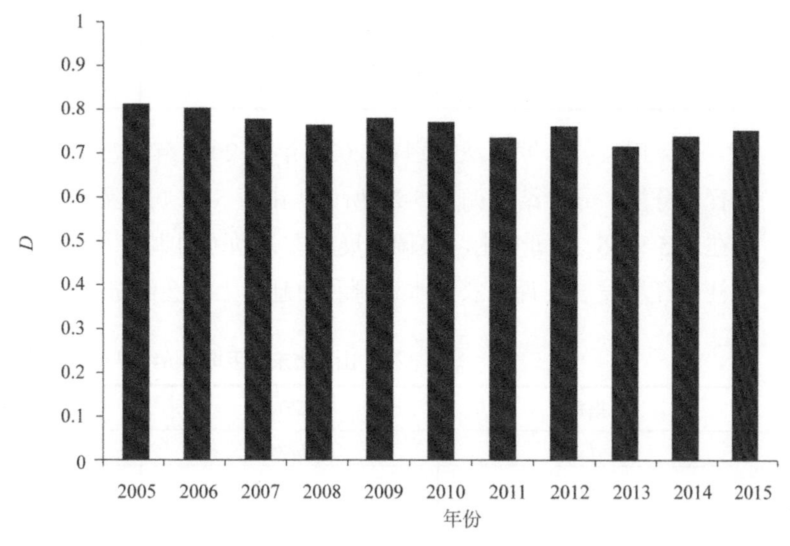

图 5-4 2005～2015 年山西省协调发展程度

5.3.2.3 未来协调发展分析

为了评估未来可能的风险，本研究分析了评估体系的各种数据不确定性，指标区间见表 5-21。

表 5-21 2020 年和 2025 年农业水资源系统和社会经济发展系统指标变化区间

指标	2020 年	2025 年
f_{a11}	[0.513, 0.581]	[0.512, 0.581]
f_{a12}	[463.000, 602.110]	[463.000, 602.110]
f_{a13}	[0.025, 0.028]	[0.026, 0.029]
f_{a21}	[0.000, 0.000]	[0.000, 0.000]
f_{a22}	[1.586, 1.769]	[2.047, 2.230]
f_{a23}	[0.560, 0.560]	[0.590, 0.590]
f_{a31}	[0.373, 0.396]	[0.400, 0.423]
f_{a32}	[11.028, 11.574]	[12.405, 12.951]
f_{a33}	[0.069, 0.076]	[0.082, 0.089]
f_{e11}	[0.014, 0.167]	[0.012, 0.164]
f_{e12}	[47.348, 53.720]	[59.854, 66.226]
f_{e13}	[0.465, 0.548]	[0.537, 0.620]
f_{e21}	[3.668, 4.462]	[3.113, 3.907]

续表

指标	2020 年	2025 年
f_{e22}	[20.745, 26.286]	[14.405, 19.945]
f_{e23}	[0.382, 0.395]	[0.316, 0.329]
f_{e31}	[0.039, 0.043]	[0.046, 0.050]
f_{e32}	[107.260, 121.019]	[125.319, 139.079]
f_{e33}	[0.018, 0.022]	[0.018, 0.022]

采用蒙特卡罗方法分别对 2020 年和 2025 年的农业水资源利用状况进行了分析，分析结果如表 5-22 所列。由表 5-22 可以看出，农业水资源利用在 0.5～0.6 之间变化，协调发展状态为勉强协调，农业水资源利用滞后于社会经济发展，说明农业水资源利用赶不上社会经济发展。

表 5-22　山西省未来平均评价结果

指标	2020 年	2025 年
F_a	0.296	0.235
F_e	0.522	0.478
T	0.409	0.357
C	0.847	0.772
D	0.588	0.524
协调发展状态	R	R
失调对象	A	A

注：R—勉强协调；A—农业水资源。

图 5-5 为 2020 年、2025 年协调发展程度分布统计图。2020 年 D 区间分别为[0.50, 0.66]，平均值为 0.588；2025 年 D 区间为[0.42, 0.60]，平均值为 0.524。协调发展程度有明显下降的趋势，表明农业水资源与社会经济发展将处于过渡状态。如果不采取有效措施平衡山西省农业水资源与社会经济发展，在可预见的将来，他们可能会影响发展。为解决这一问题，可采取开发新的农业水资源，推广节水灌溉设施，提高水的循环利用率等手段。

本节确定 9 个农业水资源评价指标和 9 个社会经济发展评价指标作为评价标准。按照区域协调发展的理念，基于主客观权重的综合权重、综合水平，评价了农业水资源与社会经济发展的协调度和协调发展度。结果表明，2015 年山西省大部分城市的协调发展程度为（0.7，0.8）。晋城市协调发展度最大，为 0.837；运城市协调发展度最小，为 0.640。要实现均衡发展，重点是抓好太原市和阳泉市的社会经济发展和晋中市、运城市、忻州市农业水资源利用。根据评价结果，从 2006 年到 2015 年平均协调发展程度为 0.758，为中级协调。根据未来的评价结果，协调发展程度在 0.5～0.6 之间变化，协调发展状况勉强协调，农业水资源利用滞后于社会经济发展。协调发展程度有明显下降的趋势，表明农业水资源与社会经济发展将处于过渡状态。为了避免失调，应及时开发可利用的农业水资源，推广节水灌溉设施，提高水的循环利用率等措施。

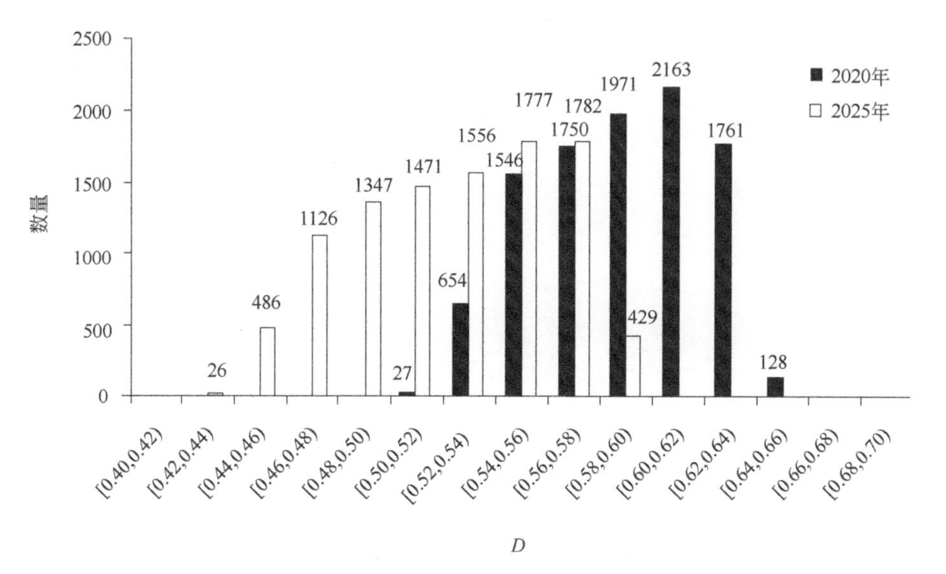

图 5-5　2020 年、2025 年协调发展程度分布统计

第6章 决策支持系统开发及应用

决策支持系统（DSS）是一个基于优化模型而设计的重要工具，它以运筹学、管理学等科学为基础，以计算机技术为手段，针对结构化、半结构化等决定问题，能够快速准确地为决策者提供所需的数据信息及决策方案，通过综合分析比较，以达到帮助决策者决策的目的。在农业方面，DSS具有很高复杂性，它涉及多变的天气状况、农作物种植特点、研究区域的作物种类、复杂的土壤质地及含水量变化情况等。本章将介绍两个不同类型的决策支持系统：一个是具有区间模糊特点的农业水资源优化配置决策支持系统，其核心算法采用Lingo求解，可为水资源提供时空方面的优化管理；另一个是基于排队论的灌溉优化管理决策支持系统，其核心是粒子群优化算法，可为渠系的干渠的配水提供优化灌溉方案。

6.1 区间模糊农业水资源优化配置决策支持系统

6.1.1 模型

模型的系统目标及约束如下。

6.1.1.1 系统目标

软件中主要提供4个目标。

（1）系统的毛收益

$$\max f_1^{\pm}=\sum_{i=1}^{i_{\text{crop}}}\sum_{j=1}^{i_{\text{subarea}}}C_{c,i}A_{ij}Y_{m,i}\prod_{l=1}^{i_{\text{stage}_i}}\left(\frac{ET_{c,ijl}^{\pm}}{ET_{cm,il}}\right)^{\lambda_{il}} \tag{6-1}$$

式中，$f_1^{\pm}$为优化系统的毛收益，元；i为农作物编号；j为子区编号；l为农作物i的某生长阶段；i_{crop}为农作物的物种数量；i_{subarea}为子区的总数；i_{stage_i}为农作物i的生育阶划分数量；$C_{c,i}$为农作物i的市场价格，元/kg；A_{ij}为农作物i的种植面积，hm^2；$Y_{m,i}$为理想条件下农作物i的最大单位种植面积产量，kg/hm^2；$ET_{c,ijl}^{\pm}$为农作物的实际蒸散发，mm；$ET_{cm,ijl}$为非限制水条件下农作物的最大蒸散量，mm；λ_{il}农作物i在生育阶段l内对水的敏感系数。

（2）系统的净收益

$$\max f_2^{\pm}=\sum_{i=1}^{i_{\text{crop}}}\sum_{j=1}^{i_{\text{subarea}}}C_{C,i}A_{ij}Y_{m,i}\prod_{l=1}^{i_{\text{stage}_i}}\left(\frac{ET_{c,ijl}^{\pm}}{ET_{cm,il}}\right)^{\lambda_{il}}-\sum_{i=1}^{i_{\text{crop}}}\sum_{j=1}^{i_{\text{subarea}}}\sum_{k=1}^{i_{\text{source}}}\sum_{l=1}^{i_{\text{stage}}}C_{W,j}W_{ijkl}^{\pm} \tag{6-2}$$

式中，$f_2^{\pm}$ 为优化系统的净收益，元；k 为水的来源；i_{source} 为水源数量；$C_{W,j}$ 为子区 j 的输配水成本，元/m^3；$W_{ijkl}^{\pm}$ 为农作物 i 在子区 j 从水源 k 取水在生育阶段 l 内的配水量，m^3。

（3）单位面积净收益

$$\max f_3^{\pm}=\frac{\sum_{i=1}^{i_{\text{crop}}}\sum_{j=1}^{i_{\text{subarea}}}C_{C,i}A_{ij}Y_{m,i}\prod_{l=1}^{i_{\text{stage}_i}}\left(\frac{ET_{c,ijl}^{\pm}}{ET_{cm,il}}\right)^{\lambda_{il}}-\sum_{i=1}^{i_{\text{crop}}}\sum_{j=1}^{i_{\text{subarea}}}\sum_{k=1}^{i_{\text{source}}}\sum_{l=1}^{i_{\text{stage}}}C_{W,j}W_{ijkl}^{\pm}}{\sum_{i=1}^{i_{\text{crop}}}\sum_{j=1}^{i_{\text{subarea}}}A_{ij}} \tag{6-3}$$

式中，$f_3^{\pm}$ 系统单位面积净收益，元/hm^2；其余符号意义同前。

（4）单位水量净收益

$$\max f_4^{\pm}=\frac{\sum_{i=1}^{i_{\text{crop}}}\sum_{j=1}^{i_{\text{subarea}}}C_{C,i}A_{ij}Y_{m,i}\prod_{l=1}^{i_{\text{stage}_i}}\left(\frac{ET_{c,ijl}^{\pm}}{ET_{cm,il}}\right)^{\lambda_{il}}-\sum_{i=1}^{i_{\text{crop}}}\sum_{j=1}^{i_{\text{subarea}}}\sum_{k=1}^{i_{\text{source}}}\sum_{l=1}^{i_{\text{stage}}}C_{W,j}W_{ijkl}^{\pm}}{\sum_{i=1}^{i_{\text{crop}}}\sum_{j=1}^{i_{\text{subarea}}}\sum_{k=1}^{i_{\text{source}}}\sum_{l=1}^{i_{\text{stage}}}W_{ijkl}^{\pm}} \tag{6-4}$$

式中，$f_4^{\pm}$ 为单位水量净收益，元/m^3；其余符号意义同前。

这 4 个目标函数中，前 2 个是以经济利益作为目标，它们主要是从农户的立场出发，尽可能提高农户的经济收入；后 2 个则是以单位资源的生产效率作为目标，是为了促进有限自然资源的可持续发展。

6.1.1.2 约束条件

软件中预设一些常见的约束条件，包括蒸散发约束、可用地表水量约束、可用地下水量约束、地表水优先利用约束、公平性约束、非负约束等。

（1）蒸散发约束

$$ET_{c,ijl}^{\pm}\geqslant ET_{c\min,il}\quad \forall i,j,l \tag{6-5}$$

式中，$ET_{c\min,il}$ 为农作物生长所需的最小蒸散发，mm。

此约束条件限制了蒸散发的下限值。

$$ET_{c,ijl}^{\pm}\leqslant ET_{\text{cm},il}\quad \forall i,j,l \tag{6-6}$$

此约束条件限制了蒸散发的上限值。

$$ET_{c,ijl}^{\pm}=\begin{cases}ET_{\mathrm{cm},il} & \text{当}\widetilde{P}_{ijl}+\Delta R_{ijl}>ET_{\mathrm{cm},il}\text{时}\\ 0.1\dfrac{\sum\limits_{k=1}^{i_{\mathrm{source}}}W_{ij1l}^{\pm}}{A_{ij}}+\widetilde{P}_{ijl}+\Delta R_{ijl} & \text{其他}\end{cases}\quad \forall i,j,l \tag{6-7}$$

式中，$\widetilde{P}_{ijl}$ 为模糊降水量，mm；ΔR_{ijl} 为其他用于灌溉的水量，mm。

此约束条件描述了蒸散发与降水、渗流等水资源变化的影响关系。

（2）可用地表水量约束

$$W_{ijkl}^{\pm}\begin{cases}=0 & \text{当}\widetilde{P}_{ijl}+\Delta R_{ijl}>ET_{\mathrm{cm},il}\text{或}\beta_{il}=0\text{时}\\ \leqslant Q_{\max,jk}T_{il} & \text{其他}\end{cases}\quad k=1,\forall i,j,l \tag{6-8}$$

式中，$Q_{\max,jk}$ 为子区 j 从水源 k 取水所允许的渠系最大流量，m^3/d；T_{il} 为农作物 i 的第 l 个生育阶段的天数，d；β_{il} 为 0～1 变量的无量纲数，表示农作物 i 在其第 l 个生育阶段内是否为灌溉期，是否可以从水库直接取水灌溉。

此约束条件描述农作物 i 在其生长阶段 l 内，可用的地表水量限制。

$$\sum_{i=1}^{i_{\mathrm{crop}}}\sum_{j=1}^{i_{\mathrm{subarea}}}\sum_{l=1}^{i_{\mathrm{stage}_i}}\frac{W_{ijkl}^{\pm}}{\eta_{jk}}\leqslant W_R\quad k=1 \tag{6-9}$$

式中，η_{jk} 为子区 j 从水源 k 取水的输配水效率；W_R 为水库的可用于灌溉的供水总量，m^3。

此约束条件规定了地表水可用总量限制。

（3）可用地下水量约束

$$W_{ijkl}^{\pm}\begin{cases}=0 & \text{当}\widetilde{P}_{ijl}+\Delta R_{ijl}>ET_{\mathrm{cm},il}\text{时}\\ \leqslant \eta_{jk}W_{W,j} & \text{其他}\end{cases}\quad k=2,\forall i,j,l \tag{6-10}$$

此约束条件描述了地下水量的限制，在水量充足时，地下水无需供给。

$$\sum_{i=1}^{i_{\mathrm{crop}}}\sum_{l=1}^{i_{\mathrm{stage}_i}}\frac{W_{ijkl}^{\pm}}{\eta_{jk}}\leqslant W_{W,j}\quad k=2,\forall j \tag{6-11}$$

式中，$W_{W,j}$ 为子区 j 用于灌溉农作物所允许的当地最大地下水开采量，m^3。

此约束条件规定了地区内地下水可用总量限制。

（4）地表水优先利用约束

$$W_{ijkl}^{\pm}\begin{cases}=0 & \text{当}W_{ij1l}^{\pm}\leqslant Q_{\max,\,jk}T_{il}\ \text{且}\beta_{il}=1\text{时}\\ \leqslant Q_{\max,\,jk}T_{il} & \text{其他}\end{cases}\quad k=2,\forall i,j,l \tag{6-12}$$

此约束条件说明，在地表水可灌溉时期，如果地表水量充足，则仅用地表水灌溉；如果地表水水量不足或渠系供水能力跟不上需求，则补充灌溉地下水。

（5）公平性约束

$$\frac{\sum_{j_1}^{i_{\text{subarea}}}\sum_{j_2}^{i_{\text{subarea}}}\left|\sum_{l=1}^{i_{\text{stage}_i}}ET_{c,ij_1l}^{\pm}-\sum_{l=1}^{i_{\text{stage}_i}}ET_{c,ij_2l}^{\pm}\right|}{2N^2\mu_i}\leqslant G_0\quad\forall i \tag{6-13}$$

式中，j_1和j_2为子区的编号（j=1，2，…，i_{subarea}）；N为子区总数量，个；μ_i为农作物i的平均$ET_{c,\,ijl}^{\pm}$，mm；G_0为Gini系数规定的上限值。

此约束条件保障了离水源地近和离水源地远的农民尽可能公平地分配水资源量，同时也不能完全公平而降低大多水资源的使用效率。

（6）非负约束

$$W_{ijkl}^{\pm}\geqslant 0\quad\forall i,j,k,l \tag{6-14}$$

此约束条件限制了决策变量的范围，必须为大于0的实数。

在此模型中，运用了三角形模糊可能分布的方法处理不确定的降水参数，并用α-cut水平求解这个区间模糊模型。对于单目标的求解，可参见书后附录1的程序。

6.1.2 系统设计

6.1.2.1 结构

FDSSFIS体系结构见图6-1，包括3个组成部分。

① 图形用户接口：允许用户输入有效降水量、灌溉、农作物和其他参数，或者以图形或表格的输出与用户交互的窗口，其操作通过点击用户界面上各自对应的按钮。

② 驱动层：通过各种内核模型，实现驱动知识库，模拟月降水及径流量，并返回优化结果等功能。结合气象因子与降水之间，气象因子与径流

之间的非线性关系，建立 BP 神经网络，对逐月的降水和径流进行预测，并为之后的优化求解过程提供基本的数据支持。灌溉水资源优化模型是整个系统的核心部分，它可以解决农业灌区精细灌溉的问题，为灌溉调度提供优化方案并提供决策建议。

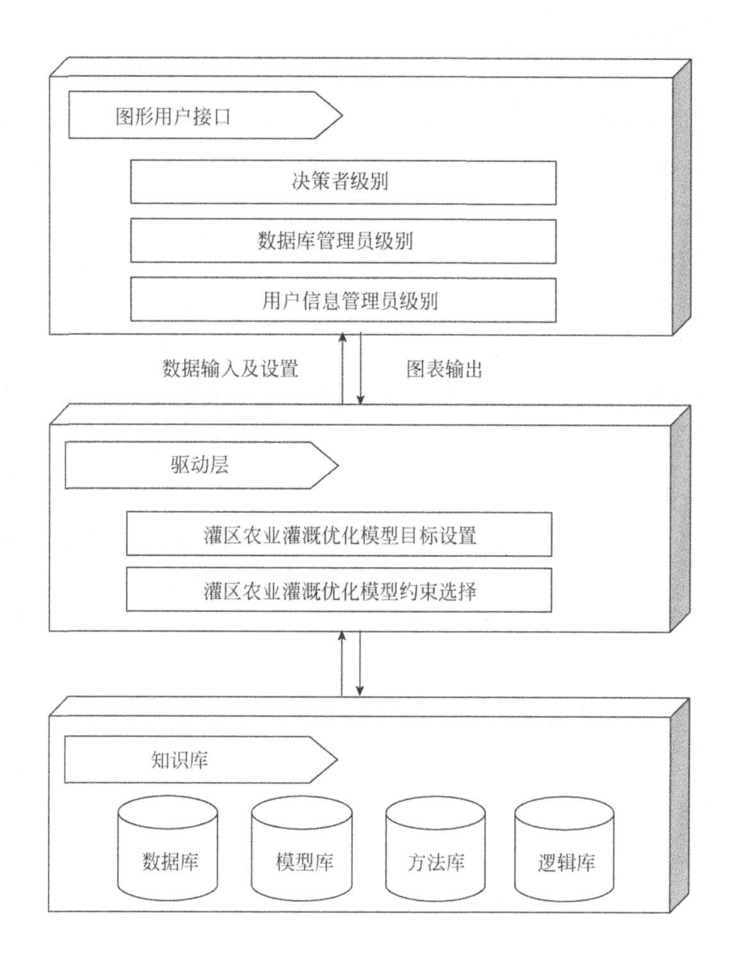

图 6-1　FDSSFIS-通用农业灌溉优化 DSS 框架结构

③ 知识库：这是该 DSS 的基础组件，包括数据库、模型库、方法库、逻辑库等。它的主要功能是储存数据、知识、信息和各种规则。主要是对文字方面、专家调查、以往经验等通过知识采集并将其转化为知识库的存储单元加以存储。

如图 6-1 所示，箭头方向表示信息流的流向，信息由用户流向底层，再由底层处理后反馈给用户。用户根据自己的需求在交互界面上操作，输入数据及管理方面的细节，这些数据及设置参数将传递给驱动层，驱动层根据用户的设置参数选择优化模型，模型中的数据则调用知识库当中的对应数据。驱动层得到优化解后，以数据图表等形式传递到交互界面，再被用户接收。

该系统界面友好，能够满足多个用户级别各自不同的需要，如决策者、数据库维护管理员、用户信息管理员等。不同的用户级别对应不同的访问权限，将访问不同的工作空间。用户使用正确的用户名和密码登录系统后，可以选择一个目标灌区，系统将自动载入灌区已经录入的农作物、水资源等数据。这个系统同样也提供了一些基础的操作信息，例如如何使用、如何创建用户账号等。

进入系统界面的用户密码需要由用户信息管理员提供，只有正确的用户密码才可以让决策者建立自己的模型和生成灌溉优化方案。数据库维护管理员则具备数据维护的相关工作，如数据库备份、修改、还原等。

不确定性模型的主要框架结构如图 6-2 所示，其中包括系统目标、相关约束、一些不确定性的参数以及它们之间的联系。

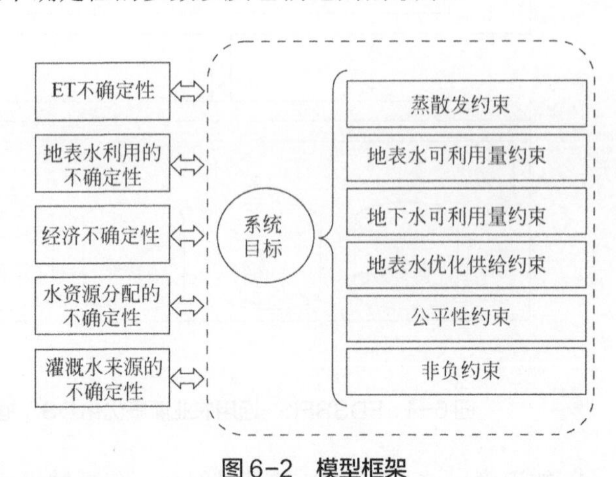

图 6-2 模型框架

大部分模型中的参数是能够获取的，如蒸散发、供水量、经济数据等，而有一些数据则不确定，想获得精确的数据比较困难，这就需要在模型中用到不确定的一些方法。

本研究中区域农业水资源优化决策支持系统界面拟采用 VC++ 6.0 实现。虽然基于.Net 的程序功能强大、界面美观，但是.Net 程序需要框架支持，没有安装框架的计算机不能运行，而且相同的程序，在.Net 的平台明显运行速率比 6.0 的慢。区域农业水资源优化决策支持系统主要以优化计算为主，可能会涉及大量的程序运算，对运行速率要求较高，因此采用 VC++ 6.0 的平台进行设计，其主要代码见书后附录 2。模型算法采用 Lingo 11 的模块实现，Lingo 是非常成熟的一种优化计算软件，具有交互式的线性和通用优化求解器，能够快速、方便和有效地构建和求解线性、非线性和整数最优化模型。数据库采用 Access97 和自定义编写的数据文件的混合方式。由于一些数据结构比较松散，频繁读写数据库会引起过多的数据冗余，同时产生更大的工作量，因此将这些数据按照既定的规则对数据文件进行操作。数据库仍然采用四库结构，由数据库系统、模型库系统、方法库系统和知识库系统组成，其中模型库是决策支持系统必不可少的部件，这也是决策支持系统不同于信息管理系统的区别所在。数据库支撑模型库和方法库的运行，且需要的数据量大且要求准确，是该系统的基础。另外，由于决策支持系统采用的是人机交互式的问题解决方法，因而人机交互系统也是 DSS 不可缺少的一个重要组成部分。

系统按照信息的空间特性把信息分为空间数据和综合数据两类。空间数据是具有地理属性的实体，在地理信息系统中，数据主要有两类:一类主要是描述对象空间位置、形状和拓扑关系的数据，称为图形数据；另一类是和地图对象对应的非空间属性信息，称为属性数据。

由于水源管理涉及面广，综合数据库内容丰富且比较复杂，主要分为管理信息、模型信息和知识库三类：管理信息类包括水利法规、取水许可、水政档案和功能区划等各种信息；模型信息包括模型输入数据、模型计算参数和模型计算结果等数据；知识库包括水资源管理中的决策经验和专家意见。

人机交互系统是水资源优化配置决策支持系统的核心部分之一，决策支持系统的运行效果是通过人机交互系统体现出来的。本研究中的人机交互系统过程由决策者、人机交互系统和模型库管理系统进行交互对话而实现。决策人员依据决策原则、自己的知识和经验、通过系统的人机交互界面（页面），修改模型参数，输入偏好信息，代入相应的规划模型，并找到合理的水资源分配方案与配置结果。

根据所需实现的目标、决策支持系统一般功能，初步确定本书决策支持系统的层次如图 6-3 所示。软件有 8 个主要模块，分别是决策支持系统简介、数据结构定义与输入、模型设置与编辑、数据及图形输出、信息反馈、数据库备份、注册用户信息管理。用户级别分为三级：一级为普通用户，具有基本的功能权限；二级为系统用户，具有软件设置等权限；三级为管理员用户，可对所有的用户信息进行管理。

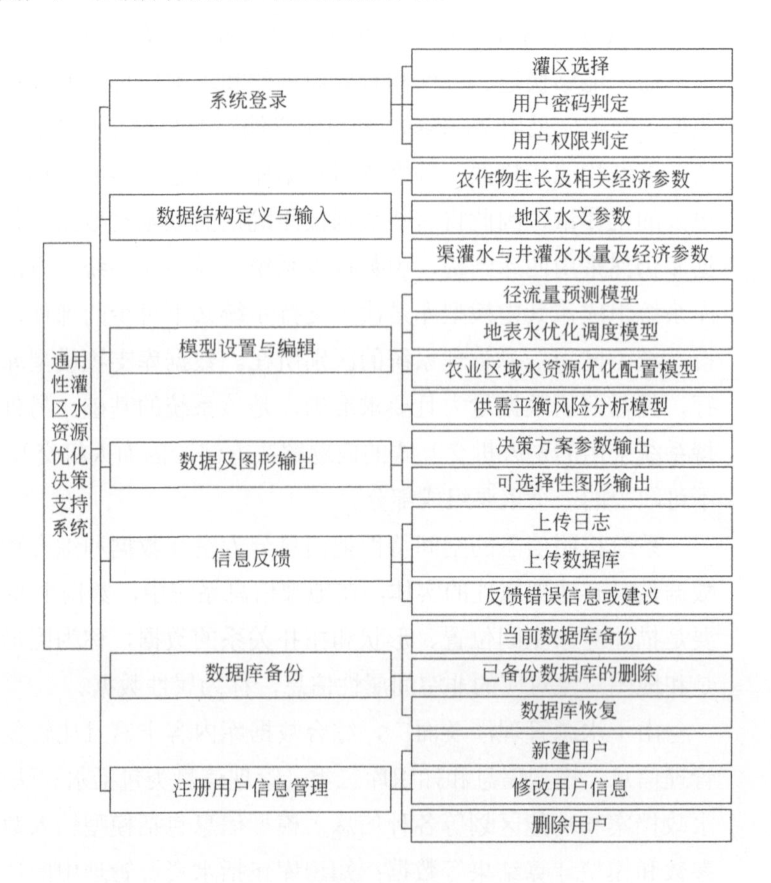

图 6-3 优化决策支持系统层次结构

6.1.2.2 软件模块

对本研究的决策支持系统进行初步设计，登录窗口、数据输入窗口、数据库备份窗口、反馈窗口等几个主要的功能窗口如图 6-4～图 6-10 所示。

图6-4　登录界面

Crop Information　Subarea Information　Precipitation Statistics　Additional Information

Index of Crop　3　Crop name　Winter wheat

Winter wheat
Maize
Cotton

Sowing date (month)　10　Market price (RMB/kg)　2.28

Sowing date (day)　5　Ym (kg/ha)　7569

Index for growth stage　6

Index	Growth stage	ETcm (mm)	Lamada	End date (MMDD)
1	Seedling	66.00	0.1721	1130
2	Overwintering	88.40	0.0411	0210
3	Reviving	115.96	0.0591	0331
4	Booting	134.80	0.1684	0430
5	Heading	67.00	0.3108	0520
6	Ripening	127.82	0.1995	0610

UPDATE

(a)

Crop Information　Subarea Information　Precipitation Statistics　Additional Information

Index of Subarea　4　Subarea name　ZhaoLingPu

ZhaoLingPu
ZiCheng
DaLiuZhuang
XiaJi
BaiTan
WangXiaoJing
WeiQiao
ShenXian

Comprehensive water price (RMB/m^3)　0.2953

Groundwater Availability (10^6 m^3)　0

Maximum surfacewater flow (10^6 m^3/d)　999

Surfacewater use coefficient　0.8

Maximum groundwater flow (10^6 m^3/d)　999

Groundwater use coefficient　0.85

Planting areas

Crop	Planting Area (ha)
Winter wheat	326.130
Maize	326.130
Cotton	0.000

UPDATE

(b)

图6-5

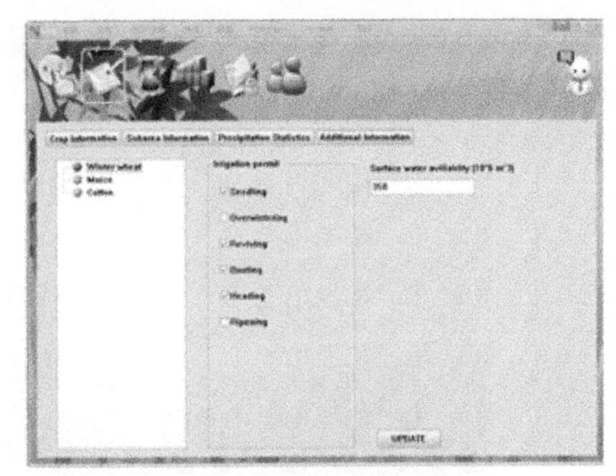

(c)

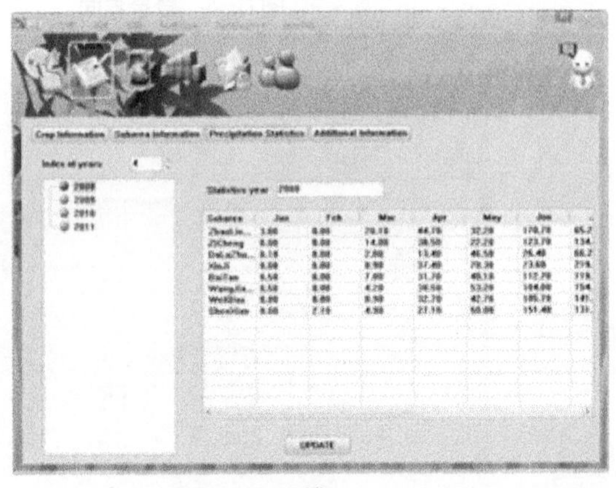

(d)

图 6-5　数据输入界面

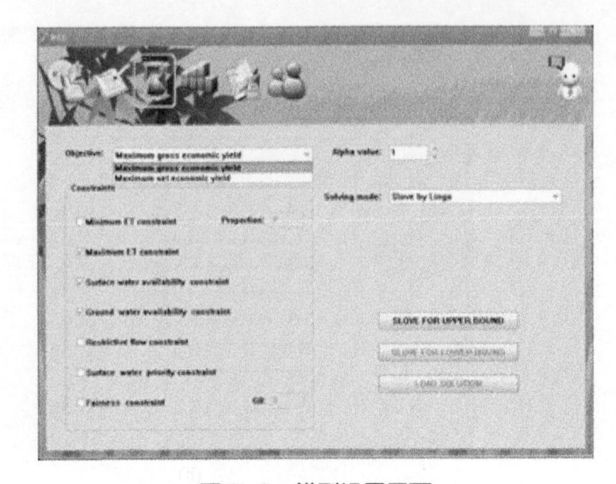

图 6-6　模型设置界面

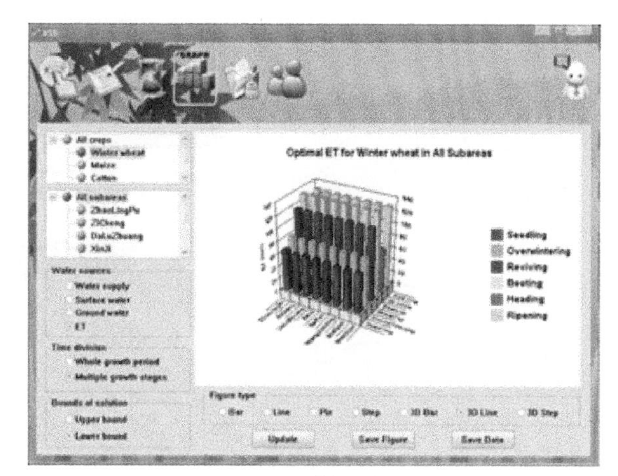

All crops
Winter wheat
Maize
Cotton
All subareas
ZhaoLingPu
ZiCheng
DaLuZhuang
XinJi
Water sources
Water supply
Surface water
Ground water
ET
Time division
Whole growth period
Multiple growth stages
Bounds of solution
Upper bound
Lower bound
Optimal ET for Winter wheat in All Subareas
Seedling
Overwintering
Reviving
Booting
Heading
Ripening
Figure type
Bar
Line
Pie
Step
3D Bar
3D Line
3D Step
Update
Save Figure
Save Data

(a)

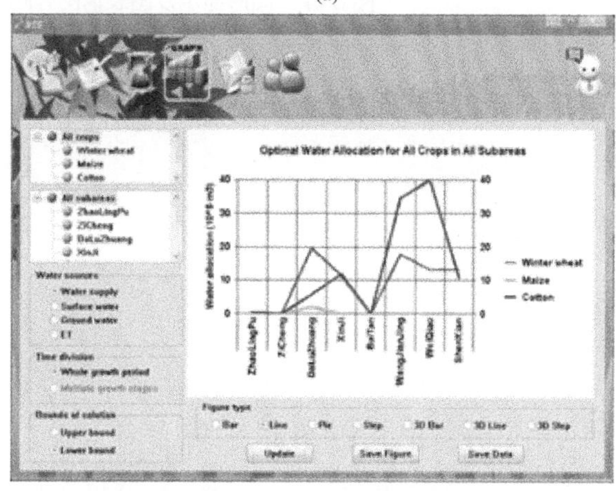

All crops
Winter wheat
Maize
Cotton
All subareas
ZhaoLingPu
ZiCheng
DaLuZhuang
XinJi
Water sources
Water supply
Surface water
Ground water
ET
Time division
Whole growth period
Multiple growth stages
Bounds of solution
Upper bound
Lower bound
Optimal Water Allocation for All Crops in All Subareas
Water allocation (10^8 m3)
40
30
20
10
0
ZhaoLingPu
ZiCheng
DaLuZhuang
XinJi
BaiTan
WangJianJing
WeiQiao
ShenXian
Winter wheat
Maize
Cotton
Figure type
Bar
Line
Pie
Step
3D Bar
3D Line
3D Step
Update
Save Figure
Save Data

(b)

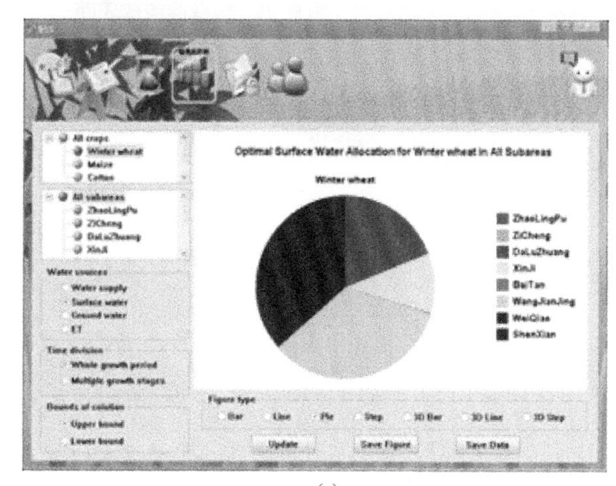

All crops
Winter wheat
Maize
Cotton
All subareas
ZhaoLingPu
ZiCheng
DaLuZhuang
XinJi
Water sources
Water supply
Surface water
Ground water
ET
Time division
Whole growth period
Multiple growth stages
Bounds of solution
Upper bound
Lower bound
Optimal Surface Water Allocation for Winter wheat in All Subareas
Winter wheat
ZhaoLingPu
ZiCheng
DaLuZhuang
XinJi
BaiTan
WangJianJing
WeiQiao
ShenXian
Figure type
Bar
Line
Pie
Step
3D Bar
3D Line
3D Step
Update
Save Figure
Save Data

(c)

图6-7

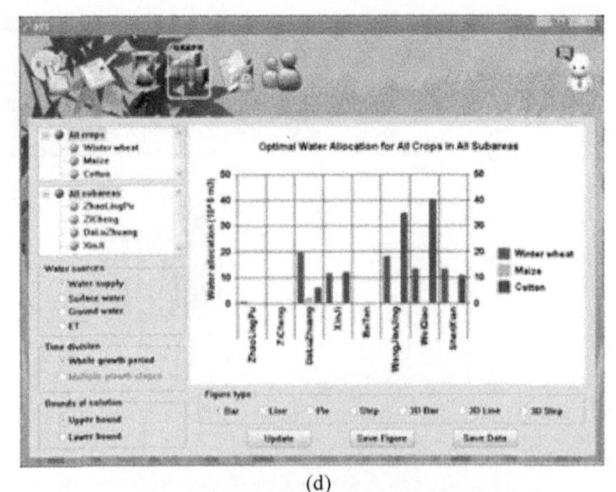

(d)

图 6-7　图形显示及图表输出界面

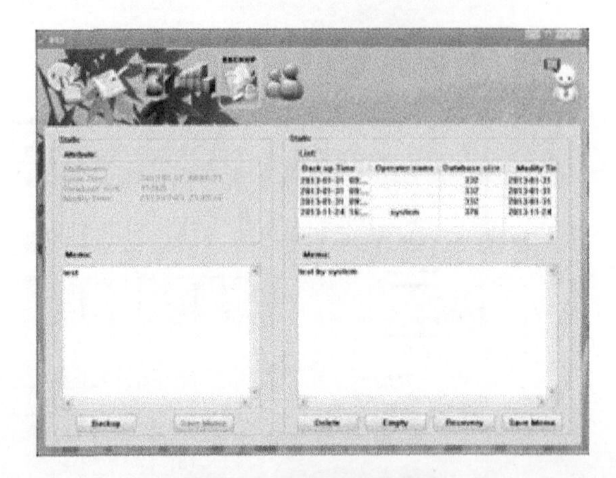

图 6-8　数据库管理界面

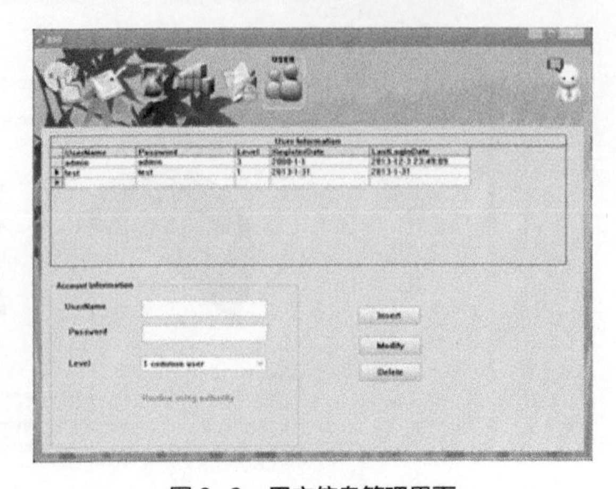

图 6-9　用户信息管理界面

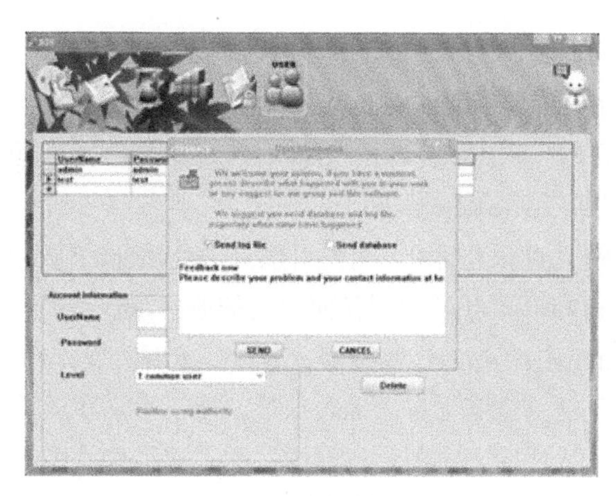

图6-10　系统信息反馈界面

（1）登录模块

软件安装完毕后，点击 FDSSFIS 图标，程序启动，显示用户交互界面如图 6-2 所示。在此界面，用户可以根据自己的需要选择灌区，同时输入正确的用户名和密码。如果正确登录后，系统将根据所选择的灌区，自动加载该灌区的基础数据；同时系统会根据用户名判断用户级别；然后根据用户级别显示相应的功能接口。

（2）数据输入模块

用户登录后，系统按照用户选择的灌区，自动加载当地的农作物生长、灌渠条件、农作物种植面积等参数。通过点击相应功能的按钮，可以查看和修改这些数据，如图 6-5 所示。图 6-5（a）为农作物生长参数设置界面，可以自定义农作物名称及生长阶段的参数；图 6-5（b）为分区设置界面，可以设置分区的大小、分区上的水资源可用量和各种农作物和种植面积；图 6-5（c）为地表水参数设置界面，可以设置农作物可以用地表水灌溉的生育阶段及地表水可用量；图 6-5（d）为降水参数设置界面，可以输入和修改分区多年以来的逐月有效降水量。另外，界面中还有“Update”按钮，可实现界面中的数据存储，其数据库为 Microsoft Access Database。

（3）模型求解模块

模型数据设置完成后，用户点击“Solve”按钮将出现模型设置界面，如图 6-6 所示。用户可以选择需要的系统目标及所需要的约束条件。例如，系统目标选择“maximum economic gross profit”，约束条件勾选除“Fairness constraint”以外的其他约束条件，模型求解将为实现最大的经济效益而忽略地区间的公平性。另外，模型还提供了两种求解模型的方法：一种为软件内部求解；另一种为调用 Lingo 求解。当模型求解的速度比较慢，或者无可行解时，用户还可以打开模型源文件，自行查找有问题的语句及修改源代码。

（4）结果展示模块

模型的解得到后，用户可以点击“Graph”按钮，生成解的图形报告，如图 6-7 所示。用户可以按照自己的偏好，选择输出数据的范围及图形样式。可选的范围包括农作物类型、分区、水源、农作物生长阶段和图形类型等。水源包括总灌溉水量、地表水量、地下水量和蒸散发等；图形类型包括柱状图、线性图、饼图、三维线性图、三维柱状图等。显示的图形可以通过点击“Save Figure”按钮保存图形，同时数据也可以通过点击“Save Data”导出求解方案的相关数据。

（5）数据库管理模块

对于数据库管理员，单击“Backup”按钮可进入数据库管理界面，如图 6-8 所示。数据库管理员可以保存当前的数据库或删除数据库备份文件，同时可对数据库文件添加文字方面的备注。当数据发生错误时，数据库管理员可通过“Recovery”按钮从之前备份过的数据库文件恢复数据。

（6）用户信息管理模块

对用户信息管理员，可在图 6-9 所示的用户信息管理界面上，对所有账户进行管理操作，如新建用户、修改用户级别、修改密码、查看用户的注册时间和上次登录时间等。

（7）反馈模块

此外，该软件还提供了反馈功能，如图 6-10 所示。用户在软件发生错误，或有意见和建议时，可以通过反馈界面，与系统维护人员联系；同时也可以上传当前的数据库及操作日志以便参考。

6.1.3 应用实例

该系统可以应用于国内大部分渠区的水资源优化管理。本节以石津灌区为例，说明通用性灌区水资源优化决策支持系统的应用对水资源的优化配置应用。冬小麦、玉米和棉花三种农作物的优化水量分配如图 6-11 所示。由于棉花种植面积小，分配给棉花的水资源量很少；在玉米生长期，降水非常充足，所以分配给玉米的水资源量也不多；分配给冬小麦的水是最多的，占水资源的绝大多数。比较子区的用水量，发现子区 3 需要最多的冬小麦和玉米灌溉水量，棉花除子区 4，基本无需再提供额外灌溉水。地表水主要供给冬小麦，少部分供给玉米；地下水则作为辅助灌溉用水，对所有农作物都适量灌溉。

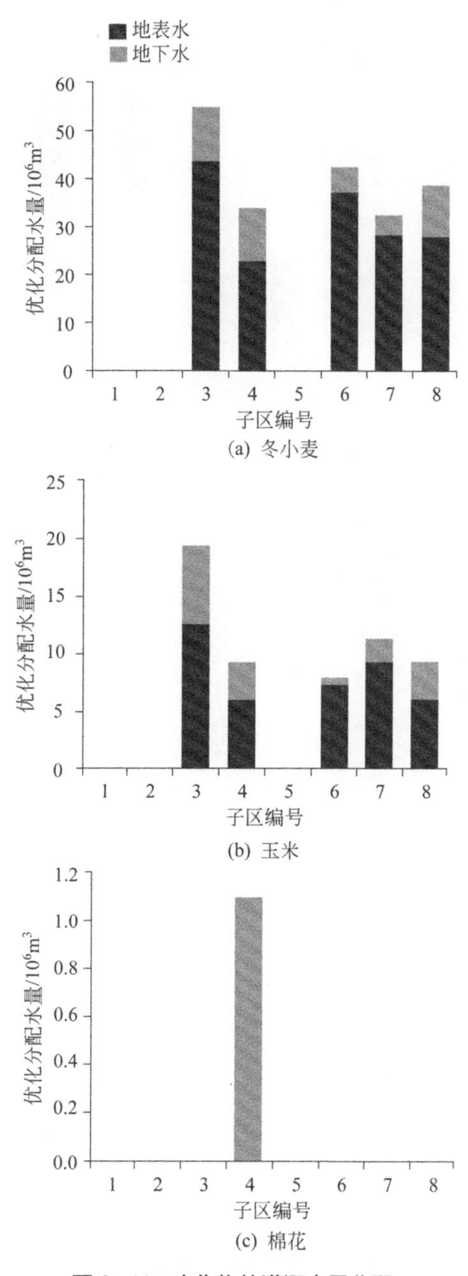

图 6-11 农作物的灌溉水量分配

以子区 4 为例，其农作物的生育阶段内的灌溉水量分配如图 6-12 所示。对冬小麦和玉米来说，在地表水和地下水的联合灌溉下，这两种农作物能够很好地灌溉。其中玉米需要灌溉的时期是抽雄期和成熟期，棉花需要灌溉的时期是蕾期。

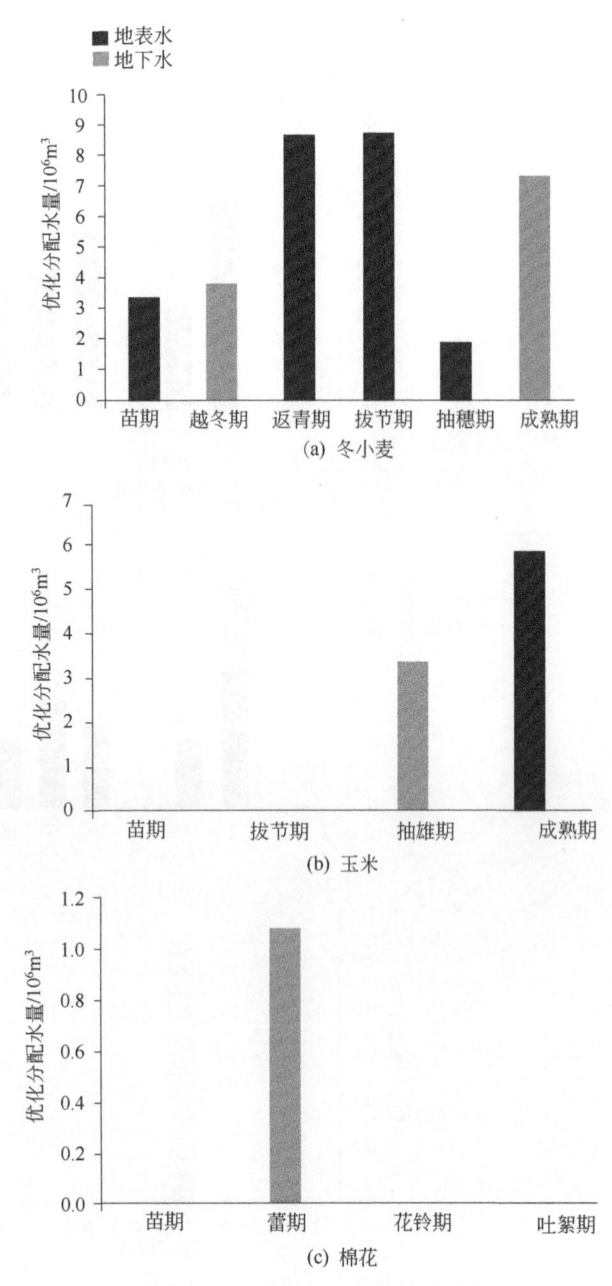

图 6-12 农作物的生育阶段内的灌溉水量分配（子区 4）

同时，求解方案中也给出了 *ET* 的区间范围，如图 6-13 所示。各子区冬小麦的 *ET* 值基本变化不大，平均值为 450mm。玉米除了子区 2 外，其余区间范围宽度变化不大。子区 2 和子区 5 由于玉米的种植面积很小，因此可以忽略，其余区间的 *ET* 值保持在 350mm 左右。棉花在子区 1、子区 2、子区 5 没有种植，故其子区上 *ET* 值为 0，其余子区棉花 *ET* 值也保持在 350mm 左右。

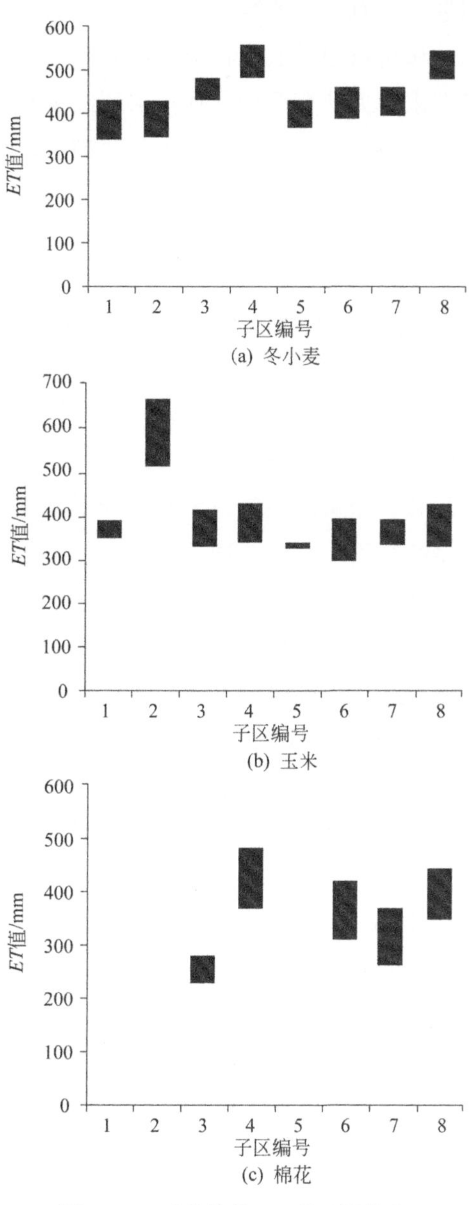

图 6-13 农作物的 *ET* 值区间范围

在这个实例应用中，通用性灌区水资源优化决策支持系统被用来优化当地的农作物水资源，可得到详细的时空的水资源优化配置解。根据这个解，我们可以更好地在各子区对各农作物各生育阶段内分配地表水及地下水量，为当地的管理部门提供更详细、更精确的指导。本节针对农业灌溉水利用规划和管理开发了一种通用的灌溉调度决策支持系统。该系统基于模糊区间划，具有灵活的数据结构、灵活的模型求解过程和灵活的图表显示。数据结构可以根据农作物类型和分区修改；模型可以按照用户的需求选择；模型求解方法有两种选择；求解结果有多种图表形式。由于该系统具有通用性的特点，很容易移植到其他灌区，在确定其数据结构和模型后便可对当地的水资源进行优化配置。

6.2 基于排队论的灌溉优化管理决策支持系统

目前，我国许多灌区都是在以往灌溉管理经验的基础上，制定灌溉渠系管理计划。由于配水方案缺乏合理性，一些低流量的渠道可能会由于长期蓄水，导致整个渠道系统效率低。为了合理安排渠系运行调度计划，实现更高的系统利用率，有必要开发渠系灌溉配水决策支持系统。

目前已经建立了多个灌区灌溉配水优化模型，并应用于各灌区。例如，Suryavanshi 和 Reddy (1986)以最小化灌溉分配的建设成本为目标，开发了0-1 线性规划模型。Wang (1995)提出了灌溉渠流量优化调度的 0-1 规划模型。Calderon 等(2016)提出了一种基于实时数据的辨识过程的动态模型，该模型以实现灌溉渠系水量分配的有效控制、提高运行效率、减少水量损失为目标。Bolea 和 Vicentç (2016) 开发的优化模型考虑了水分配延迟估计和电厂参数变化的不确定性。上述模型主要是优化流量调节和降低闸门的运行频率。这些模型的一个主要缺陷是没有考虑地下水对作物的影响，限制了模型在以地表水和地下水为主要水源的井渠结合灌区的应用。

地下水与地表水联合灌溉是我国大部分灌区的主要灌溉方式。地下水作为一种重要的灌溉水资源，应纳入农业水资源管理(Wu et al., 2016)。为了准确地优化灌溉水量分配，近几十年来发展了许多考虑利用地下水的模型。例如，Tabari 和 Mari (2016)提出了一个基于 Manning 方程的模型，用于灌溉水传输网络中损失最小的渠段优化设计。模型中考虑了地下水位的变化，以提供准确的渠道渗漏损失量。Komakecha 和 Mula (2011)在基于水文、水力和社会学评估的新兴喷灌系统中分配和管理水资源。他们提出，地下水和地表水的联合利用可以最大限度地减少物理干扰，提高灌溉系统的效率。Kilic 和 Anac (2010)开发了一个多目标规划模型，以实现经济效益、社会效益和环境效益，并将其应用于土耳其 Gediz 河下游 Menemen 左岸灌溉系统。利用上述模型，决策者和利益相关者可以通过配置有限的水资源达到增加总灌溉面积和减少水损失的目的。然而，这些模型并没有考虑地下水利用的不确定性，而是将地下水量视为一个最优模型常数，无法真实地反映地下水利用变化对农业灌溉的影响(Li et al., 2014)。

在灌区配水管理模型中，必须考虑地下水利用的不确定性。事实上，由于大多数灌区存在地下水灌溉的行为，地下水如何规划管理对决策者或利益相关者来说非常重要。此外，在制定和实施与地下水分配有关的详细灌溉方案时，灌区管理者也面临着诸多困难。

由于地下水井在空间上的离散分布和地下水利用在时间上的随机分布，地下水实际灌溉总面积随灌溉等待时间的延长呈增加趋势。在等待地表水灌溉的初期，地下水灌溉面积增长较快，但在后期，由于地下水有限的有效性，灌溉总面积有限，因此相应面积逐渐减少。针对这一现象，可以采用排队论来描述地下水随时间的效用分布。目前，将排队论与地下水灌溉相结合的研究较少。Batabyal (1996) 首次应用排队论从长期角度对地下水管理问题进行建模。然而，所提出的模型是基于 M/M/1 和 M/G/1 队列的，因此非常简单。第一个字母 M 表示输入是泊松过程，用户的到达时间依赖于负指数分布；第二个字母 M 和 G 分别表示输入是泊松过程，服务提供者的供应时间依赖于负指数分布或一般分布；第三个数字 1 表示系统中只有一个服务提供商。总之，将排队论与农业灌溉渠优化相结合的研究还很少。

此外，还开发了各种灌溉水优化管理软件/决策支持系统（DSS），如基于地理信息系统的 DSS(Urrestarazu et al., 2012)、基于“植物-土壤-大气”模型的 DSS (Styczen et al., 2010)，以及基于 WEBGIS 的决策支持系统(Chen et al., 2009)、减少运河供应缺口的决策支持系统(Rao et al., 2009)、侧重于农业非点源污染的决策支持系统(Li et al., 2014)、基于不确定可用水的决策支持系统(Yang et al., 2017)。灌溉水管理决策支持系统越来越受到人们的重视。然而，将排队论与决策支持系统相结合应用于灌溉渠系地下水管理中的研究还很缺乏。

本节将发展一个基于排队论的灌溉水量分配模型。该模型将在中国石津灌区推广应用。在此基础上，设计了石津灌区灌溉优化管理决策支持系统 IOMSD。

6.2.1 模型

6.2.1.1 系统目标

灌溉时间的长短直接决定了农业灌溉的管理和用电成本，渠系蓄水时间越长，灌溉水渗漏量越大。为了保证足够的灌溉水量，需要大量的供水，这就导致了电力成本的增加。因此，以最短的输水时间为首要目标。

$$\min f_1 = \max\left(Te_i\right) \tag{6-15}$$

式中，f_1 为第一目标函数，所有渠道的最后灌溉结束时间表示整个灌溉系统的灌溉结束时间，d；i 是主渠道或干渠的编号；Te_i 是渠道灌溉的结束时间，d。

为了使灌溉系统更易于管理，降低解决的难度，Te_i 被视为整数。换句话说，在整个灌溉过程中每天的灌溉条件是恒定的。由于 Te_i 离散分布的特性，最优结果可能出现多个方案。尽管这些方案的灌溉目标相同，每个方案的灌溉水损失可能是不平等的。因此，第二目标函数的定义如下：

$$\min f_2 = \sum_{i=1}^{I}\sum_{t=1}^{T}\left(Qa'_{it} + Qb'_{it}\right) \tag{6-16}$$

式中，f_2 是第二目标函数，表示灌溉期间灌溉水的损失，m^3；t 是灌溉时间，d；I 是渠道数量；T 是灌溉历时，其值为 $\max\left(Te_i\right)$，d；Qa'_{it} 是主干渠 a_i 在时间 t 时的流量损失，m^3/s；Qb'_i 是干渠 b_i 的流量损失，m^3/s。

当求解模型时，首先求解目标 f_1 确定最小灌溉天数，那么求解目标 f_2 确定具体灌溉水量和周期。

6.2.1.2 模型约束

目标函数受灌溉水量、流速、灌溉时间等因素的限制。

（1）地表水可用水量约束

总分配水量不应超过灌溉期内的可用水量。由于所有的灌溉水量都要经过主干渠的第一部分(a_1)，因此，终端的流量和渗漏量仅按实际水量计算。

$$\sum_{t=1}^{T} 86400\left(Qa_{1t} + Qa'_{1t}\right) \leqslant Ws \tag{6-17}$$

式中，Qa_{1t} 为 t 日主干渠 a_1 末端流量，m^3/s；Qa'_{1t} 为 t 日主干渠 a_1 输水损失，m^3/s；Ws 为引水灌溉的最大水量，m^3。

假设所有渠道衬砌结构相同，输水损失可表示为（Buras，1972）：

$$Qa'_{it} = \frac{ALa_i Qa_{it}^{1-m}}{100} \quad \forall i,t \tag{6-18}$$

式中，A 为河床渗透系数；m 为河床土的渗透系数；La_i 是主干渠 a_i 的长度，km。

主干渠和干渠交叉点的流量和损失应保持流量平衡。数学公式如下：

$$Qa_{it} = \begin{cases} Qa_{i+1\,t} + Qa'_{i+1\,t} + Qb_{it} + Qb'_{it} & \left(i < I_{\max}\right) \\ Qb_{it} + Qb'_{it} & \left(i = I_{\max}\right) \end{cases} \quad \forall i,t \tag{6-19}$$

式中，Qb_{it} 为 t 日干渠末端流量，m^3/s。

为了避免主干渠频繁改变流量，降低管理成本，在主干渠运行时流量将保持恒定的工作强度。因此，在以下关于干渠流量的公式中进行了介绍。

$$Qb_{it} = \begin{cases} Q_i & Ts_i \leqslant t \leqslant Te_i \\ 0 & \text{其他} \end{cases} \quad \forall i \tag{6-20}$$

式中，Ts_i 为干渠 b_i 灌溉开始时间，d；Q_i 为干渠 b_i 运行时干渠 b_i 末端的流量，m^3/s。

干渠运输损失可表示为:

$$Qb'_{it} = \frac{ALb_i Qb_{it}^{1-m}}{100} \quad \forall i \tag{6-21}$$

式中，Lb_i 为干渠 b_i 长度，km。

（2）输水能力限制

主渠各部分水头流量不得超过设计流量的 1.2 倍。

$$Qa_{it} + Qa'_{it} \leqslant 1.2Qag_i \quad \forall i,t \tag{6-22}$$

式中，Qag_i 为主干渠 a_i 设计流量，m^3/s。

相似的是，各干渠的罐头区流量应在一定范围内，这个范围是设计流的 0.8～1.2 倍。

$$Qb_{it} + Qb'_{it} \geqslant 0.8Qbg_i \quad \forall i,t \tag{6-23}$$

$$Qb_{it} + Qb'_{it} \leqslant 1.2Qbg_i \quad \forall i,t \tag{6-24}$$

式中，Qbg_i 为干渠 b_i 设计流量，m^3/s。

（3）分区灌溉水量约束

分区灌溉水源包括地表水和地下水，分区总灌溉水量应满足一定分区的设计灌溉水量。

$$\sum_{t=0}^{Te} 86400\eta_a Qb_{it} + 10Ar_i P_{it}^{\pm} \geqslant \left(Ar_i - Arg_i\right) M \quad \forall i \tag{6-25}$$

式中，η_a 为干渠灌溉效率；Ar_i 为研究分区 c_i 的总灌溉面积，hm^2；$P_{it}^{\pm}$ 为第 t 天分区 c_i 的有效降雨强度，mm。

（4）地下水可用性约束

用于灌溉的地下水不应超过地下水允许的抽水量。

$$Arg_i M \leqslant \eta_b Wg_i \quad \forall i \tag{6-26}$$

式中，Arg_i 为分区 c_i 内地下水灌溉面积，hm^2；M 为研究作物的灌溉定额，m^3/hm^2；η_b 为地下水利用效率；Wg_i 为分区 c_i 地下水可采量，m^3。

（5）灌溉面积约束

地表水灌溉和地下水灌溉是两种灌溉方法。其中，地表水的灌溉作用是整个灌区的统一规划，而地下水的灌溉作用是农民的自主活动。整个灌区地下水井分布离散，导致灌水时间和灌水量无法科学管理。在作物生长的关键时期，当长期得不到地表水灌溉时农民将选择地下水。换句话说，地下水灌溉面积与灌溉期的等待时间之间存在一定的关系。Yang(2016)提出了一个基于排队论的模型，涉及 M/M/C 队列，用于地下水和地表水的结合使用。第三个字母 C 表示有限的服务提供商。地下水灌溉面积随时间的变化近似服从泊松分布，其关系可表示为：

$$F\left(\frac{\lambda_i}{Arg_i} Ts_i\right) \leqslant 1 - P_r \quad \forall i \tag{6-27}$$

式中，F 为地下水灌溉队列的概率分布函数，其影响参数包括 $A_r g_i$、λ_i 和 Ts_i；λ_i 为单位时间内增加的地下水灌溉面积的平均值；P_r 是地表水灌溉区域的设计可靠性。

（6）运河灌溉时间限制

对于某一渠道，灌水结束时间无疑大于开始时间。

$$Ts_i \leqslant Te_i \quad \forall i \tag{6-28}$$

（7）非负约束

决策变量是Qa_{it}、Qb_{it}、Ts_i和Te_i，这些变量应该是非负的。

$$Qa_{it} \geqslant 0 \quad \forall i,t \tag{6-29}$$

$$Qb_{it} \geqslant 0 \quad \forall i,t \tag{6-30}$$

$$Ts_i \geqslant 0 \quad \forall i \tag{6-31}$$

$$Te_i \geqslant 0 \quad \forall i \tag{6-32}$$

6.2.2 系统设计

该模型作为开发系统的核心模块，用于支持灌溉调度决策。在此基础上编制了数学求解的计算机程序，并开发了相应的软件。其核心算法为粒子群优化算法，具体代码见书后附录3。

6.2.2.1 结构

所开发的IOMSD结构如图6-14所示。系统主要由交互层、数据库层、程序层和模型层组成。

① 交互层设计主要有渠道系统信息输入、求解参数集和图表结果显示三个功能。所有的功能都可以通过软件界面上的按钮来操作。它们与其他层的通信可以通过操作数据库来实现。

② 数据库层由渠道系统信息数据库、求解程序数据库、最优灌溉方案数据库和地理信息系统(GIS)数据库四部分组成。数据库层的主要功能是在交互层和程序层之间传输数据信息。例如，运河系统信息数据库联系运河系统设置为最优灌溉方案解决计划,解决程序参数数据库联系解决参数设置为最优灌溉方案解决计划,最优灌溉方案数据库联系最优灌溉方案解决程序图表结果显示,数据库和GIS辅助图结果显示的链接。

③ 利用渠道系统信息数据库，设计程序层求解最优灌溉模型。求解程序的参数库直接影响程序的求解效率。该优化方案给出了灌区不同时间、不同渠道的详细配水方案。

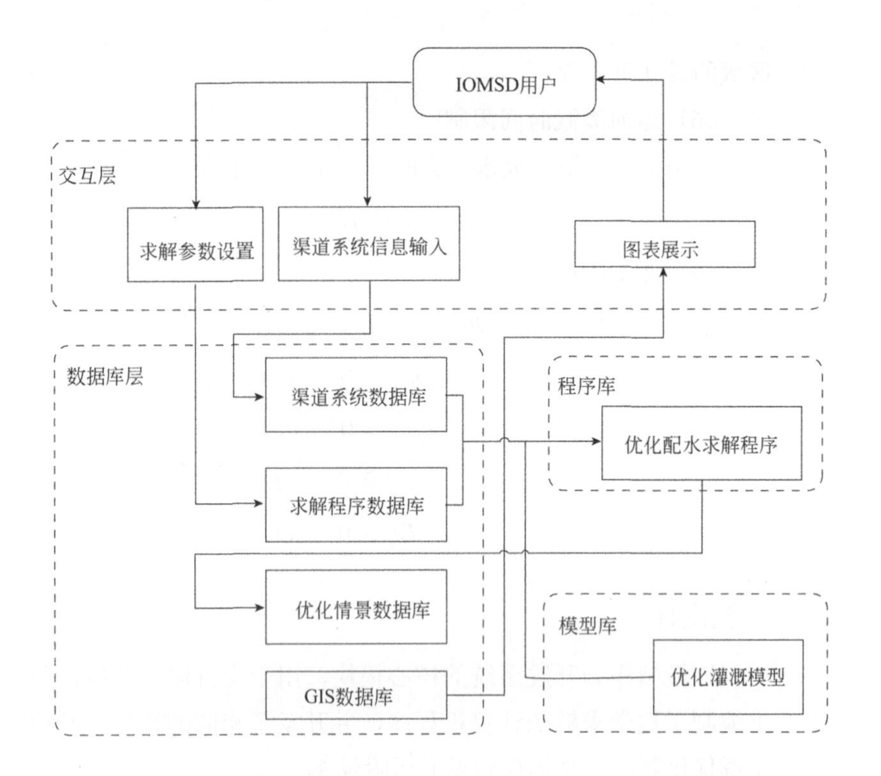

图6-14　IOMSD的结构

④ 模型层作为开发的 IOMSD 的核心，定义了系统的逻辑框架，直接决定了输入数据的形式和最优灌溉方案的解决方案。

如图 6-14 所示，交互层、数据库、程序库和模型库共同构成了所开发的 IOMSD。决策者可以通过运行 IOMSD 获得详细的水分配方案。

6.2.2.2　软件模块

根据优化模型和系统框架，利用 Visual C++ 6.0 开发了 IOMSD。采用粒子群算法求解优化模型。本系统主要包括数据输入模块、模型求解模块、结果展示模块几个模块。

(1) 数据输入模块

系统启动后，决策者输入实际基础数据，如河道长度、流量、灌区、雨量等(见图 6-15)，系统将这些数据存入数据库，以备后续求解。

(2) 模型求解模块

模型数据集完成后，点击“求解模型”按钮，模型建立界面如图 6-16 所示。由于采用粒子群算法求解模型，所以在该界面中需要设置粒子群算法的参数。点击“求解”按钮，圆形进度条将实时显示求解进度。求解结束后，界面出现“求解结束”，最优解存储在数据库中。如果需要恢复默认参数，只需点击“默认”按钮。

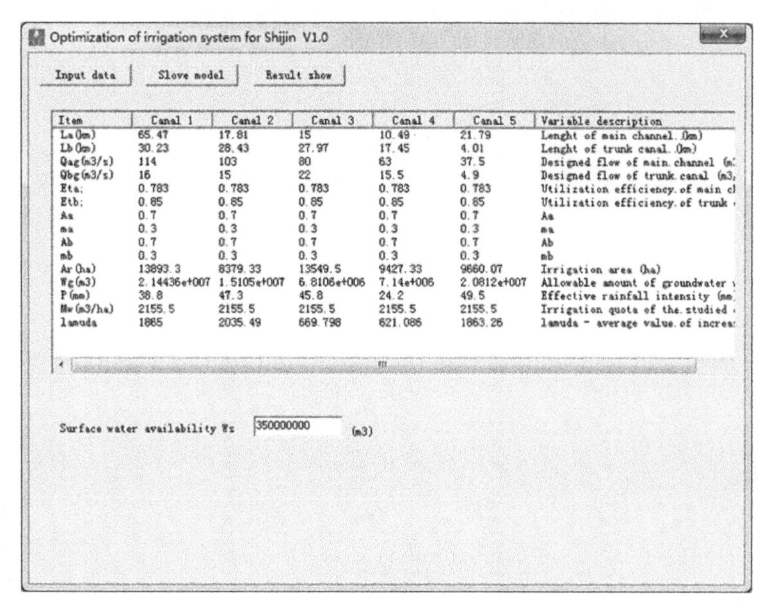

图 6-15 数据输入界面

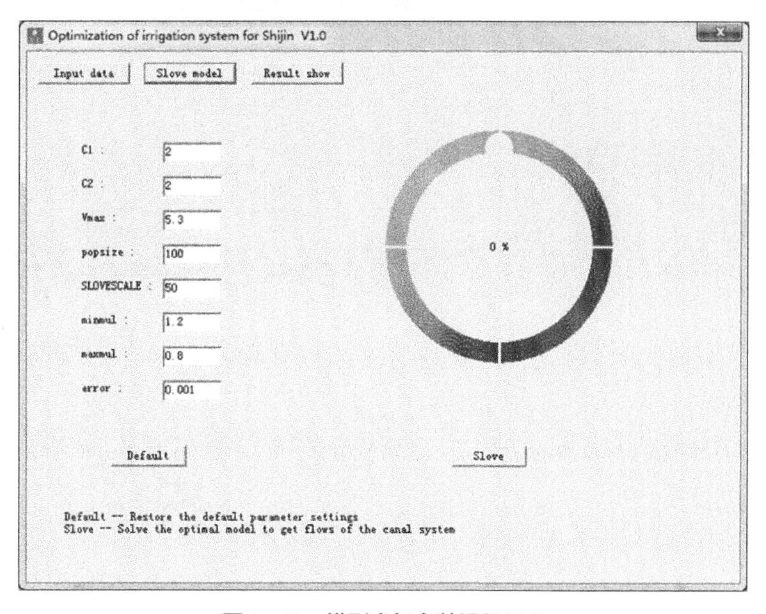

图 6-16 模型求解参数设置界面

（3）结果展示模块

得到最优解后，用户可点击“Result show”按钮，各渠道及每日的最优流量和损失流量以表格形式显示，如图 6-17 所示。点击“地图显示”，相应的解将在地形图中动态显示，如图 6-18 所示。

Optimization of irrigation system for Shijin V1.0

Input data | Slove model | Result show | Map show

Qa | Qa' | Qb | Qb'

Day	Canal 1	Canal 2	Canal 3	Canal 4	Canal 5
1	15.556	0	0	0	0
2	15.556	0	0	0	0
3	15.556	0	0	0	0
4	15.556	0	0	0	0
5	15.556	0	0	0	0
6	21.438	5.4723	5.1419	4.918	4.4821
7	21.438	5.4723	5.1419	4.918	4.4821
8	21.438	5.4723	5.1419	4.918	4.4821
9	21.438	5.4723	5.1419	4.918	4.4821
10	21.438	5.4723	5.1419	4.918	4.4821
11	21.438	5.4723	5.1419	4.918	4.4821
12	21.438	5.4723	5.1419	4.918	4.4821
13	21.438	5.4723	5.1419	4.918	4.4821
14	21.438	5.4723	5.1419	4.918	4.4821
15	36.491	19.923	19.095	18.528	4.4821
16	36.491	19.923	19.095	18.528	4.4821
17	36.491	19.923	19.095	18.528	4.4821
18	36.491	19.923	19.095	18.528	4.4821
19	57.272	40.066	38.708	18.528	4.4821
20	57.272	40.066	38.708	18.528	4.4821
21	57.272	40.066	38.708	18.528	4.4821
22	57.272	40.066	38.708	18.528	4.4821
23	57.272	40.066	38.708	18.528	4.4821
24	57.272	40.066	38.708	18.528	4.4821
25	57.272	40.066	38.708	18.528	4.4821
26	57.272	40.066	38.708	18.528	4.4821

Qa [m3/s] -- Terminal flow of general main canal
Qa' [m3/s] -- Terminal flow loss of general main canal
Qb [m3/s] -- Terminal flow of trunk canal
Qa' [m3/s] -- Terminal flow loss trunk canal

图 6-17 优化数据表格界面

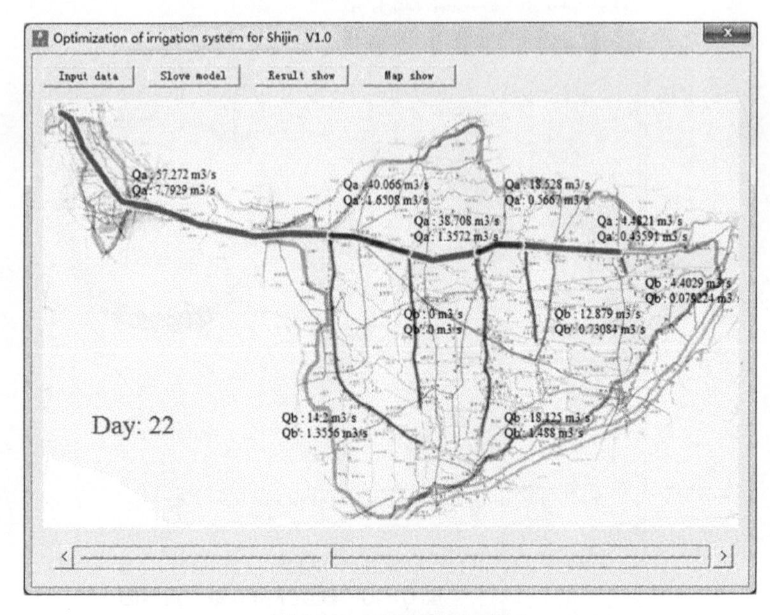

图 6-18 动态展示界面

6.2.3 应用实例

石津灌区位于中国河北省。设计灌溉面积约 $1.67\times10^5\text{hm}^2$。灌溉地表水来自黄壁庄水库和岗南水库，通过灌溉渠系，地下水依靠地下水井。灌区共有5个主灌区，占整个灌溉渠系灌溉面积的99%以上，因此将这5个主灌区作为研究区。灌溉渠的分布如图6-19（a）所示，地表水流自西向东。灌区集中在干渠南部。管系结构为树枝状形态，包括主干道、分支管、侧管等较细的管系。为了简化优化模型，只考虑了主渠道和干渠。主要渠道和干渠的分布如图6-19（b）所示。地表水流经主干渠(a_1, a_2, a_3, a_4, a_5)，然后流经干渠(b_1, b_2, b_3, b_4, b_5),并分配到每个子区(c_1, c_2, c_3, c_4, c_5)，如图6-19（c）所示。

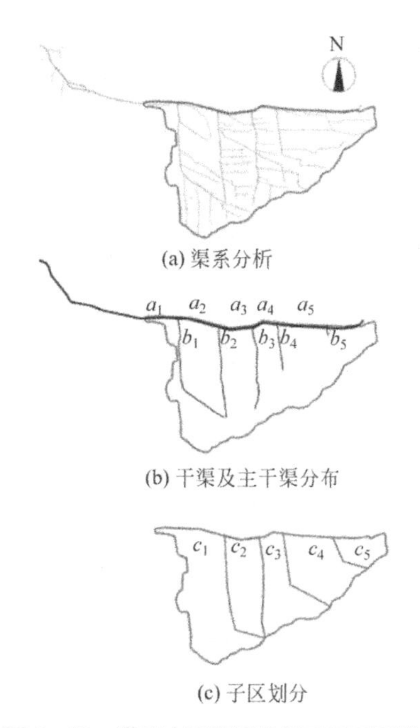

(a) 渠系分析

(b) 干渠及主干渠分布

(c) 子区划分

图6-19 灌区主要渠系分析及子区划分

通过IOMSD系统，可获得水资源优化分配策略。干渠末端最优流量如图6-20所示（彩图见书后）。由图可知，干渠从第1天开始降水，持续27d，其中供水强度达到 $14.200\text{m}^3/\text{s}$。从图6-19（b）可以看出，干渠是距离渠头最近的，也就是说，灌溉水从渠头分配到分区的长度最短，从而使其失水最小，地表水资源利用效率最高。采用地表水灌溉该分区具有明显的优越性，其优化结果表明该分区仅采用地表水灌溉。干渠 b_2 灌溉面积(c_2=8379hm^2)小于 c_1、c_3

和 c_4，但输水能力不低，达到 15m^3/s。在整个灌溉期间有足够的时间进行灌溉。因此，该分区 c_2 可在第 19 天至第 36 天进行灌溉。干渠 b_3 和 b_4 的灌溉条件和干渠 b_2 的灌溉条件相似，从开始灌溉的那一天起过几天就开始灌溉。干渠 b_2、b_3 和 b_4 在 36d 完成灌溉。相比之下，干渠相对独特。灌溉周期开始于第 6 天，结束于第 54 天。原因是干渠供水强度最小(4.4m^3/s)，需要较长的灌溉时间才能满足用水需求。

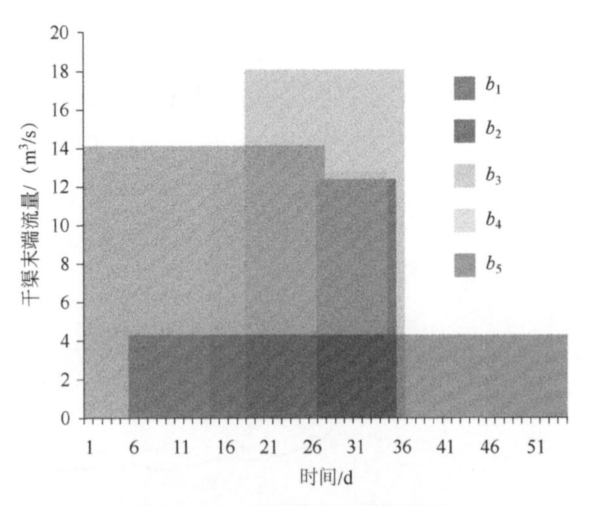

图 6-20　干渠末端的优化流量

如图 6-20 所示，5 条干渠的主要工作时间为前 36d。第 37 天开始，当该系统仅采用干渠 b_5 灌溉时利用效率特别低。因此，如果干渠灌溉时间可调，例如在第 36 天完成灌溉，则整个系统的灌溉效率将显著提高。一种可行的方法是通过扩孔来改造干渠 b_5，减少渗漏损失；另一种可行的方法是在分区 c_5 内减少高耗水作物的耕地面积，这样可以使低耗水作物的种植比例相对增加，进而降低需水量。

为了研究干渠流量对主河道的影响，绘制了流量与时间的关系图，如图 6-21 所示。由于所有干渠的流量变化同时影响着运河的水头 a_0 和干渠的终端 a_1，所以这两个检查点的流量变化较大。对于渠首，灌溉水洪峰出现在第 27 天，流量为 80.348m^3/s，这个洪峰仅持续 1d。灌水较低的时期为第 37～54 天，流量为 7.466m^3/s，持续 18d。终端流量 a_0 的变化趋势与主河道 a_1 的流量变化趋势相似。峰值出现在第 27 天，流量为 71.266m^3/s，仅持续 1d。主干渠 a_2 末端的峰值出现在第 27～34 天，流量为 53.684m^3/s。主河道 a_3 末端的峰值出现在第 19～34 天，流量为 38.708m^3/s。主河道 a_4 末端的峰值出现在第

15～34 天，流量为 18.528m³/s。主干渠 a_5 末端流量稳定，流量为 4.482m³/s。通过对这些结果的比较，得出了下游主要渠道灌溉分区较少，渠道流量变化较为平缓的结论。相反，运河上游水流变化较为复杂，洪峰流量也较大。

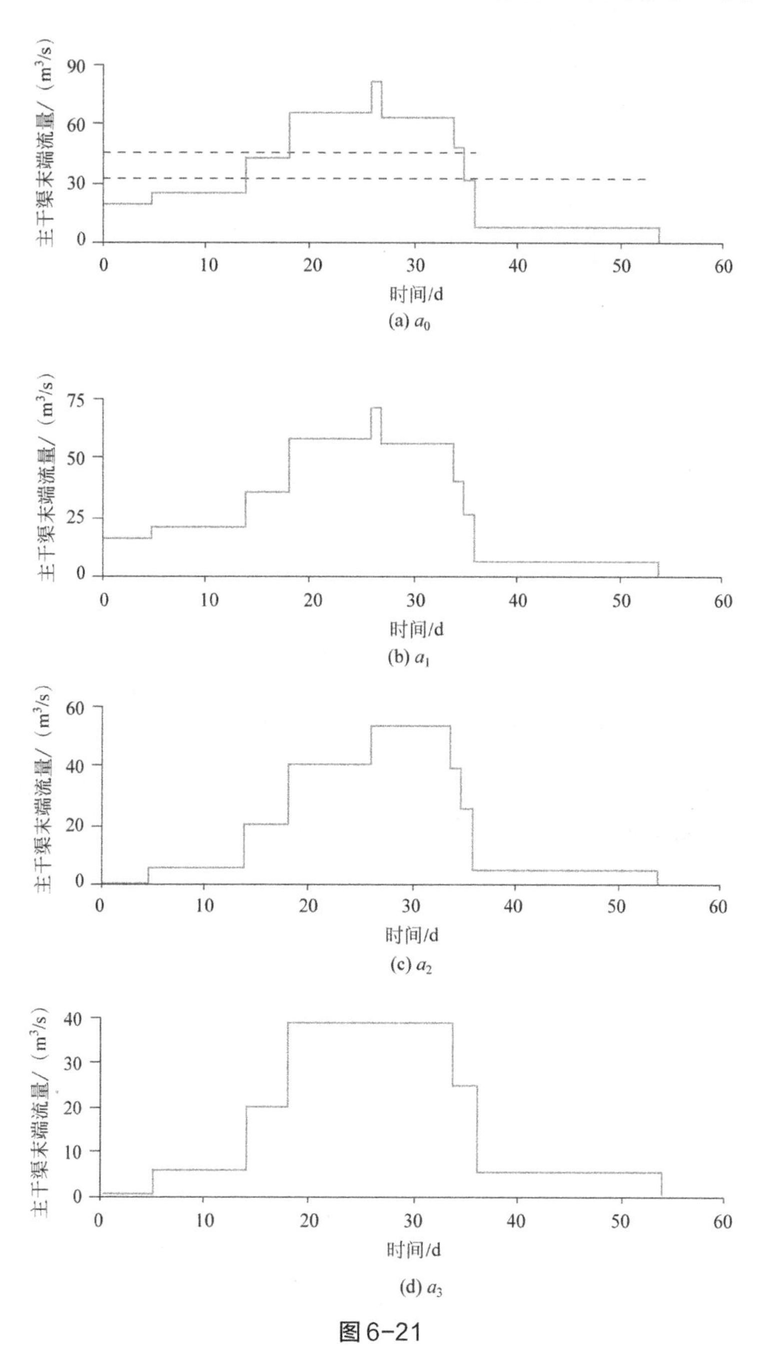

图6-21

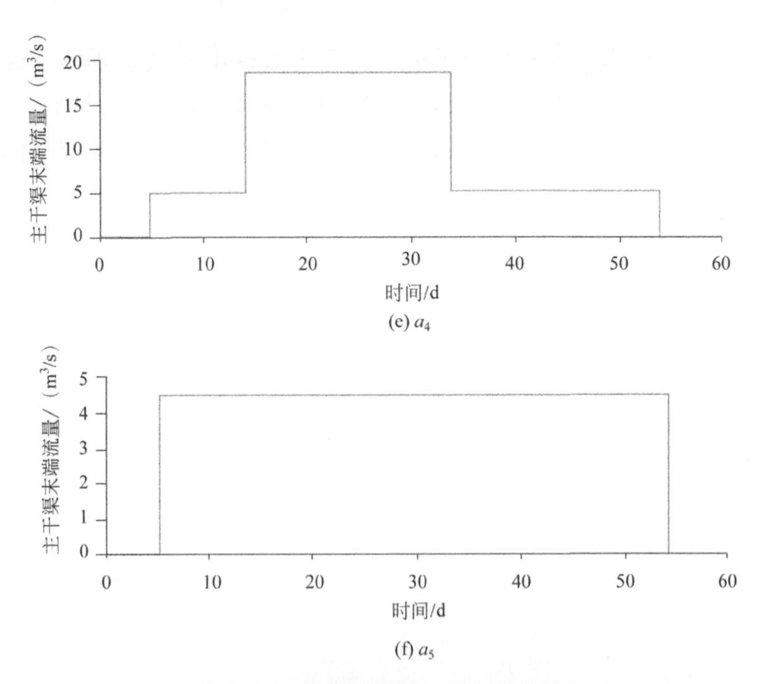

图 6-21　各渠系流量与时间对应关系

如图 6-21 所示为层次聚类分析树状图。从图 6-21 可以看出，干渠的调整频率更高，从开始到结束需要调整 10 次。高频操作加重了工人的工作强度，这不利于灌溉系统的管理，这可能导致主干渠的流量发生显著变化（参见图 6-21 中 a_0 的变化）。使用引水的不对称系数（最大值除以平均值）来描述渠头流量的变化情况，则从第 1 天到第 36 天的引水的不对称系数为 1.793（80.348/44.817），第 1 天至第 54 天引水不对称系数为 2.482(80.348/32.366)。为了减少主干渠的人工调整时间，对 5 个干渠灌溉的开始时间和结束时间进行了层次聚类分析。使用平均联接树状图如图 6-22 所示。

根据树状图将时间段分为四组：第一组包括 b_2、b_3 和 b_4 的结束灌溉时间；第二组包括 b_1 的结束灌溉时间和 b_2 的开始灌溉时间；第三组包括 b_3 和 b_4 的开始灌溉时间；最后一组是 b_5 的结束灌溉时间。通过将灌溉期缩短为 36d，以提高整个系统的灌溉效率，从而改进了优化策略，第 36 天后，c_5 子区域仍需要灌溉。为了获得足够的水供应，鼓励地下水开发和种植配置，如种植更多低耗水作物。

改进后的干渠末端最优配水流量如图 6-23 所示（彩图见书后）。

从图 6-23 可以看出，干渠的调整仅为 4 次。主干渠 b_1 的灌溉时间保持不变。主干渠 b_2 的灌溉时间推迟了 1d。主干渠 b_3 开始灌溉的时间提前了

2d，其终端流量从 18.125m^3/s 变为 16.313m^3/s。主干渠 b_4 的灌溉时间推迟了 2d。主干渠 b_5 的灌溉时间从第 1 天开始，到第 36 天结束。除主干渠 b_1 在第 27 天结束外，所有主干渠都在第 36 天结束了灌溉。

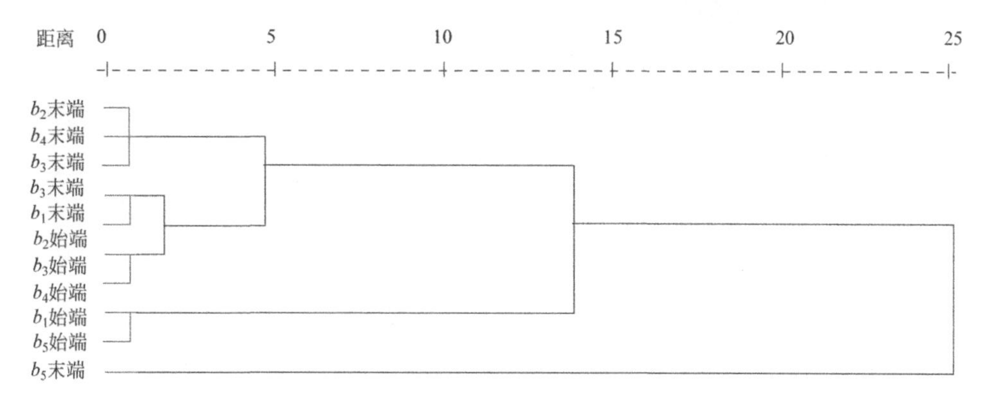

图 6-22 层次聚类分析树状图

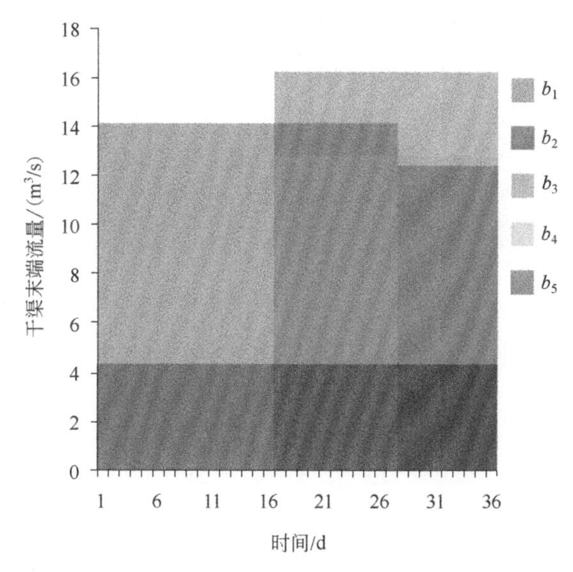

图 6-23 优化后的干渠流量分配

改进后的主干渠换流情况如图 6-24 所示。与图 6-21 相比，运河水头流量变化明显。变化只有两个范围，分别是 25.355m^3/s 和 62.210m^3/s±0.855m^3/s。流量变化少有利于运河的监测和管理。峰值从 80.348m^3/s 降低到 63.065m^3/s，不对称系数降到 1.375（63.065/45.877）。流量峰值的减小使得渠道有更大的引水空间以应对突发事件，使整个灌溉系统更加安全可靠。干渠有效利用率如图 6-25 所示，从图 6-25 可以看出，在灌溉期内干渠的利用率(干渠在整个灌溉期内的使用天数百分比)。结果表明，改进后的优化方案的干渠利用率提高了 8.3%（b_2）～25%（b_1）。提高干渠的利用率可以使管理更加集中和方便，从而提高系统的利用率。

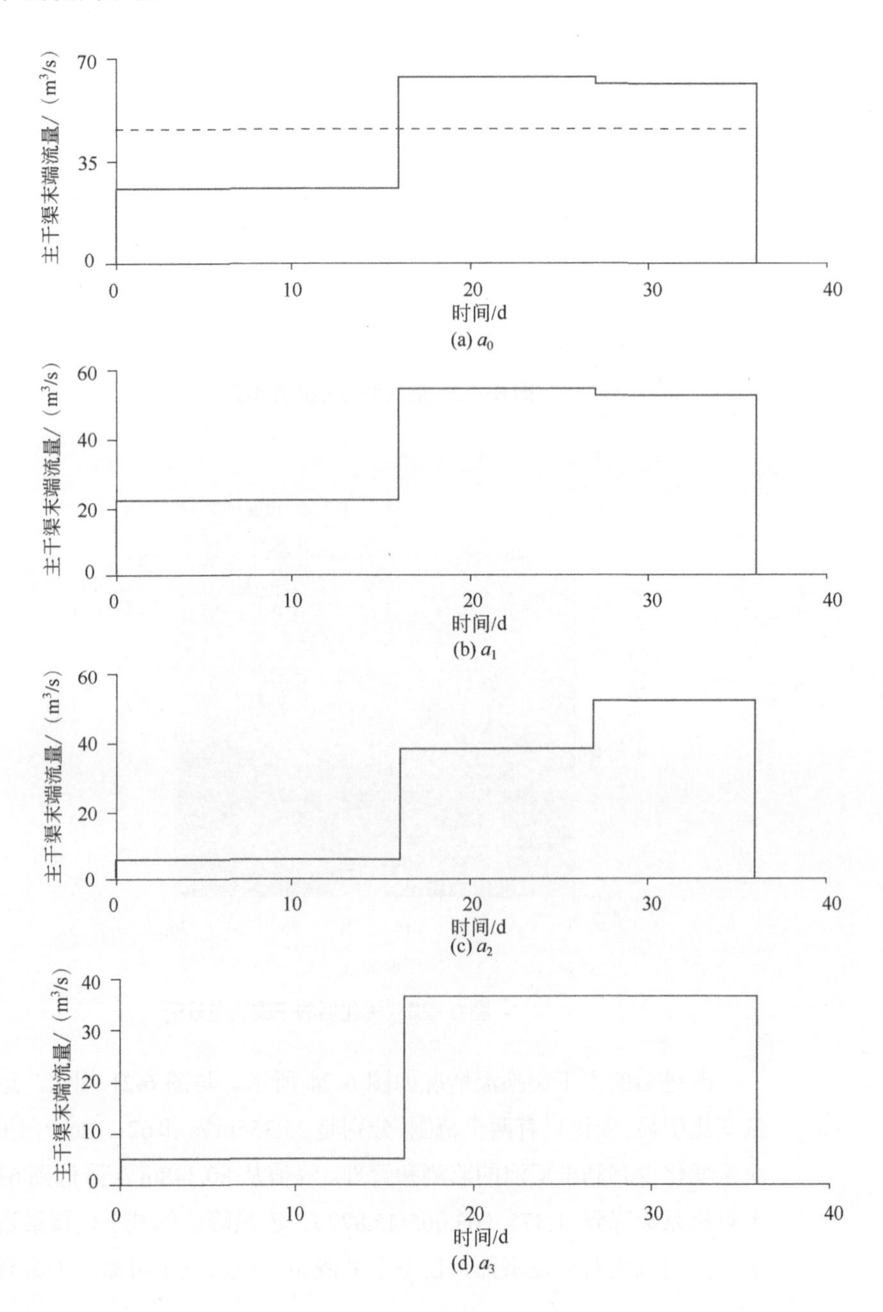

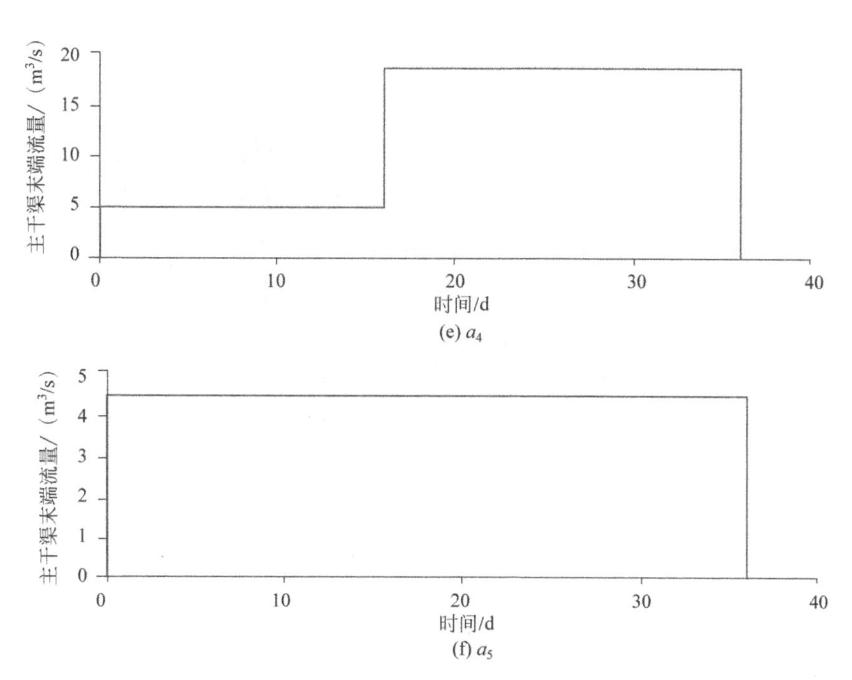

图 6-24　优化后的干渠流量与时间对应关系

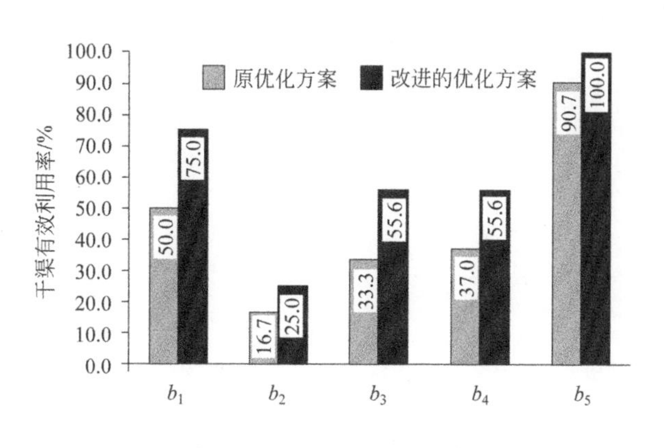

图 6-25　干渠有效利用率

改进方案的分区灌溉需水量减少 3.937×10^6 m^3。如果种植结构保持不变且不减少灌溉面积，则需要增加 126 口井，每口井的产水量为 42.5m^3/h。因为 c_5 分区远离水源，导致较高的灌溉成本。因此，建议种植更多的低消耗作物。

开发 IOMSD 的目的是支持农业灌溉系统的管理。以最小灌溉周期和最小流量泄漏损失为目标，建立了系统的核心优化模型，并综合排队理论描述了地下水的利用状况。所开发的 IOMSD 包括数据输入模块、模型求解模块和结果演示模块，操作简单。采用粒子群优化方法对优化模型进行求解，并利用 GIS 对优化结果进行显示。将开发的 IOMSD 应用于石津灌区渠道水优化配置问题。结果表明，37～54d 系统利用率特别低，仅干渠 b_5 独立灌溉。从第 1 天到第 36 天，主干渠的流量需要反复调整，从而导致主干渠流量的显著变化，主河道流量峰值偏大。因此，可以对优化结果进行改进。采用层次聚类分析方法，简化了干渠的操作，缩短了整个灌溉周期。改进后的优化方案更加简洁，干渠利用率更高(提高 8.3%～25%)。主渠道不对称系数降至 1.375，灌溉系统更加稳定高效。

第 7 章
结论与趋势分析

7.1　主要结论

考虑到水资源量的不确定性，本书以水资源为主要研究对象，对灌区水资源建立了模糊区间等多个不确定农业水资源优化模型。模型具有非线性的目标函数结构、区间和模糊的不确定性特点，能够处理多水源、多分区、多农作物、多农作物生长期的水资源优化问题。这些模型以实现当地农民的收入最大化为目标，同时考虑到水资源可用量、蒸散发量等约束。同时可在模型中加入公平性约束，以确保研究范围内各用水户的相对公平，避免出现离水源较近的用水户因水利用效率高而大量配水的现象。另外，模型中也可以考虑加入地表水优先配给约束，保证在灌溉期内优先利用地表水资源，让地下水资源仅作为补充水源，这样可保护地下水源，降低因地下水过度开采而造成一系列损失的风险。

考虑到灌区地下水的不确定性，本书以渠系为主要研究对象，建立了基于排队论的灌区渠系水灌溉管理模型。由于配水渠道的输水渗漏损失与输水的持续时间呈单调递增的关系，以最小灌溉历时作为模型目标，同时考虑到可用水量、渠系流量平衡、灌水时间、灌溉面积等约束条件。按照排队理论，建立灌溉时间与地下水灌溉面积的函数关系，并将其反映在子区灌溉面积约束当中。该模型能够反映灌区中运用地下水灌溉随时间变化的不确定性，适用于地下水取水井随机分布，地下水的抽取无需统一安排的灌区，且灌区为地下水地表水联合灌溉，而不是单纯的渠灌或井灌区。

同时，本书提供了农业灌溉水质评价模型和农业水资源与社会经济协调发展评价方法。农业灌溉水质评价结果可以作为水量分配的前提条件，也可以作为农业水资源评价指标之一。通过选取农业水资源评价指标和社会经济发展评价指标生成评价标准，按照区域协调发展的理念，基于主客观权重的综合权重，用于评价农业水资源与社会经济发展的协调度和协调发展度。

对于不同的模型，需要根据其形式采取不同的求解算法。本书在两步法的基础上，通过目标规划的方法，提出单步法的求解算法。该算法可以处理右手边高度不确定性的模型，避免两步法可能出现的非完整解或无意义解的情况。单步法的中间模型结构简单，易于设计程序，在模型合理的情况下可以得到完整的区间解。如果模型结构比较复杂、变量多、约束多，具有明显的非线性特点，可以采用粒子群优化算法。本书提供了自适应粒子群优化算法程序，用于解决基于排队论的灌区渠系水灌溉管理模型，其不易用常规的算法求解。

本书还介绍了两个基于模糊和区间的不确定性的灌区水资源优化配置决策支持系统，其中一个系统为通用性的工具，不限农作物，不限灌区，可以灵活地设计数据结构、模型结构、多种求解方式、多种结果显示；该系统易于移植到其他的灌区，只需按照实际情况补充灌区的农作物等数据参数即可，同时对于一些未知的不确定参数可以载入相似地区的推荐数据。另一个系统为基于排队论的灌溉优化决策支持系统，该方法以粒子群优化算法为核心，以最小灌溉周期和最小流量泄漏损失为目标，操作简单，可以很容易地处理灌区干渠灌溉水优化配置问题。

7.2 本书特色

本书针对灌区的水资源优化配置问题建立了基于模糊区间的灌区水资源优化模型。该模型首次将公平性约束引入模型，避免了在灌区范围内因过分追求整体的系统效益而忽视了个体利益间的公平问题。基于模糊区间的灌区水资源优化模型设计了单步法的求解算法。单步法的求解算法可以克服以往常用两步法的一个明显不足，即在模型右手边高度不确定性的条件可能会产生无完整解或无意义解的情况。

针对灌区的渠系管理问题建立了基于排队理论的灌区渠系水灌溉管理优化模型。该模型首次尝试性地将地下水排队现象的不确定性引入模型当中，并将最少灌溉历时作为模型的优化目标，这在以往的灌区优化模型当中是不常见的。对基于排队理论的灌区渠系水灌溉管理优化模型设计了自适应粒子群优化算法。该算法在常规粒子群优化算法的基础上，增加了线性递减函数确定惯性权重，并在可能陷入局部解的时候增加变异扰动；同时根据该算法编制了计算机求解程序。

开发了通用性的灌区水资源优化决策支持系统。该系统具有灵活的输入输出、数据结构等特点，可适用于国内大部分灌区，而无需像以往的决策支持系统那样具有地域的特殊性。

本书在传统种植结构规划模型的基础上，构建了基于对偶理论的多目标分式规划种植结构模型和基于模糊优选理论的模糊线性多目标种植结构规划模型，所建模型中考虑了种植结构规划中存在的灰色、模糊、随机、多目标等问题，为当地决策者提供了更好的决策支持。

7.3 主要存在问题

灌区的很多观测站在最近十几年间才建立完善，渠系和地下水井一直在改扩建、重建或者废弃，所以在所有子区上有很多的数据是不连续或者不完整的，例如一些新建站点的降水统计资料。当地农作物数据收集比较齐全的也只有当地大宗农作物，实现上还有一些地区种植特色农作物，但因种植面积比较小，数据未能统计全面。由于数据和资料不够充分，限制了优化模型的丰富程度。在以后的工作如果能够收集到连续且完整的详细数据，可以继续改进模型，使优化方案更实际、更精确。另外，还可进一步考虑作物需水敏感期与水库来水及防汛调度时间对模型的影响。

灌区优化模型的结果很大程度上依赖于参数的取值，其数据还需要进一步斟酌，并可对其进行敏感性分析。例如农作物收获时期的收购价格与系统收益有关，播种前的农作物收购价格会影响当季农作物的种植面积，农作物生长期的收购价格还可能影响到灌溉期间的水量分配，究竟选择哪个时期的经济数据作为参数输入还需要进一步的研究。

本书针对基于模糊区间的灌区水资源优化模型开发的单步法，虽然可以克服两步法由于模型右手边高度不确定性时可能发生无完整解或无意义解的情况，但由于单步法是在两步法的基础上采用目标规划等方法将两个子模型综合成一个模型，在计算机执行速率上会相对滞后。对于一些简单的模型求解，单步法与两步法执行效率相差不大，但在模型非常复杂的情况下程序执行速度会慢一些。而粒子群优化算法等方法在一些问题上性能并不是特别好，尤其是在农业系统优化模型约束过紧的条件下对初值的选择尤为重要；另外也比较容易早熟收敛，寻优精度不高。

从研究者的角度出发，决策支持系统的模型方面还需要继续丰富。考虑到多种参数的不确定性，模型之间尽可能保持相同的参数结构。但是从灌区管理者的角度出发，为便于该工具的推广，模型和数据结构需要尽可能简单，操作尽可能方便。因此，需要把握一个尺度，既让决策支持系统具有足够的准确性，又不能过于复杂，在这方面还需要做一些调查测试工作。

7.4 研究展望

农业水资源是一个错综复杂的系统，系统中农业水资源、能源和粮食之间存在复杂的反馈循环关系，即水-能源-粮食（WEF）纽带关系，这也是目前在该研究领域跨学科研究的一个重要方向。农业活动过程中必然需要投入能源和对水资源的消耗和转化，水资源的输送分配也离不开动力的支持，由于它们之间复杂的关系，以其中单一或两种对象作为核心的管理方式与理念已无法满足生命共同体协调持续健康发展的内在要求。尽管人们已经采取了一系列措施，但水、能源与粮食需求的增长趋势及其带来的资源危机问题并没有得到根本性的改善，只有充分认识 WEF 纽带关系，建立尽可能详细、真实的数学模型，才能够更完善地解决资源安全问题。

随着人口增长、气候变化、能源枯竭，诸如黄河流域等地的农业用水安全、能源安全和粮食安全问题已成为国内三个最突出的问题。与此同时，随着城镇化、工业化进程的推进，农业水资源与工业用水、市政用水的竞争问题日益凸显。因此，农业用水-能源-粮食（AWEF）纽带关系必将成为未来研究的焦点问题之一。本书最后利用 CiteSpace 工具，通过文献计量方法，分析 AWEF 纽带关系的英文文献，找到 AWEF 纽带关系领域的关键研究方向、关键文献和热点领域，并预测了该领域的未来发展趋势。

至 2012 年，相关研究的发文量基本没有增加。从 2013 年开始，发文量呈稳定增长趋势，2014～2019 年年均增加 8 篇，其中部分原因在于 2011 年 1 月世界经济论坛发布的《全球风险报告》第一次正式提出了“水-能源-粮食”纽带的基本概念。而与农业相关的 AWEF 纽带作为其中的一个重要组成部分，也日益得到科学界和政府的关注，甚至在一些国家已经上升到国家安全层面的高度。从图 7-1 中可以看出，经过十余年的发展，AWEF 纽带的研究从无到有，已经呈现出明显的、稳定的上升趋势。在未来，随着人口的增长、可用资源的减少、环境的恶化，AWEF 的研究必将成为研究的热点话题之一。

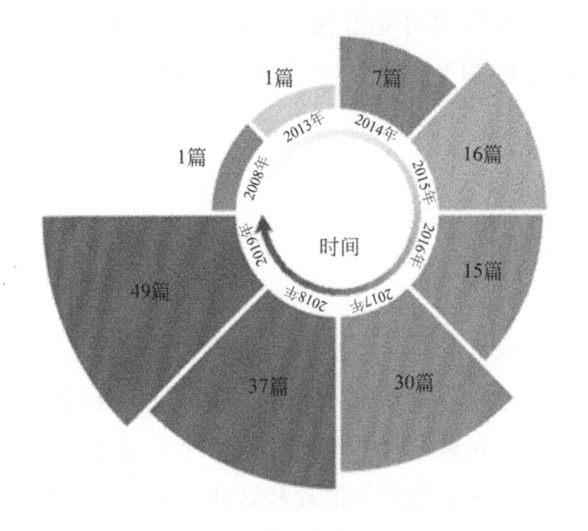

图 7-1 AWEF 样本文献年度发文数量统计

但中国与美国在 AWEF 领域的研究仍然存在不小的差距，不仅表现在研究的机构数量上，也体现在发文的数量上。美国对资源、能源消耗的规划和对环境危机的认识都要早于中国，因此研究起步较早；而中国随着经济的快速发展，在这方面的认识才明显加强，再加上中国是人口大国，农业水资源的消耗对社会经济发展的矛盾日益加剧，国内学者近年也开始着手研究 AWEF 纽带的关系，因此中国的研究起步较晚，在 2017 年才发表了首篇相关文献，近 3 年共发文 22 篇（见图 7-2），但是到了 2019 年发文量迅速增长至 18 篇，超过了英国、德国等国家。中国在 AWEF 纽带方面的研究发展非常迅速，与同年的国际发文量相比，发文量的增速基本保持一致，而其他国家或组织 2017～2019 年的年发文量总和基本维持在 30 篇左右，这也说明这几年国际上关于 AWEF 纽带研究的增长点主要来自中国的研究机构或作者。

通过排名前 10 的共被引期刊分析，在一定程度上能够找出 AWEF 纽带研究的重点领域（见图 7-3）。AWEF 纽带研究涉及领域主要为环境科学、水资源、绿色可持续科学技术、环境工程、环境研究、化学工程、土木工程以及气象与大气科学等，其中环境科学占首位；其次为水资源、绿色可持续技术等相关领域。这说明目前的 AWEF 研究主要还是以模型、框架等理论研究为主，其次才是工程方面的研究，这也进一步说明目前的理论研究还未完全成熟，还有待继续深入探索。AWEF 纽带框架受到水、能源、粮食、土壤、气候等多种生物与环境因子的共同影响，其研究也涉及多个领域，这充分体现了该领域的研究复杂性、广泛性、交叉性的特点。

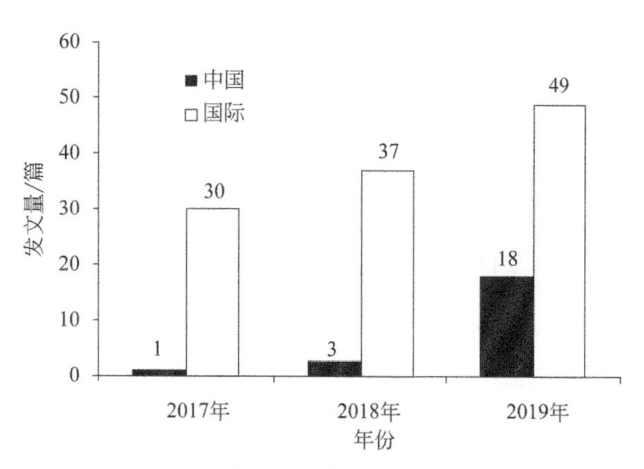

图 7-2 AWEF 样本文献中中国与国际年发文量对比

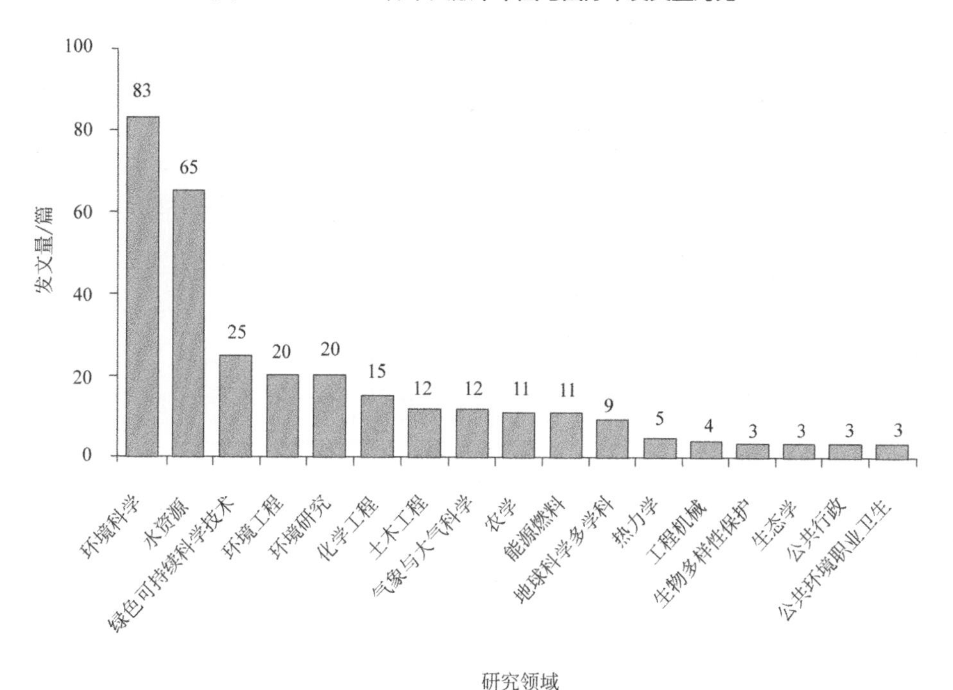

图 7-3 AWEF 样本文献研究领域分布统计

AWEF 纽带研究是一个逐渐演变演化的过程，根据文献关键词的发展路径和发文时间分析，利用 CiteSpace 的关键词突变检测功能，得到 7 个突变关键词，如图 7-4 所示，并据此来探究 AWEF 纽带研究的热点。从关键词突现强度来看，突现强度为 2.635 的 environment 在 7 个关键词中排名第一，这说明环境问题在 AWEF 纽带研究中有很大的关注度，由于 WEF 纽带的理论起源于气候变化等环境问题，落脚点也是保持环境资源的可持续利用发展，因此自 2014 年开始 AWEF 纽带的研究基本都是与环境的问题相关；agriculture 和 policy 关键词突现也表明，为改善农业生产、资源消耗与经济产出的制约关系，提出综合的自然资源管理、农业水资源管理、农业补贴等政策建议；water 和 groundwater 的突现强度说明对于干旱地区的农业系统来讲，由于地表水的匮乏，人们更希望采用地表水和地下水联合利用等方式提高农业的生产效率；security 突现表明研究的目标是为了确保水资源、粮食和能源的安全；同时，footprint 的突现强度也很高，为 1.908，说明自 2018 年以来研究更趋于系统化，对于农业活动当中的物质能量流动会通过建立动态模型展开系统性的研究，包括农业系统中的水足迹、碳足迹、能源足迹等，其中尤以水足迹研究颇多。因此，从关键词的时间顺序来看，AWEF 组带研究初期主要关注于环境问题和农业（粮食安全）问题，环境的变化给农业生产造成巨大的挑战，为了应对这一挑战，人们开始寻求将多水源、能源与粮食联系起来的方法构建模型或框架，以分析可行的技术措施并评估实施效果；而后期学者对粮食安全问题和足迹的研究更加关注，这将成为 AWEF 研究的一个新热点。

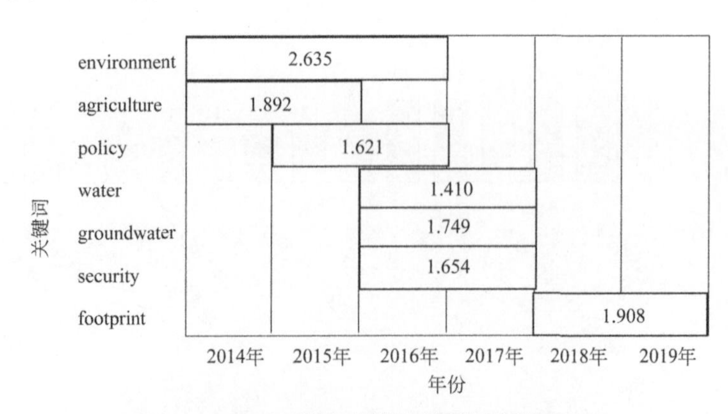

图 7-4　AWEF 样本文献关键词共现网络突现词

总之，国际上水-能源-粮食纽带研究已具备比较成熟的理论基础，在模型应用、框架研究、风险评估等方面也已有很多成功的经验。中国在此方面起步晚，研究方法和技术手段仍然受国外的影响较大，研究成果不具有显著创新性，因此在国际影响力方面仍显不足。研究的前沿由环境问题引出，提出相关政策建议、研究多水资源分配，再到足迹研究，整个研究过程呈现由表面到内在、由静态到动态、由单一到综合的趋势。粮食、水资源和能源安全是大部分 AWEF 纽带研究的主要发出点，系统的框架研究和政策建议主要是早期研究的内容，足迹研究是近些年研究的热点，基于不确定性的 AWEF 关联模型研究是发展的一个重要方向。为快速追赶国际发展前沿，中国除了领域内发文量的提高，也应注重研究成果质量的提升，根据 AWEF 纽带多学科交叉的特点，发挥学科的互补优势，促进国际合作，结合不确定性技术手段和足迹理论展开大量研究。

附录

附录 1 单目标模糊区间农业水资源优化配置代码

```
! Lingo 源程序;
! input.txt 为输入数据文件;
! Result_上限.csv 和 Result_下限.csv 为数据输出文件;
! 改变 key(1/2), 分别求解上限或下限的子模型;

MODEL:
  TITLE 石津灌区_水资源优化模型_农户收益最大;

  SETS:
      iCrop / @file('input.txt') /;
                     ! 变量 i,作物种类,1 冬小麦,2 夏玉米,3 春播棉;
      iSubarea / @file('input.txt') /;
                     ! 变量 j,区域划分,目前按河津灌区 8 个总干渠划分区域;
      iSource / @file('input.txt') /;
                     ! 变量 k,水源,1 渠灌,2 井灌;
      iStageMax/ @file('input.txt') /;
                     ! iStage(i) 变量 l,作物 i 的生育阶段数;
      linki (iCrop) : iStage, Ccl, Ccu, Ym;
                     ! iStage(i) 作物 i 的生育阶段数
                         Ccl, Ccu, 作物单价下上限 (¥/kg)
                       Ym, 最大产量;
      linkj (iSubarea) : Wwl, Ww, Wwu, Cw;
                     ! Qwl, Qw, Qwu, 模糊数, 井水的最大供给量下上限(10^6m3)
                       Cw, 水价(¥/m³);
      linkij (iCrop, iSubarea) : A;
                     ! A, 某作物在某区域的最大种植面积 (hm²);
      linkil (iCrop, iStageMax) : ETcm, lamuda, T, beta;
                     ! ETcm, Jensen 模型参数
                       lamuda,  Jensen 模型参数
                       T, 作物某一生育阶段时长
                         beta, 01 参数, 与分生育期匹配, 1 为可供水;
      linkjk (iSubarea, iSource) :  Qmax, yita;
                     ! Qmax, 最大流量(m³/d)
                         yita, 水利用系数;
      linkijl (iCrop, iSubarea, iStageMax) : ETcl, ETcu, Pul, Pu, Puu, deltR;
                     ! Pul, Pu, Puu 模糊数, 降水量(mm)
```

```
                        deltR 剩余交换水量;
                    ! ! ETcl, ETcu, 辅助变量,实际蒸散量(mm);
    linkijkl (iCrop, iSubarea, iSource, iStageMax) : Wl, Wu, Wuopt;
                    ! Wl, Wu, 决策变量,某作物在某区域某水源供给的上下限
(10^6m3);
                    ! Wuopt, 传递参数,为第一子模型所求的 Wu,某作物在某区域某水源
供给的上下限 (10^6m3);
    linkijk (iCrop, iSubarea, iSource) : ;
    linkjj (iSubarea, iSubarea) : ;
    linkjl (iStageMax,iStageMax) : ;
 ENDSETS

 DATA:
    Wrl, Wr, Wru = @file('input.txt') ;
    G0 = @file('input.txt') ;
    alpha = @file('input.txt') ;
    iStage = @file('input.txt') ;
    Ccl, Ccu = @file('input.txt') ;
    Ym = @file('input.txt') ;
    Wwl, Ww, Wwu = @file('input.txt') ;
    Cw = @file('input.txt') ;
    A = @file('input.txt') ;
    ETcm = @file('input.txt') ;
    lamuda = @file('input.txt') ;
    T = @file('input.txt') ;
    beta = @file('input.txt') ;
    Qmax = @file('input.txt') ;
    yita = @file('input.txt') ;
    Pul, Pu, Puu = @file('input.txt') ;
    deltR = @file('input.txt') ;
    ! 子模型 2 直接调用此结果，而不是从子模型 1 的结果 Qu 计算;
    Wuopt = @file('TEMP_Wuopt.txt') ;
 ENDDATA

!--------------------------------------------------------------;
 !目标函数;
 !子模型 1，求渠灌上限 Qu;
 SUBMODEL Object1:
    max = @sum( linkij(i,j) : Ccu(i) * A(i,j)*Ym(i)* @prod( iStageMax(l)
| l #LE# iStage(i): (ETcu(i,j,l)/ETcm(i,l))^lamuda(i,l) ) )
         - @sum( linkijk(i,j,k) : @sum( iStageMax(l) | l #LE# iStage(i):
10^6*Cw(j)*Wu(i,j,k,l) ) );
```

```
 ENDSUBMODEL
 SUBMODEL Constrainst1:
!最小 ET 约束不满足，只能设置为 0.001 了;
    @for( linkijl(i,j,l)  | l #LE# iStage(i): ETcu(i,j,l) >= 0.6*ETcm
(i,l)+0.001 );
    @for( linkijl(i,j,l)  : ETcu(i,j,l) >= 0.001);
    @for( linkijl(i,j,l)  | l #LE# iStage(i) : ETcu(i,j,l) <= ETcm(i,l) );
    @for( linkijl(i,j,l)  | l #LE# iStage(i): ETcu(i,j,l) =
         @if( (1-alpha)*Puu(i,j,l)+alpha*Pu(i,j,l) #GT# ETcm(i,l) ,
ETcm(i,l) ,
               10^5*@sum(iSource(k):Wu(i,j,k,l) )/A(i,j)+
(1-alpha)*Puu(i,j,l)+alpha*Pu(i,j,l) +deltR(i,j,l) ) );
    @for( linkijl(i,j,l)  | l #LE# iStage(i): ETcu(i,j,l) <=
               10^5*@sum(iSource(k):Wu(i,j,1,l) )/A(i,j)+
(1-alpha)*Puu(i,j,l)+alpha*Pu(i,j,l) +deltR(i,j,l) );
 !主要;
    @for( linkijl(i,j,l)  | l #LE# iStage(i): Wu(i,j,1,l) <=
         @if( (1-alpha)*Puu(i,j,l)+alpha*Pu(i,j,l) #GT# ETcm(i,l) #OR#
(beta(i,l)#EQ#0) , 0.001, Qmax(j,1)*T(i,l) ) );
    @sum( linkijl(i,j,l)  | l #LE# iStage(i): Wu(i,j,1,l)  / yita(j,1) )<=
(1-alpha)*Wru + alpha*Wr ;
 !次要;
    @for( linkijl(i,j,l)  | l #LE# iStage(i): Wu(i,j,2,l) <=
         @if( (1-alpha)*Puu(i,j,l)+alpha*Pu(i,j,l) #GT# ETcm(i,l) ,
0.001, yita(j,2)* ((1-alpha)*Wwu(j) + alpha*Ww(j)) ) );
    @for( iSubarea(j) : @sum( linkil(i,l) : Wu(i,j,2,l)) <= yita(j,2)
*( (1-alpha)*Wwu(j) + alpha*Ww(j) ) );
 !次要;
    @for( linkijl(i,j,l)  | l #LE# iStage(i): Wu(i,j,2,l) <=
         @if( (Wu(i,j,1,l) #LT# Qmax(j,2)*T(i,l)) #and# (beta(i,l)#EQ#1) ,
0.001, Qmax(j,2)*T(i,l) ) ) ;
    @for( iCrop(i) : @sum(linkjj(j1,j2) :
         @abs( @sum(iStageMax(l) | l #LE# iStage(i): ETcu(i,j1,l))
              - @sum(iStageMax(l) | l #LE# iStage(i): ETcu(i,j2,l))  ) )
          <= 2*N*G0*@sum( linkjl(j,l) : ETcu(i,j,l) ) );
    @for( linkijkl(i,j,k,l)  | l #LE# iStage(i): Wu(i,j,k,l)>=0 );
 ENDSUBMODEL
 !子模型 2，求渠灌下限 Ql;
 SUBMODEL Object2:
    max = @sum( linkij(i,j) : Ccu(i) * A(i,j)*Ym(i)* @prod( iStageMax(l)
| l #LE# iStage(i): (ETcl(i,j,l)/ETcm(i,l))^lamuda(i,l) ) )
         - @sum( linkijk(i,j,k) : @sum( iStageMax(l) | l #LE# iStage(i):
10^6*Cw(j)*Wl(i,j,k,l) ) );
```

```
  ENDSUBMODEL
  SUBMODEL Constrainst2:
      @for( linkijl(i,j,l)  : ETcl(i,j,l) >= 0.001);
      @for( linkijl(i,j,l)  | l #LE# iStage(i) : ETcl(i,j,l) <= ETcm(i,l) );
      @for( linkijl(i,j,l)  | l #LE# iStage(i): ETcl(i,j,l) =
            @if( (1-alpha)*Pul(i,j,l)+alpha*Pu(i,j,l) #GT# ETcm(i,l) ,
ETcm(i,l) ,
                 10^5*@sum(iSource(k):Wl(i,j,k,l) )/A(i,j)+
(1-alpha)*Pul(i,j,l)+alpha*Pu(i,j,l) +deltR(i,j,l) ) );
      @for( linkijl(i,j,l)  | l #LE# iStage(i): Wl(i,j,1,l) <=
            @if( (1-alpha)*Pul(i,j,l)+alpha*Pu(i,j,l) #GT# ETcm(i,l) #OR#
(beta(i,l)#EQ#0) , 0.001, Qmax(j,1)*T(i,l) ) );
      @sum( linkijl(i,j,l)  | l #LE# iStage(i): Wl(i,j,1,l)  / yita(j,1) )<=
(1-alpha)*Wrl + alpha*Wr ;
      @for( linkijl(i,j,l)  | l #LE# iStage(i): Wl(i,j,2,l) <=
            @if( (1-alpha)*Pul(i,j,l)+alpha*Pu(i,j,l) #GT# ETcm(i,l) ,
0.001, yita(j,2)* ((1-alpha)*WWl(j) + alpha*Ww(j)) ) );
      @for( iSubarea(j) : @sum( linkil(i,l) : Wl(i,j,2,l)) <= yita(j,2)
*( (1-alpha)*WWl(j) + alpha*Ww(j) ) );
      @for( linkijl(i,j,l)  | l #LE# iStage(i): Wl(i,j,2,l) <=
            @if( (Wl(i,j,1,l) #LT# Qmax(j,2)*T(i,l)) #and# (beta(i,l)#EQ#1) ,
0.001, Qmax(j,2)*T(i,l) ) ) ;
      @for( iCrop(i) : @sum(linkjj(j1,j2) :
             @abs( @sum(iStageMax(l) | l #LE# iStage(i): ETcl(i,j1,l))
                   - @sum(iStageMax(l) | l #LE# iStage(i):
ETcl(i,j2,l))  ) )
             <= 2*N*G0*@sum( linkjl(j,l) : ETcl(i,j,l) ) );
      @for( linkijkl(i,j,k,l)  | l #LE# iStage(i): Wl(i,j,k,l) <=
Wuopt(i,j,k,l) );
!     @for( linkijkl(i,j,k,l)  | l #LE# iStage(i): Wl(i,j,k,l)>=0 );
  ENDSUBMODEL

!-------------------------------------------------------------;
  CALC:
      key = 2 ;  ![key], 开关，1 为求解子模型 1，2 为求解子模型 2，0 为结束;
      @while( key #EQ# 1 :
!     @while( 1: ;
            @solve(Object1, Constrainst1);
            @divert('Result_上限.csv'); !打开文件;
            @write( '    Table 各作物供给水量上限(10^6m3) (alpha=',alpha,')',
@newline(1),
              '作物,地区,水源,阶段1,阶段2,阶段3,阶段4,阶段5,阶段6,', @newline(1),
```

```
            @writefor(linkijk(i,j,k):
                @if(i#EQ#1, '冬小麦', @if(i#EQ#2, '夏玉米', '春播棉' )), ',',
                @if(j#EQ#1, '1 赵陵铺', @if(j#EQ#2, '2 紫城', @if(j#EQ#3, '3
大陆村', @if(j#EQ#4, '4 辛集',
            @if(j#EQ#5, '5 白滩', @if(j#EQ#6, '6 王家井', @if(j#EQ#7, '7 位
桥','8 深县')))   )) )), ',',
                 @if(k#EQ#1, '渠水','井水'), ',',
                 @writefor(iStageMax(l):  Wu(i,j,k,l) ,',' ),
@newline(1)   ),
            @newline(1)   ) ;
         @write( '   Table 各作物供ET上限(mm) (alpha=',alpha,')', @newline(1),
            '作物,地区,阶段 1,阶段 2,阶段 3,阶段 4,阶段 5,阶段 6,', @newline(1),
            @writefor(linkij(i,j):
                @if(i#EQ#1, '冬小麦', @if(i#EQ#2, '夏玉米', '春播棉' )), ',',
                @if(j#EQ#1, '1 赵陵铺', @if(j#EQ#2, '2 紫城', @if(j#EQ#3, '3
大陆村', @if(j#EQ#4, '4 辛集',
                        @if(j#EQ#5, '5 白滩', @if(j#EQ#6, '6 王家井',
@if(j#EQ#7, '7 位桥','8 深县')))    )) )), ',',
                @writefor(iStageMax(l):  ETcu(i,j,l) ,',' ),
@newline(1)   ),
             @newline(1)   ) ;
          @write( '    Table 各作物产量上限(kg/ha)', @newline(1),
            '作物,地区,产量 Y', @newline(1),
            @writefor(linkij(i,j):
                @if(i#EQ#1, '冬小麦', @if(i#EQ#2, '夏玉米', '春播棉' )), ',',
                @if(j#EQ#1, '1 赵陵铺', @if(j#EQ#2, '2 紫城', @if(j#EQ#3, '3
大陆村', @if(j#EQ#4, '4 辛集',
          @if(j#EQ#5, '5 白滩', @if(j#EQ#6, '6 王家井', @if(j#EQ#7, '7 位桥
','8 深县')))   )) )), ',',
                        Ym(i)* @prod( iStageMax(l) | l #LE# iStage(i):
(ETcu(i,j,l)/ETcm(i,l))^lamuda(i,l) ) ,
                 @newline(1)   ),
              @newline(1)   ) ;
          @write( 'Objective =,',
                       @sum( linkij(i,j) : Ccu(i) * A(i,j)*Ym(i)*
@prod( iStageMax(l) | l #LE# iStage(i): (ETcu(i,j,l)/ETcm(i,l))
^lamuda(i,l) ) )
                     - @sum( linkijk(i,j,k) : @sum( iStageMax(l) | l #LE#
iStage(i): 10^6*Cw(j)*Wu(i,j,k,l) ) ),
          @newline(1)   ) ;
          @divert();! 关闭文件,恢复正常输出模式;
          @divert('TEMP_Wuopt.txt'); !打开文件;
```

```
        @writefor(linkijkl(i,j,k,l):  Wu(i,j,k,l) ,@newline(1) );
        @divert();! 关闭文件,恢复正常输出模式;
        @break;
    );
    @while( key #EQ# 2 :
        @solve(Object2, Constrainst2);
        @divert('Result_下限.csv'); !打开文件;
        @write( '    Table 各作物供给水量下限(10^6m3) (alpha=',alpha,')',
@newline(1),
         '作物,地区,水源,阶段 1,阶段 2,阶段 3,阶段 4,阶段 5,阶段 6,',
@newline(1),
         @writefor(linkijk(i,j,k):
           @if(i#EQ#1, '冬小麦', @if(i#EQ#2, '夏玉米', '春播棉' )), ',',
           @if(j#EQ#1, '1 赵陵铺', @if(j#EQ#2, '2 紫城', @if(j#EQ#3, '3
大陆村', @if(j#EQ#4, '4 辛集',
        @if(j#EQ#5, '5 白滩', @if(j#EQ#6, '6 王家井', @if(j#EQ#7, '7 位桥
','8 深县')))   )) )), ',',
           @if(k#EQ#1, '渠水','井水'), ',',
           @writefor(iStageMax(l):  Wl(i,j,k,l) ,',' ), @newline(1)  ),
        @newline(1)   ) ;
        @write( ' Table 各作物供 ET 下限(mm) (alpha=',alpha,')', @newline(1),
         '作物,地区,阶段 1,阶段 2,阶段 3,阶段 4,阶段 5,阶段 6,', @newline(1),
         @writefor(linkij(i,j):
           @if(i#EQ#1, '冬小麦', @if(i#EQ#2, '夏玉米', '春播棉' )), ',',
           @if(j#EQ#1, '1 赵陵铺', @if(j#EQ#2, '2 紫城', @if(j#EQ#3, '3
大陆村', @if(j#EQ#4, '4 辛集',
        @if(j#EQ#5, '5 白滩', @if(j#EQ#6, '6 王家井', @if(j#EQ#7, '7 位桥
','8 深县')))   )) )), ',',
               @writefor(iStageMax(l):  ETcl(i,j,l) ,',' ),
@newline(1)   ),
         @newline(1)   ) ;
        @write( '    Table 各作物产量下限(kg/ha)', @newline(1),
         '作物,地区,产量 Y', @newline(1),
         @writefor(linkij(i,j):
           @if(i#EQ#1, '冬小麦', @if(i#EQ#2, '夏玉米', '春播棉' )), ',',
           @if(j#EQ#1, '1 赵陵铺', @if(j#EQ#2, '2 紫城', @if(j#EQ#3, '3
大陆村', @if(j#EQ#4, '4 辛集',
           @if(j#EQ#5, '5 白滩', @if(j#EQ#6, '6 王家井', @if(j#EQ#7, '7
位桥','8 深县')))   )) )), ',',
                 Ym(i)* @prod( iStageMax(l) | l #LE# iStage(i):
(ETcl(i,j,l)/ETcm(i,l))^lamuda(i,l) ) ,
            @newline(1)   ),
```

```
            @newline(1)   ) ;
         @write( 'Objective =,',
                   @sum( linkij(i,j) : Ccu(i) * A(i,j)*Ym(i)*
@prod( iStageMax(l) | l #LE# iStage(i):
(ETcl(i,j,l)/ETcm(i,l))^lamuda(i,l) ) )
                    - @sum( linkijk(i,j,k) : @sum( iStageMax(l) | l #LE#
iStage(i): 10^6*Cw(j)*Wl(i,j,k,l) ) ),
         @newline(1)   ) ;
         @divert();! 关闭文件,恢复正常输出模式;
         @break;
     );
 ENDCALC
END
```

附录 2　区间模糊农业水资源优化配置决策支持系统主要代码

```
// 附录 3.1 data.h
// 数据结构描述头文件

#define LEN_CAPTION 30
#define LEN_GRWSTG 10

class CData
{
public:
    // 循环变量
    int iCrop;      // 作物种类数,0 冬小麦,1 夏玉米,2 春播棉
    int iSubarea;  // 变量 j,区域划分,目前按河津灌区 8 个总干渠划分区域
    int iSource;   // 变量 k,水源,0 渠灌,1 井灌
    int iStageMax; // 变量 l,作物 i 的生育阶段数的最大数(需要计算),最大为 LEN_GRWSTG
    int iYears;    // 降雨统计年数

    // 常量
    double Wr;      // 渠系水可用水量(10^6 m³) [[[情景设置,2.5 亿,3.5 亿,4 亿]]]
    double Proportion; // 最小 ET 约束的 ET 与最大 ET 的比值,取 0.4
    double G0;      // GINI 系数可取 0.4
    double alpha;  // alpha-cut [[可取 0.4]]

    // 数组
    // 数组下标为 iCrop
```

```
char * strCropCaption; // 作物名称,LEN_CAPTION 长度,人工控制;
int * iStage;          // iStage(iCrop) 作物 i 的生育阶段数,此例为 6,4,4
double * Cc;           // 作物单价 (元/kg)
double * Ym;           // Ym, 最大产量
int * DateSeedling;    // 作物 Seedling 日期，共 4 位数，前 2 位表示月份，后
2 位表示日

// 数组下标为 iSubarea
char * strSubareaCaption; // 子地区名称,LEN_CAPTION 长度,人工控制;
double * Ww;           // 井水的最大供给量(10^6m3)
double * Cw;           // 水价(元/m³)

// 数组下标为 iCrop, iSubarea
double * A;            // 某作物在某区域的最大种植面积 (hm²)

// 数组下标为 iCrop, iStageMax(定为 LEN_GRWSTG)
char * strGrowthStageCaption;  // 生育阶段名称,LEN_CAPTION 长度,人工控制;
double * ETcm;         // Jensen 模型参数之一
double * lamuda;       // Jensen 模型参数之一
int * DateEnd;         // 作物某一生育阶段结束日期
int * T;               // 作物某一生育阶段持续天数
int * beta;            // 01 参数，与分生育期匹配，1 为可供水

// 数组下标为 iSubarea, iSource
double * Qmax;         // 最大流量(10^6m3/d)
double * Yita;         // yita, 水利用系数

// 降雨 iCrop, iSubarea, iStageMax(定为 LEN_GRWSTG)
double * Pul, * Pu, * Puu; // 降水量下限，均值，上限(mm)，根据统计数据求得
double * ETcl, * ETcu;     // 辅助变量,实际蒸散量(mm)
double * Wl, * Wu;         // 决策变量,某作物在某区域地表水,地下水供给的
上下限 (m³/hm²)

// 统计降雨资料 iYears
int * YearCaption; // 年份;
double * Precipitation;

// 初始化
void Initial()
{
        iCrop = 1;
        iSubarea = 1;
```

```
        iSource = 2;
        iStageMax = 1;
        iYears = 1;

        // 常量
        Wr = 0.0;
        G0 = 0.4;
        Proportion = 0.4;
        alpha = 0.4;
    }

    // 生成内存空间
    void GenerateMemory()
    {
        // 数组下标为 iCrop
        strCropCaption = new char[iCrop*LEN_CAPTION];
        iStage = new int[iCrop];
        Cc = new double[iCrop];
        Ym = new double[iCrop];
        DateSeedling = new int[iCrop];

        // 数组下标为 iSubarea
        strSubareaCaption = new char[iSubarea*LEN_CAPTION];
        Ww = new double[iSubarea];
        Cw = new double[iSubarea];

        // 数组下标为 iCrop, iSubarea
        A = new double[iCrop*iSubarea];

        // 数组下标为 iCrop, iStageMax(定为 LEN_GRWSTG)
        strGrowthStageCaption = new char[iCrop*LEN_GRWSTG*LEN_CAPTION];
// 生育阶段名称,LEN_CAPTION 长度,人工控制;
        ETcm = new double[iCrop*LEN_GRWSTG];
        lamuda = new double[iCrop*LEN_GRWSTG];
        DateEnd = new int[iCrop*LEN_GRWSTG];
        T = new int[iCrop*LEN_GRWSTG];
        beta = new int[iCrop*LEN_GRWSTG];

        // 数组下标为 iSubarea, iSource
        Qmax = new double[iSubarea*iSource];
        Yita = new double[iSubarea*iSource];

        // 数组下标为 iCrop, iSubarea, iStageMax(定为 LEN_GRWSTG)
```

```
        Pul = new double[iCrop*iSubarea*LEN_GRWSTG];
        Pu = new double[iCrop*iSubarea*LEN_GRWSTG];
        Puu = new double[iCrop*iSubarea*LEN_GRWSTG];
        ETcl = new double[iCrop*iSubarea*LEN_GRWSTG];
        ETcu = new double[iCrop*iSubarea*LEN_GRWSTG];
        Wl = new double[iCrop*iSubarea*iSource*LEN_GRWSTG];
        Wu = new double[iCrop*iSubarea*iSource*LEN_GRWSTG];

        // 统计降雨资料 iYears
        YearCaption = new int[iYears];
        Precipitation = new double[iYears*iSubarea*12];     // 按月份
统计降雨资料
    }

    // 作物数量改变时，改变内存
    void ChangeMemoryByCrop(int indexCrop)
    {
        if(indexCrop!=iCrop) // 变化内存
        {
                strCropCaption = Change(strCropCaption,
                    iCrop*LEN_CAPTION, indexCrop*LEN_CAPTION);
                iStage = Change(iStage, iCrop, indexCrop);
                Cc = Change(Cc, iCrop, indexCrop);
                Ym = Change(Ym, iCrop, indexCrop);
                DateSeedling = Change(DateSeedling, iCrop, indexCrop);

                A = Change(A, iCrop*iSubarea, indexCrop*iSubarea);

                strGrowthStageCaption = Change(strGrowthStageCaption,
                    iCrop*LEN_GRWSTG*LEN_CAPTION, indexCrop*LEN_
GRWSTG*LEN_CAPTION);
                ETcm = Change(ETcm, iCrop*LEN_GRWSTG, indexCrop*
LEN_GRWSTG);
                lamuda = Change(lamuda, iCrop*LEN_GRWSTG, indexCrop*
LEN_GRWSTG);
                DateEnd = Change(DateEnd, iCrop*LEN_GRWSTG, indexCrop*
LEN_GRWSTG);
                T = Change(T, iCrop*LEN_GRWSTG, indexCrop*LEN_GRWSTG);
                beta = Change(beta, iCrop*LEN_GRWSTG, indexCrop*LEN_
GRWSTG);

                Pul = Change(Pul, iCrop*iSubarea*LEN_GRWSTG,
indexCrop*iSubarea*LEN_GRWSTG);
```

```
                Pu = Change(Pu, iCrop*iSubarea*LEN_GRWSTG,
indexCrop*iSubarea*LEN_GRWSTG);
                Puu = Change(Puu, iCrop*iSubarea*LEN_GRWSTG,
indexCrop*iSubarea*LEN_GRWSTG);
                ETcl = Change(ETcl, iCrop*iSubarea*LEN_GRWSTG,
indexCrop*iSubarea*LEN_GRWSTG);
                ETcu = Change(ETcu, iCrop*iSubarea*LEN_GRWSTG,
indexCrop*iSubarea*LEN_GRWSTG);
                Wl = Change(Wl, iCrop*iSubarea*iSource*LEN_GRWSTG,
indexCrop*iSubarea*iSource*LEN_GRWSTG);
                Wu = Change(Wu, iCrop*iSubarea*iSource*LEN_GRWSTG,
indexCrop*iSubarea*iSource*LEN_GRWSTG);

                // 更新新开辟的数据
                int i,j;
                for(i=iCrop; i<indexCrop; i++)
                {
                    strcpy(&strCropCaption[i*LEN_CAPTION],"New
Crop");
                    iStage[i] = 1;
                    Cc[i] = 0.0;
                    Ym[i] = 1.0;
                    DateSeedling[i] = 1201;
                    for(j=0; j<LEN_GRWSTG; j++)
                    {
                        strcpy(&strGrowthStageCaption[i*LEN_CAPTION*
LEN_GRWSTG+j*LEN_CAPTION],
                             "New Stage");
                        ETcm[i*LEN_GRWSTG+j] = 10;
                        lamuda[i*LEN_GRWSTG+j] = 0;
                        DateEnd[i*LEN_GRWSTG+j] = 101+j;
                        T[i*LEN_GRWSTG+j] = 0;
                        beta[i*LEN_GRWSTG+j] = 0;
                    }
                }

                iCrop = indexCrop;
        }
    }

    // 子区数量改变时，改变内存
    void ChangeMemoryBySubarea(int indexSubarea)
```

```
	{
		if(indexSubarea!=iSubarea)	// 变化内存
		{
			strSubareaCaption = Change(strSubareaCaption,
				iSubarea*LEN_CAPTION, indexSubarea*LEN_CAPTION);
			Ww = Change(Ww, iSubarea, indexSubarea);
			Cw = Change(Cw, iSubarea, indexSubarea);

			A = Change(A, iCrop*iSubarea, iCrop*indexSubarea);

			Qmax = Change(Qmax, iSubarea*iSource, indexSubarea*
iSource);
			Yita = Change(Yita, iSubarea*iSource, indexSubarea*
iSource);

			Pul = Change(Pul, iCrop*iSubarea*LEN_GRWSTG, iCrop*
indexSubarea*LEN_GRWSTG);
			Pu = Change(Pu, iCrop*iSubarea*LEN_GRWSTG, iCrop*
indexSubarea*LEN_GRWSTG);
			Puu = Change(Puu, iCrop*iSubarea*LEN_GRWSTG, iCrop*
indexSubarea*LEN_GRWSTG);
			ETcl = Change(ETcl, iCrop*iSubarea*LEN_GRWSTG, iCrop*
indexSubarea*LEN_GRWSTG);
			ETcu = Change(ETcu, iCrop*iSubarea*LEN_GRWSTG, iCrop*
indexSubarea*LEN_GRWSTG);
			Wl = Change(Wl, iCrop*iSubarea*iSource*LEN_GRWSTG,
iCrop*indexSubarea*iSource*LEN_GRWSTG);
			Wu = Change(Wu, iCrop*iSubarea*iSource*LEN_GRWSTG,
iCrop*indexSubarea*iSource*LEN_GRWSTG);
			YearCaption = Change(YearCaption, iYears, iYears);
			Precipitation = Change(Precipitation,
iYears*iSubarea*12, iYears*indexSubarea*12);

			// 更新新开辟的数据
			int i;
			for(i=iSubarea; i<indexSubarea; i++)
			{
				strcpy(&strSubareaCaption[i*LEN_CAPTION],"New
Subarea");
				Ww[i] = 0.0;
				Cw[i] = 0.0;
			}
```

```
                // 懒得处理了，全部归零
                for(i=0; i<iCrop*indexSubarea; i++)
                {
                      A[i] = 0.0;
                }
                for(i=0; i<indexSubarea*iSource; i++)
                {
                      Qmax[i] = 0.0;
                      Yita[i] = 1.0;
                }
                for(i=0; i<iYears; i++)
                {
                      YearCaption[i] = 2001+i;
                }
                for(i=0; i<indexSubarea*iYears*12; i++)
                {
                      Precipitation[i] = 0.0;
                }

                iSubarea = indexSubarea;
          }
    }

    // 统计降雨年数改变时，改变内存
    void ChangeMemoryByYears(int indexYears)
    {
        if(indexYears!=iYears)    // 变化内存
        {
               YearCaption = Change(YearCaption, iYears, indexYears);
   // 年份;
               Precipitation = Change(Precipitation,
iYears*iSubarea*12, indexYears*iSubarea*12);

               // 更新新开辟的数据
               int i;
               for(i=iYears; i<indexYears; i++)
               {
                   if (i==0)
                       YearCaption[i] = 2001;
                   else
                       YearCaption[i] = YearCaption[i-1]+1;
               }
```

```
            for(i=iSubarea*iYears*12; i<iSubarea*indexYears*12; i++)
            {
                Precipitation[i] = 0.0;
            }

            iYears = indexYears;
        }
}

// 清除内存
void Empty()
{
    // 数组下标为 iCrop
    if(strCropCaption)
            delete [] strCropCaption;
    if (iStage)
            delete [] iStage;
    if (Cc)
            delete [] Cc;
    if (Ym)
            delete [] Ym;
    if (DateSeedling)
            delete [] DateSeedling;

    // 数组下标为 iSubarea
    if (strSubareaCaption)
            delete [] strSubareaCaption;
    if (Ww)
            delete [] Ww;
    if (Cw)
            delete [] Cw;

    // 数组下标为 iCrop, iSubarea
    if (A)
            delete [] A;

    // 数组下标为 iCrop, iStageMax
    if (strGrowthStageCaption)
            delete [] strGrowthStageCaption;
    if (ETcm)
            delete [] ETcm;
```

```
	if (lamuda)
		delete [] lamuda;
	if (DateEnd)
		delete [] DateEnd;
	if (T)
		delete [] T;
	if (beta)
		delete [] beta;

	// 数组下标为 iSubarea, iSource
	if (Qmax)
		delete [] Qmax;
	if (Yita)
		delete [] Yita;

	// 降雨 iCrop, iSubarea, iStageMax
	if (Pul)
		delete [] Pul;
	if (Pu)
		delete [] Pu;
	if (Puu)
		delete [] Puu;
	if (ETcl)
		delete [] ETcl;
	if (ETcu)
		delete [] ETcu;
	if (Wl)
		delete [] Wl;
	if (Wu)
		delete [] Wu;

	// 统计降雨资料 iYears
	if (Precipitation)
		delete [] Precipitation;
}

void Pretreat()    // 求解前预处理
{
	int i,j,k;

	iSource = 2; // 默认两种水源
```

```
        // 确定 iStageMax 作物生育阶段数的最大数
        iStageMax = 0;
        for (i=0; i<iCrop; i++)
        {
                if( iStageMax < iStage[i] )
                        iStageMax = iStage[i];
        }

        // T 归零
        for (i=0; i<iCrop*LEN_GRWSTG; i++)
                T[i] = 0;
        // 确定 T 作物某一生育阶段的持续天数
        for (i=0; i<iCrop; i++)
                for (j=0; j<iSubarea; j++)
                        for (k=0; k<iStage[i]; k++)
                                GetStageT(i,j,k);

        // 降水归零
        for (i=0; i<iCrop*iSubarea*LEN_GRWSTG; i++)
        {
                Pu[i] = 0.0;
                Pul[i] = 0.0;
                Puu[i] = 0.0;
        }
        // 根据统计数据，求降水量下限，均值，上限(mm)
        for (i=0; i<iCrop; i++)
                for (j=0; j<iSubarea; j++)
                        for (k=0; k<iStage[i]; k++)
                                GetStagePrecipitation(i,j,k);
    }

private:

    // 改变某一类型的空间，内部调用函数
    int * Change(int * obj, int objIndex, int newIndex)
    {
        int i;
        int * iTemp;
        iTemp = new int[newIndex];
        for(i=0; i<newIndex && i<objIndex; i++)
                iTemp[i] = obj[i];
        if(obj)
```

```
            delete [] obj;
      obj = iTemp;
      iTemp = NULL;
      return obj;
}
double * Change(double * obj, int objIndex, int newIndex)
{
      int i;
      double * lfTemp;
      lfTemp = new double[newIndex];
      for(i=0; i<newIndex && i<objIndex; i++)
            lfTemp[i] = obj[i];
      if(obj)
            delete [] obj;
      obj = lfTemp;
      lfTemp = NULL;
      return obj;
}
char * Change(char * obj, int objIndex, int newIndex)
{
      int i;
      char * strTemp;

      // 开辟新内存
      strTemp = new char[newIndex];
      // 存储数据至新内存
      for(i=0; i<newIndex && i<objIndex; i++)
            strTemp[i] = obj[i];
      // 清除旧内存
      if(obj)
            delete [] obj;
      // 定位内存
      obj = strTemp;
      strTemp = NULL;
      return obj;
}

void GetStagePrecipitation(int crop, int subarea, int stage)
{
      double PuSum, PuUpper, PuLower;   // 定义降水合计，降水上限，降水下限

      int i,j; // 循环变量
```

```
        int maxDay[12] = {31,29,31,30,31,30,31,31,30,31,30,31};
    // 月份内天数
        double weight[12] = {0}; // 确定月份降水的权重
        int pMonthStart, pDayStart;  // 阶段开始的月份指针，天数指针，确定
weight 时用
        int pMonthEnd, pDayEnd;      // 阶段结束的月份指针，天数指针，确定
weight 时用

        // 确定该阶段初始指针
        if(stage==0)  // 第一阶段
        {
                pMonthStart = DateSeedling[crop]/100-1;// 从 0 计数
                pDayStart = DateSeedling[crop]%100-1;  // 从 0 计数
                if( pMonthStart <0 )    // 多余判断，调试时修正
                        pMonthStart = 0;
                if( pDayStart <0 )
                        pDayStart = 0;
        }
        else
        {
                pMonthStart = DateEnd[crop*LEN_GRWSTG+stage-1]/100;
                pDayStart = DateEnd[crop*LEN_GRWSTG+stage-1]%100;
        }
        pMonthEnd = DateEnd[crop*LEN_GRWSTG+stage]/100-1;
        pDayEnd = DateEnd[crop*LEN_GRWSTG+stage]%100-1;

        // 确定权重
        weight[pMonthStart]=1.0-(pDayStart-1.0)/maxDay[pMonthStart];
        i = (pMonthStart+1)%12;
        while(i!=pMonthEnd)
        {
               weight[i] = 1.0;
               i = (i+1)%12;
        }
        weight[pMonthEnd] = pDayEnd/maxDay[pMonthEnd];

        // 逐年计算阶段雨量
        PuSum = 0;
        PuUpper = 0;
        PuLower = 0;
        double PuTemp;    // 临时变量
```

```
        for (i=0; i<iYears; i++)
        {
                PuTemp = 0.0;
                for(j=0;j<12;j++)
                    PuTemp +=
weight[j]*Precipitation[i*iSubarea*12+subarea*12+j];

                PuSum += PuTemp;
                if(PuTemp>PuUpper)
                      PuUpper = PuTemp;
                if(PuLower == 0 || PuTemp<PuLower)
                      PuLower = PuTemp;
        }

        // 更新 Pu 均值及上下限
        Pu[crop*iSubarea*LEN_GRWSTG+subarea*LEN_GRWSTG+stage] =
PuSum/iYears;
        Pul[crop*iSubarea*LEN_GRWSTG+subarea*LEN_GRWSTG+stage] =
PuLower;
        Puu[crop*iSubarea*LEN_GRWSTG+subarea*LEN_GRWSTG+stage] =
PuUpper;
    }

    void GetStageT(int crop, int subarea, int stage)
    {
        int i;    // 循环变量

        int maxDay[12] = {31,29,31,30,31,30,31,31,30,31,30,31};
   // 月份内天数
        int pMonthStart, pDayStart;  // 阶段开始的月份指针，天数指针，确定
weight 时用
        int pMonthEnd, pDayEnd;        // 阶段结束的月份指针，天数指针，确定
weight 时用

        // 确定该阶段初始指针
        if(stage==0) // 第一阶段
        {
                pMonthStart = DateSeedling[crop]/100-1;  // 从 0 计数
                pDayStart = DateSeedling[crop]%100-1;    // 从 0 计数
                if( pMonthStart <0 ) // 多余判断，调试时修正
                      pMonthStart = 0;
                if( pDayStart <0 )
```

```
                    pDayStart = 0;
            }
            else
            {
                    pMonthStart = DateEnd[crop*LEN_GRWSTG+stage-1]/100-1;
                    pDayStart = DateEnd[crop*LEN_GRWSTG+stage-1]%100-1;
            }
            pMonthEnd = DateEnd[crop*LEN_GRWSTG+stage]/100-1;
            pDayEnd = DateEnd[crop*LEN_GRWSTG+stage]%100-1;

            // T生成
            int lap;
            lap = maxDay[pMonthStart]-pDayStart;
            i = (pMonthStart+1)%12;;
            while(i!=pMonthEnd)
            {
                    lap += maxDay[i];
                    i = (i+1)%12;
            }
            lap += pDayEnd;
            T[crop*LEN_GRWSTG+stage] = lap%366;
    }
};
// 附录 3.2 DSSDlg.h
// DSSDlg.h : 主对话框头文件

#if !defined(AFX_DSSDLG_H__C086A8E6_E857_41E7_AF26_489F070867D0__INCLUDE
D_)
#define AFX_DSSDLG_H__C086A8E6_E857_41E7_AF26_489F070867D0__INCLUDED_

#if _MSC_VER > 1000
#pragma once
#endif // _MSC_VER > 1000

#include "PageData.h"
#include "PageSlove.h"
#include "PageGraph.h"
#include "PageBackup.h"

#include "../CLASS_BtnST/BtnST.h"
//////////////////////////////////////////////////////////////////////
///////
```

```
// CDSSDlg dialog

class CDSSDlg : public CDialog
{
// Construction
public:
	char m_BasePath[MAX_PATH];
	CDSSDlg(CWnd* pParent = NULL);   // standard constructor


// Dialog Data
	//{{AFX_DATA(CDSSDlg)
	enum { IDD = IDD_DSS_DIALOG };
	CButtonST	m_btn_feedback;
	CButtonST	m_btn_backup;
	CButtonST	m_btn_slove;
	CButtonST	m_btn_graph;
	CButtonST	m_btn_data;
	CButtonST	m_btn_brief;
	//}}AFX_DATA

	// ClassWizard generated virtual function overrides
	//{{AFX_VIRTUAL(CDSSDlg)
	public:
	virtual BOOL DestroyWindow();
	protected:
	virtual void DoDataExchange(CDataExchange* pDX);    // DDX/DDV
support
	//}}AFX_VIRTUAL

// Implementation
protected:
	bool m_bSave;    // 是否需要保存
	char m_BkFilePath[MAX_PATH];

	CButtonST * SelButton;

	// Generated message map functions
	//{{AFX_MSG(CDSSDlg)
	virtual BOOL OnInitDialog();
	afx_msg void OnSysCommand(UINT nID, LPARAM lParam);
	afx_msg HCURSOR OnQueryDragIcon();
```

```
	afx_msg void OnBtnBrief();
	afx_msg void OnBtnBackup();
	afx_msg void OnBtnData();
	afx_msg void OnBtnSlove();
	afx_msg void OnBtnGraph();
	afx_msg void OnBtnFeedback();
	afx_msg BOOL OnEraseBkgnd(CDC* pDC);
	afx_msg void OnDestroy();
	afx_msg int OnCreate(LPCREATESTRUCT lpCreateStruct);
	//}}AFX_MSG
	DECLARE_MESSAGE_MAP()
//private:
public:
	HICON m_hIcon;

	CPageData m_pageData;
	CPageSlove m_pageSlove;
	CPageGraph m_pageGraph;
	CPageBackup  m_pageBackup;

	// DLL 调用函数
	bool DLL_WriteToLog(CString message);

	void InitButton(CButtonST* m_btn, char* m_filename);  // 按钮初始化
	void InitPage(); // 属性页初始化

	void ChangPage(int iPage);
	void ChangButton(CButtonST * ObjectButton);
};

//{{AFX_INSERT_LOCATION}}
// Microsoft Visual C++ will insert additional declarations immediately
before the previous line.

#endif
// !defined(AFX_DSSDLG_H__C086A8E6_E857_41E7_AF26_489F070867D0__INCLUDED
_)
// 附录 3.3 DSSDlg.cpp
// DSSDlg.cpp :主对话框源代码文件

#include "stdafx.h"
#include "DSS.h"
```

```
#include "DSSDlg.h"

#ifdef _DEBUG
#define new DEBUG_NEW
#undef THIS_FILE
static char THIS_FILE[] = __FILE__;
#endif

// 隐式调用属性页
#include "..\\ConnectPageBrief\\ConnectPageBrief.h"
#pragma
comment(lib,"..\\ConnectPageBrief\\Release\\ConnectPageBrief.lib")

#include "..\\ConnectPageSetup\\ConnectPageSetup.h"
#pragma
comment(lib,"..\\ConnectPageSetup\\Release\\ConnectPageSetup.lib")

//////////////////////////////////////////////////////////////////////
///////
// CAboutDlg dialog used for App About

class CAboutDlg : public CDialog
{
public:
	CAboutDlg();

// Dialog Data
	//{{AFX_DATA(CAboutDlg)
	enum { IDD = IDD_ABOUTBOX };
	//}}AFX_DATA

	// ClassWizard generated virtual function overrides
	//{{AFX_VIRTUAL(CAboutDlg)
	protected:
	virtual void DoDataExchange(CDataExchange* pDX);    // DDX/DDV
support
	//}}AFX_VIRTUAL

// Implementation
protected:
	//{{AFX_MSG(CAboutDlg)
	//}}AFX_MSG
```

```
	DECLARE_MESSAGE_MAP()
};

CAboutDlg::CAboutDlg(): CDialog(CAboutDlg::IDD)
{
	//{{AFX_DATA_INIT(CAboutDlg)
	//}}AFX_DATA_INIT
}

void CAboutDlg::DoDataExchange(CDataExchange* pDX)
{
	CDialog::DoDataExchange(pDX);
	//{{AFX_DATA_MAP(CAboutDlg)
	//}}AFX_DATA_MAP
}

BEGIN_MESSAGE_MAP(CAboutDlg, CDialog)
	//{{AFX_MSG_MAP(CAboutDlg)
		// No message handlers
	//}}AFX_MSG_MAP
END_MESSAGE_MAP()

/////////////////////////////////////////////////////////////////////////////
///////
// CDSSDlg dialog

CDSSDlg::CDSSDlg(CWnd* pParent /*=NULL*/)
	: CDialog(CDSSDlg::IDD, pParent)
{
	//{{AFX_DATA_INIT(CDSSDlg)
		// NOTE: the ClassWizard will add member initialization here
	//}}AFX_DATA_INIT
	m_hIcon = AfxGetApp()->LoadIcon(IDR_MAINFRAME);
	m_bSave = false;
}

void CDSSDlg::DoDataExchange(CDataExchange* pDX)
{
	CDialog::DoDataExchange(pDX);
	//{{AFX_DATA_MAP(CDSSDlg)
	DDX_Control(pDX, IDC_BTN_FEEDBACK, m_btn_feedback);
	DDX_Control(pDX, IDC_BTN_BACKUP, m_btn_backup);
```

```
	DDX_Control(pDX, IDC_BTN_SLOVE, m_btn_slove);
	DDX_Control(pDX, IDC_BTN_GRAPH, m_btn_graph);
	DDX_Control(pDX, IDC_BTN_DATA, m_btn_data);
	DDX_Control(pDX, IDC_BTN_BRIEF, m_btn_brief);
	//}}AFX_DATA_MAP
}

BEGIN_MESSAGE_MAP(CDSSDlg, CDialog)
	//{{AFX_MSG_MAP(CDSSDlg)
	ON_WM_SYSCOMMAND()
	ON_WM_QUERYDRAGICON()
	ON_BN_CLICKED(IDC_BTN_BRIEF, OnBtnBrief)
	ON_BN_CLICKED(IDC_BTN_BACKUP, OnBtnBackup)
	ON_BN_CLICKED(IDC_BTN_DATA, OnBtnData)
	ON_BN_CLICKED(IDC_BTN_SLOVE, OnBtnSlove)
	ON_BN_CLICKED(IDC_BTN_GRAPH, OnBtnGraph)
	ON_BN_CLICKED(IDC_BTN_FEEDBACK, OnBtnFeedback)
	ON_WM_ERASEBKGND()
	ON_WM_DESTROY()
	ON_WM_CREATE()
	//}}AFX_MSG_MAP
END_MESSAGE_MAP()

//////////////////////////////////////////////////////////////////////
///////
// CDSSDlg message handlers

BOOL CDSSDlg::OnInitDialog()
{
	// 获得程序的绝对路径
	GetModuleFileName(NULL,(LPCH)m_BasePath,MAX_PATH);    // 得到程序模
块名称，全路径
	*(strrchr( m_BasePath,(int)('\\')))='\0';       // 去读程序名称后的路径

	// 获得背景图片的绝对路径
	GetModuleFileName(NULL,(LPCH)m_BkFilePath,MAX_PATH);  // 得到程序模
块名称，全路径
	*(strrchr( m_BkFilePath,(int)('\\')))='\0';    // 去读程序名称后的路径
	strcat(m_BkFilePath,"\\pic\\DSSBk.bmp");

	// 从文件加载工具栏图标路径
	InitButton(&m_btn_brief,"BRIEF");
```

```
InitButton(&m_btn_data,"DATA");
InitButton(&m_btn_graph,"GRAPH");
InitButton(&m_btn_slove,"SLOVE");
InitButton(&m_btn_backup,"BACKUP");
InitButton(&m_btn_feedback,"FEEDBACK");
SelButton = &m_btn_brief;  // 测定当前选定按钮

////////////// 加载皮肤 /////////////
// 获取皮肤路径
char m_SkinFilePath[MAX_PATH];
strcpy(m_SkinFilePath,m_BasePath);
strcat(m_SkinFilePath,"\\pic\\default.skn");
SkinH_AttachEx(m_SkinFilePath, NULL);

// 调整皮肤
SkinH_AdjustHSV(
     0,              //色调，取值范围-180-180，默认值 0
     0,              //饱和度，取值范围-100-100，默认值 0
     0               //亮度，取值范围-100-100，默认值 0
);

SkinH_AdjustAero(
     200,            //透明度，  0-255，默认值 0
     20,             //亮度，    0-255，默认值 0
     250,            //锐度，     0-255，默认值 0
     18,             //阴影大小，2-19，  默认值 2
     0,              //水平偏移，0-25，  默认值 0 （目前不支持）
     0,              //垂直偏移，0-25，  默认值 0 （目前不支持）
     10,             //红色分量，0-255，默认值 -1
     10,             //绿色分量，0-255，默认值 -1
     200             //蓝色分量，0-255，默认值 -1
);
SkinH_SetMenuAlpha(200);

////////////// 主对话框初始化 /////////////
CDialog::OnInitDialog();

// Add "About..." menu item to system menu.

// IDM_ABOUTBOX must be in the system command range.
ASSERT((IDM_ABOUTBOX & 0xFFF0) == IDM_ABOUTBOX);
ASSERT(IDM_ABOUTBOX < 0xF000);
```

```
	CMenu* pSysMenu = GetSystemMenu(FALSE);
	if (pSysMenu != NULL)
	{
		CString strAboutMenu;
		strAboutMenu.LoadString(IDS_ABOUTBOX);
		if (!strAboutMenu.IsEmpty())
		{
			pSysMenu->AppendMenu(MF_SEPARATOR);
			pSysMenu->AppendMenu(MF_STRING, IDM_ABOUTBOX,
strAboutMenu);
		}
	}

	SetIcon(m_hIcon, TRUE);		// Set big icon
	SetIcon(m_hIcon, FALSE);	// Set small icon

	//建立各属性页
	InitPage();
	OnBtnBrief();		// 默认为第一页显示

	return TRUE;  // return TRUE  unless you set the focus to a control
}

void CDSSDlg::OnSysCommand(UINT nID, LPARAM lParam)
{
	if ((nID & 0xFFF0) == IDM_ABOUTBOX)
	{
		CAboutDlg dlgAbout;
		dlgAbout.DoModal();
	}
	else
	{
		CDialog::OnSysCommand(nID, lParam);
	}
}

// If you add a minimize button to your dialog, you will need the code below
//  to draw the icon.  For MFC applications using the document/view model,
//  this is automatically done for you by the framework.

HCURSOR CDSSDlg::OnQueryDragIcon()
```

```
{
	return (HCURSOR) m_hIcon;
}

bool CDSSDlg::DLL_WriteToLog(CString message)
{
	typedef bool ( * MYDLL)(CString message);          // DLL 调用形式
	HINSTANCE hInst = ::LoadLibrary ("WriteToLog.dll");   // DLL 文件名称
	if(hInst==NULL)
	{
		AfxMessageBox("WriteToLog.dll is missing or broken. Please 
reinstall the software.");                   // 错误提示
		return false;
	}

	MYDLL lpproc = (MYDLL)GetProcAddress (hInst,"WriteToLog");    // 
DLL 函数名称

	bool result;                                  // 返回值
	if(lpproc != (MYDLL)NULL)
		result = (*lpproc)(message);       // DLL 具体调用

	FreeLibrary(hInst);
	return result;
}

void CDSSDlg::InitButton(CButtonST* m_btn, char* m_filename)   // 按钮初
始化
{
	 HBITMAP hBmp;
	 CString strFileName;
	 strFileName.Format("%s\\pic\\btn_%s.bmp",m_BasePath,m_filename);
	 hBmp=(HBITMAP)LoadImage(NULL,strFileName,IMAGE_BITMAP,0,0, 
LR_LOADFROMFILE);
	 strcpy(m_btn->m_caption, m_filename);
	 m_btn->SetBitmaps(hBmp, RGB(0, 0, 255));
	 m_btn->DrawTransparent(TRUE);
//	 m_btn->SetTooltipText(*m_filename);
}

void CDSSDlg::InitPage()    // 属性页初始化
{
```

```
    ConnectPageBrief(GetDlgItem(IDC_TAB));
    m_pageData.Create(IDD_DLG_DATA,GetDlgItem(IDC_TAB));
    m_pageSlove.Create(IDD_DLG_SLOVE,GetDlgItem(IDC_TAB));
    m_pageGraph.Create(IDD_DLG_GRAPH,GetDlgItem(IDC_TAB));
    m_pageBackup.Create(IDD_DLG_BACKUP,GetDlgItem(IDC_TAB));
}

void CDSSDlg::ChangPage(int iPage)
{
    ShowPageBrief( iPage == 1 );
    m_pageData.ShowWindow( iPage == 2 );
    m_pageSlove.ShowWindow( iPage == 3 );
    m_pageGraph.ShowWindow( iPage == 4 );
    m_pageBackup.ShowWindow( iPage == 5 );
}

void CDSSDlg::ChangButton(CButtonST * ObjectButton)
{
    SelButton->EnableWindow(true);
    ObjectButton->EnableWindow(false);
    SelButton = ObjectButton;
}

void CDSSDlg::OnBtnBrief()
{
    ChangPage(1);
    ChangButton(&m_btn_brief);
}

void CDSSDlg::OnBtnData()
{
    ChangPage(2);
    ChangButton(&m_btn_data);
    m_bSave = true;
}

void CDSSDlg::OnBtnSlove()
{
    ChangPage(3);
    ChangButton(&m_btn_slove);
    m_bSave = true;
}
```

```
void CDSSDlg::OnBtnGraph()
{
      ChangPage(4);
      ChangButton(&m_btn_graph);
}

void CDSSDlg::OnBtnBackup()
{
      ChangPage(5);
      ChangButton(&m_btn_backup);
}

void CDSSDlg::OnBtnFeedback()
{
      typedef bool ( * MYDLL)(CString message);         // DLL 调用形式
      HINSTANCE hInst = ::LoadLibrary ("Feedback.dll");    // DLL 文件名称
      if(hInst==NULL)
      {
            AfxMessageBox("Feedback.dll is missing or broken. Please
reinstall the software."); // 错误提示
            return ;
      }

      MYDLL lpproc = (MYDLL)GetProcAddress (hInst,"ShowFeedbackDlg");
    // DLL 函数名称

      if(lpproc != (MYDLL)NULL)
          (*lpproc)("Feedback now");      // DLL 具体调用

      FreeLibrary(hInst);
      return ;
}

BOOL CDSSDlg::OnEraseBkgnd(CDC* pDC)
{
      CRect rect;
      GetClientRect(&rect);

      HBITMAP hBitmap; // 背景位图
      hBitmap=(HBITMAP)LoadImage(::AfxGetInstanceHandle(),m_BkFilePath,
              IMAGE_BITMAP,0,0, LR_LOADFROMFILE|LR_CREATEDIBSECTION);
      ASSERT( hBitmap);
```

```
	CBitmap m_pBmp;
	m_pBmp.Attach(hBitmap);

	BITMAP bm;
	m_pBmp.GetBitmap(&bm);    // 得到位图尺寸

	CDC dcMem;
	dcMem.CreateCompatibleDC(pDC);

	CBitmap* pOldBitmap = dcMem.SelectObject(&m_pBmp);

	pDC->SetStretchBltMode(COLORONCOLOR);    // 这个模式不设置的话会导致
图片严重失真
	pDC->StretchBlt(0,0,rect.Width(),rect.Height(),&dcMem,0,0, bm.bm
Width,bm.bmHeight,SRCCOPY);
	dcMem.SelectObject(pOldBitmap);

	return TRUE;
//	return CDialog::OnEraseBkgnd(pDC);
}

void CDSSDlg::OnDestroy()
{
	CDialog::OnDestroy();
}

int CDSSDlg::OnCreate(LPCREATESTRUCT lpCreateStruct)
{
	if (CDialog::OnCreate(lpCreateStruct) == -1)
		return -1;

	return 0;
}

BOOL CDSSDlg::DestroyWindow()
{
	if( m_bSave )
	{
		if( MessageBox("Do you want save the data?","QUIT",MB_OKCANCEL)
== IDOK)
		{
```

```
                ((CDSSApp *)AfxGetApp())->CloseDB();
                ((CDSSApp *)AfxGetApp())->WriteData();
        }
    }

    return CDialog::DestroyWindow();
}
```

附录 3　粒子群优化算法代码

```
//////////////////////////////////////////////////////
//  粒子群优化算法优化求解
//  基于排队论 渠系优化配水
//  C++ 源程序
//  2015.05.27  by 杨改强
//////////////////////////////////////////////////////

#include <time.h>
#include <math.h>
#include <fstream>
#include <algorithm>
#include <iostream>
//#include <vector>
using namespace std;

//随机数定义
#define rdft()(double)((rand()%16384)/16384.0)

// 求解常量
#define C1  2        // 通常取 2
#define C2  2        // 通常取 2
#define VMAX    5.3 // 限速

#define POPSIZE 200 // 一次执行的粒子数量
#define DIM 10      // 维度 5*2

#define N 5 // 模型的变量长度
#define ERR 1e-3

// 单个节点
```

```
class CSignalNode
{
public:
      double m_var[DIM];          // 决策变量
      double m_obj;               // 模型目标值

      double m_bestVar[DIM];      // 当前最优的决策变量
      double m_bestObj;           // 当前最优的目标值

      double m_speed[DIM];

      double xMin[DIM];
      double xMax[DIM];

      /////// 模型中的变量 ///////////
      // Qb, Ts 为决策变量
      double La[N],Qag[N],Lb[N],Qbg[N],Ar[N],Wg[N],lamuda[N]; // 输入参数
      double Mw,Na,Nb,Ws,A,m,Pr;    // 输入参数
      double Qb[N],Qb1[N],Ts[N],Te[N],Arg[N];  // 计算变量
      double Qa[N],Qa1[N]; // 临时变量，与 t 相关
      //////////////////////////////
public:
      void Initial()
      {
           long j;

           // 从文件读入数据
           ifstream pFileIn;
           pFileIn.open("DataIn.txt",ios::in); // 读入模型参数
           for(j=0; j<N; j++)
                   pFileIn>>La[j];
           for(j=0; j<N; j++)
                   pFileIn>>Qag[j];
           for(j=0; j<N; j++)
                   pFileIn>>Lb[j];
           for(j=0; j<N; j++)
                   pFileIn>>Qbg[j];
           for(j=0; j<N; j++)
                   pFileIn>>Ar[j];
           for(j=0; j<N; j++)
                   pFileIn>>Wg[j];
           for(j=0; j<N; j++)
```

```
			pFileIn>>lamuda[j];
	pFileIn>>Mw;
	pFileIn>>Na;
	pFileIn>>Nb;
	pFileIn>>Ws;
	pFileIn>>A;
	pFileIn>>m;
	pFileIn>>Pr;
	pFileIn.close();

	pFileIn.open("Possion.txt",ios::in); // 读入泊松分布参数
	pFileIn.close();

	// 解的范围处理
	for(j=0; j<N; j++)	// 前N代表Qb
	{
		xMin[j] = 0.9*Qbg[j];	// 充满度90%
		xMax[j] = Qbg[j];
	}
	for(j=N+1; j<DIM; j++)	// 后N代表Ts
	{
		xMin[j] = 0;
		xMax[j] = 40;	// 最长40天
	}

	// 其他参数初始化
	for(j=0; j<DIM; j++)
	{
		m_var[j] = rdft()*(xMax[j]-xMin[j]) + xMin[j];
		m_speed[j]=VMAX*rdft();
		m_bestVar[j] = m_var[j];
	}

	// 更新目标值
	GetObj();

	// 更新个体最优
	m_bestObj = m_obj;
}

// 计算目标值
void GetObj()
```

```
{
        long j,t;
        double temp;

        // 变量转换
        for(j=0; j<N; j++)
        {
                Qb[j] = m_var[j];
                Ts[j] = m_var[j+N];
        }

        // 数据处理
        for(j=0; j<N; j++)
        {
                Qb1[j] = GetQ1(Lb[j],Qb[j]); // 干渠流量损失

                Arg[j] = Nb*Wg[j]/Mw;     // 允许的最大地下水灌溉面积
                if(Arg[j]>ERR)            // 可地下水灌溉
                {
                     temp = GetArg(j);   // 根据泊松分布反算面积
                     if(temp<=Arg[j])
                          Arg[j] = temp;
                }

                 Te[j] = Ts[j]+(Ar[j]-Arg[j]) *Mw/(86400*Na*Qb[j]);
// 灌溉结束时间
        }

        // 总干渠流量约束
        for(j=0; j<N; j++)
        {
               for(t=0;t<N;t++)
               {
                     temp = GetQa(j,Ts[t]);
                     if( temp+GetQ1(La[j],temp) > Qag[j]+ERR )
                     {
                           m_obj = -9999;    // 不符合标记
                           return;
                     }
               }
        }

        // 干渠流量约束
```

```
        for(j=0; j<N; j++)
        {
                if( Qb[j]+Qb1[j]>Qbg[j]+ERR )
                {
                    m_obj = -9999;  // 不符合标记
                    return;
                }
        }

        // 用水总量约束
        if( GetTotal()> Ws+ERR )
        {
                m_obj = -9999;  // 不符合标记
                return;
        }

        // 计算目标值，寻找最大的结束时间
        long pos;
        pos = 0;
        for(j=0; j<N; j++)
        {
                if(Te[j]>Te[pos])
                    pos = j;
        }
        m_obj = -Te[pos]; // 因要保证最大值最小，故取负号
}

// 更新速度及下一点坐标
void UpdateNext(double w)
{
        long j;
        for(j=0;j<DIM;j++)
        {
                // 更新速度
                m_speed[j] = w*m_speed[j]
                    +C1*rdft()*(m_bestVar[j]-m_var[j])
                    +C2*rdft()*(gBestNode.m_var[j]-m_var[j]);
                if(m_speed[j]>VMAX)
                    m_speed[j] = VMAX;
                else if(m_speed[j]<-VMAX)
                    m_speed[j] = -VMAX;

                // 更新决策变量
```

```
                m_var[j] += m_speed[j];
                if(m_var[j] > xMax[j] || m_var[j] < xMin[j])
                    m_var[j] = rdft()*(xMax[j]-xMin[j]) + xMin[j];

                // 更新目标值
                GetObj();

                // 更新个体最优
                LocalBest();
            }
        }

        // 计算个体最优
        void LocalBest()
        {
            long j;
            if( m_bestObj > m_obj )
            {
                for(j=0; j<DIM; j++)
                    m_bestVar[j] = m_var[j];

                m_bestObj = m_obj;
            }
        }

        /////////////////////////
private:
        double GetQa(long idx, double T)  // 计算主干渠末端流量
        {
            double q;
            q = 0;

            // 计算 Qb+Qb1
            if(T>=Ts[idx]-ERR && T<Te[idx]+ERR)
                q = Qb[idx]+Qb1[idx];

            if(idx==N)    // 最后一段时
                return q;
            else
                return q+GetQa(idx+1,T);
        }
```

```
    double GetQ1(double L, double q)  // 计算流量损失
    {
        return A*L*pow(q,1-m)/100;
    }

    double GetArg(long idx)   // 计算地下水灌溉面积
    {
        // 此处直接根据拟合公式求得 Pr=0.75 时的面积
        double area;
        area = 0.9984*lamuda[idx]*Ts[idx]-10.63;
        if(area>0)
                return area;
        return 0;
    }

    double GetTotal() // 得到渠首总流量
    {
        int i,j;
        double * T = new double [2*N];
        double total,q;

        // 时间节点输入
        for(j=0; j<N; j++)
        {
                T[j] = Ts[j];
                T[j+N] = Te[j];
        }
        sort(T,T+2*N);

        // 计算总用水量
        total = 0;
        for(i=0;i<2*N-1;i++)
        {
                q = GetQa(1, T[i]);
                total = (total + q + GetQ1(La[0],q))*(T[i+1]-T[i]);
        }
        return total;
    }

}node[POPSIZE], gBestNode;

// 计算全局最优
```

```
void GlobalBest(bool bFirst = false)
{
	long i,j;
	long pos;

	// 首次运行时赋初值
	if(bFirst)
	{
		for(j=0; j<DIM; j++)
			gBestNode.m_var[j] = node[0].m_var[j];
		gBestNode.m_obj = node[0].m_obj;
	}

	pos = 0;
	// 查最大目标点
	for(i=0; i<POPSIZE; i++)
	{
		if(node[i].m_obj > node[pos].m_obj)
			pos = i;
	}

	// 有最新的最大目标时更新
	if(node[pos].m_obj > gBestNode.m_obj)
	{
		gBestNode.m_obj = node[pos].m_obj;
		for(j=0; j<N; j++)
		{
			gBestNode.Qb[j]=node[pos].Qb[j];
			gBestNode.Qb1[j]=node[pos].Qb1[j];
			gBestNode.Ts[j]=node[pos].Ts[j];
			gBestNode.Te[j]=node[pos].Te[j];
			gBestNode.Arg[j]=node[pos].Arg[j];
		}
	}
}

long main()
{
	long i,j;
	double w;

	srand(time(0));
```

```
// 初始化
for(i=0; i<POPSIZE; i++)
{
     node[i].Initial();
}
GlobalBest(true);

for(i=0; i<500; i++)
{
     w=1.0-i*0.6/500; // 惯性权数
     for(j=0; j<POPSIZE; j++)
     {
             node[j].UpdateNext(w);
     }
     GlobalBest();

     if(fabs(gBestObj-400)<0.0001)
             break;
}

// 屏幕输出结果
cout.precision(5);
cout<<endl<<"----------优化结果---------"<<endl;
cout<<"最优解目标(天): "<<-gBestNode.m_obj<<endl;

cout<<endl<<"主干流量 Qb:";
for(i=0; i<N; i++)
      cout<<"  "<<gBestNode.Qb[i];

cout<<endl<<"主干流量损失 Qb1:";
for(i=0; i<N; i++)
      cout<<"  "<<gBestNode.Qb1[i];

cout<<endl<<"主干灌溉开始时间 Ts:";
for(i=0; i<N; i++)
      cout<<"  "<<gBestNode.Ts[i];

cout<<endl<<"主干灌溉结束时间 Te:";
for(i=0; i<N; i++)
      cout<<"  "<<gBestNode.Te[i];

cout<<endl<<"Arg:";
```

```
    for(i=0; i<N; i++)
          cout<<"  "<<gBestNode.Arg[i];

    cout<<endl<<"----------------------------"<<endl;

    // 输出结果至 DataOut.csv
    ofstream pFile;
    pFile.open("DataOut.csv");
    pFile.precision(5);
    pFile<<"最优解目标(天):,"<<-gBestNode.m_obj<<endl<<endl;

    pFile<<endl<<"干渠流量 Qb:";
    for(i=0; i<N; i++)
          pFile<<","<<gBestNode.Qb[i];

    pFile<<endl<<"干渠流量损失 Qb1:";
    for(i=0; i<N; i++)
          pFile<<","<<gBestNode.Qb1[i];

    pFile<<endl<<"主干渠灌溉开始时间 Ts:";
    for(i=0; i<N; i++)
          pFile<<","<<gBestNode.Ts[i];

    pFile<<endl<<"主干渠灌溉结束时间 Te:";
    for(i=0; i<N; i++)
          pFile<<","<<gBestNode.Te[i];

    pFile<<endl<<"Arg:";
    for(i=0; i<N; i++)
          pFile<<","<<gBestNode.Arg[i];

    pFile.close();
    return 0;
}
```

参考文献

[1] Afzal J, Noble D H, Weatherhead E K. Optimization model for alternative use of different quality irrigation waters. Journal of Irrigation and Drainage Engineering, 1992, 118 (2): 21-28.

[2] Ahmadi A, Karamouz M, Moridi A, et al. Integrated planning of land use and water allocation on a watershed scale considering social and water quality issues. Journal of Water Resources Planning and Management-Asce, 2012,138(6):671-681.

[3] Alabdulkader A M, Al-Amoud A I, Awad F S. Optimization of the cropping pattern in Saudi Arabia using a mathematical programming sector model. Agricultural Economics, 2012,58(2):56-60.

[4] Aleknavicius P, Aleknavicius M. Rational land use planning when preparing master plans of administrative territories. Vagos, 2010(86):37-45.

[5] Amin S H, Razmi J, Zhang G. Supplier selection and order allocation based on fuzzy SWOT analysis and fuzzy linear programming. Expert Systems with Applications, 2011, 38(1):334-342.

[6] Ammar E E. On some basic notions of fuzzy parametric nonsmooth multiobjective nonlinear fractional programming problems. Fuzzy Sets and Systems, 1998,99(3):291-301.

[7] Amoozadeh K, Moghaddam E R, Pahlavanravi A. Determination of appropriate land use by using land use planning process in Sykan watershed of Ilam province, Iran. International Journal of Advanced Biological and Biomedical Research, 2014,2(10): 2731-2734.

[8] Baillie I, Allen R, Wangmo D, et al. Intersectoral aspects of land use planning in the Wang watershed, Western Bhutan. Agriculture for Development, 2009(5):20-23.

[9] Baker J M, Everett Y, Liegel L, et al. Patterns of irrigated agricultural land conversion in a western u.s. Watershed: Implications for Landscape-Level water management and Land-Use planning. Society & Natural Resources, 2014,27(11):1145-1160.

[10] Baky I A. Solving multi-level multi-objective linear programming problems through fuzzy goal programming approach. Applied Mathematical Modelling, 2010,34(9):2377-2387.

[11] Balderama O F. Development of a decision support system for small reservoir irrigation systems in rainfed and drought prone areas. Water Science and Technology, 2010,61(11):2779-2785.

[12] Bange M P, Deutscher S A, Larsen D, et al. A handheld decision support system to facilitate improved insect pest management in Australian cotton systems. Computers and Electronics in Agriculture, 2004,43(2):131-147.

[13] Banks H O. Utilization of underground storage reservoirs. Transactions of the American Society of Civil Engineers, 1953,118(1):220-234.

[14] Bao C, Fang C, Chen F. Mutual optimization of water utilization structure and industrial structure in arid inland river basins of northwest China. Journal of Geographical Sciences, 2006,16(1):87-98.

[15] Bartolini F, Bazzani G M, Gallerani V, et al. The impact of water and agriculture policy scenarios on irrigated farming systems in Italy: An analysis based on farm level multi-attribute linear programming models. Agricultural Systems, 2007,93(1-3):90-114.

[16] Bass B, Huang G, Russo J. Incorporating climate change into risk assessment using grey mathematical programming. Journal of Environmental Management, 1997,49(1):107-123.

[17] Batabyal A A. The queuing theoretic approach to groundwater management. Ecological modelling, 1996,85(2):219-227.

[18] Bera R, Seal A, Bhattacharyya P, et al. Characterization of soils developed under tropical environment for land use planning in fringe of Chhotanagpur Plateau in eastern. Archives of Agronomy and Soil Science, 2007,53(5):485-495.

[19] Bessembinder H, Seguin P J. Price volatility, trading volume, and market depth: Evidence from futures markets. Journal of financial and Quantitative Analysis, 1993,28(1):21-39.

[20] Boix L R, Zinck J A. Land-use planning in the Chaco plain (Burruyacu, Argentina). Part 1: Evaluating land-use options to support crop diversification in an agricultural frontier area using physical land evaluation. Environmental management, 2008,42(6):1043-1063.

[21] Bonfil D J, Karnieli A, Raz M, et al. Decision support system for improving wheat grain quality in the Mediterranean area of Israel. Field Crops Research, 2004,89(1):153-163.

[22] Brown P D, Cochrane T A, Krom T D. Optimal on-farm irrigation scheduling with a seasonal water limit using simulated annealing. Agricultural Water Management, 2010,97(6):892-900.

[23] Cai X, McKinney D C, Lasdon L S. Solving nonlinear water management models using a combined genetic algorithm and linear programming approach. Advances in Water Resources, 2001,24(6):667-676.

[24] Cai Y P, Huang G H, Tan Q, et al. Planning of community-scale renewable energy management systems in a mixed stochastic and fuzzy environment. Renewable Energy, 2009,34(7):1833-1847.

[25] Cai Y P, Huang G H, Tan Q. An inexact optimization model for regional energy systems planning in the mixed stochastic and fuzzy environment. International Journal of Energy Research, 2009,33(5):443-468.

[26] Camusso M. Ecotoxicological assessment in the rivers Rhine (The Netherlands) and Po (Italy). Aquatic Ecosystem Health & Management, 2000, 3 (3): 335-345.

[27] Chadha S S, Veena C. Linear fractional programming and duality. Central European Journal of Operations Research, 2007, 15: 119-125.

[28] Chakraborty M, Gupta S. Fuzzy mathematical programming for multi objective linear fractional programming problem. Fuzzy sets and systems, 2002,125(3):335-342.

[29] Chandramouli S, Nanduri U V. Comparison of stochastic and fuzzy dynamic programming models for the operation of a multipurpose reservoir. Water and Environment Journal, 2011,25(4):547-554.

[30] Chang N B, Wen C G, Wu S L Optimal management of environment and land resources in a reservoir watershed by nultiobjective programming. Environment Management, 1995, 44: 145-161.

[31] Chary G R, Rao C S, Raju B M K, et al. Integrated land use planning for sustainable rainfed agriculture and rural development: A rainfed agro-economic zone approach. Agropedology, 2014,24(2):234-252.

[32] Chauhan Y S, Wright G C, Holzworth D, et al. AQUAMAN: A web-based decision support system for irrigation scheduling in peanuts. Irrigation Science, 2013,31(3):271-283.
[33] Chen C X, Pei S P, Jiao J J. Land subsidence caused by groundwater exploitation in Suzhou city, China. Hydrogeology Journal, 2003,11(2):275-287.
[34] Chen S. Ranking fuzzy numbers with maximizing set and minimizing set. Fuzzy sets and Systems, 1985,17(2):113-129.
[35] Chinneck J W, Ramadan K. Linear programming with interval coefficients. Journal of The Operational Research Society, 2000,51(2):209-220.
[36] Cisty M. Hybrid genetic algorithm and linear programming method for Least-Cost design of water distribution systems. Water Resources Management, 2010,24(1):1-24.
[37] Colorni A, Dorigo M, Maniezzo V, et al. Ant system for job-shop scheduling. Belgian Journal of Operations Research, Statistics and Computer Science, 1994,34(1):39-53.
[38] Cooper W W, Deng H, Huang Z, et al. Chance constrained programming approaches to congestion in stochastic data envelopment analysis. Central European Journal of Operations Research, 2004, 155: 487-501.
[39] Creal D. A survey of sequential monte carlo methods for economics and finance. Econometric Reviews, 2012,31(3):245-296.
[40] Dai Z Y, Li Y P. A multistage irrigation water allocation model for agricultural land-use planning under uncertainty. Agricultural Water Management, 2013,129:69-79.
[41] David D T, Bradley A K, Dave L B, et al. Evalution of in-row plant spacing and planting configuration for three irrigation potato cultivars. American Journal of Veterinary Research, 2011, 88: 207-217.
[42] DeJuan J A, Tarjuelo J M, Valiente M. Model for optimal cropping patterns within the farm based on crop water production functions and irrigation uniformity 1 Development of a decision model. Agricultural Water Management, 1996, 31: 115-143.
[43] Dinkelbach W. On nonlinear fractional programming. Management Science, 1967,13(7):492-498.
[44] Dushaj L, Sallaku F, Tafaj S, et al. Application on GIS for land use planning in central part of Albania, Maminas commune. Albanian Journal of Agricultural Sciences, 2011,10(1):23-29.
[45] Eberhart R C, Kennedy J. A new optimizer using particle swarm theory.1995. 39-43.
[46]Edward L H. Contrasting fuzzy goal programming and fuzzy multicriteria programming. Decision Sciences, 1982,13(2):337-339.
[47] Evans R O, Sneed R E, Cassel D K. Irrigation scheduling to improve water-and energy-use efficiencies. Carolina: NC Cooperative Extension Service, 1991.
[48] Fasakhodi A A, Nouri S H, Amini M. Water resources sustainability and optimal cropping pattern in farming systems; A multi-objective fractional goal programming approach. Water Resources Management, 2010,24(15):4639-4657.
[49] Fidelis T, Roebeling P. Water resources and land use planning systems in Portugal-Exploring better synergies through Ria de Aveiro. Land Use Policy, 2014,39:84-95.
[50] Galelli S, Gandolfi C, Soncini-Sessa R, et al. Building a metamodel of an irrigation district distributed-parameter model. Agricultural Water Management, 2010,97(2):187-200.
[51] Gangopadhyay S, Das Gupta A, Nachabe M H. Evaluation of ground water monitoring network by principal component analysis. Ground Water, 2001,39(2):181-191.
[52] Gao Q Z, Muyi K, Hongmei X. Optimization of land ues structure and spatial pattern for the semi-arid loess hilly-gully region in China. Catena, 2010, (81): 196-202.

[53] Ghahraman B, Sepaskhah A R. Optimal allocation of water from a single purpose reservoir to an irrigation project with pre-etermined multiple croping patterns. Irrigation Science, 2002, 21: 127-137.

[54] Graveline N, Loubier S, Gleyses G, et al. Impact of farming on water resources: Assessing uncertainty with Monte Carlo simulations in a global change context. Agricultural Systems, 2012,108:29-41.

[55] Grosskopf T. Why NSW Agriculture is involved in land use planning. Pamphlets - NSW Agriculture, 2003:7.

[56] Gu J J, Guo P, Huang G H, et al. Optimization of the industrial structure facing sustainable development in resource-based city subjected to water resources under uncertainty. Stochastic Environmental Research and Risk Assessment, 2013,27(3):659-673.

[57] Guo P, Chen X, Li M, et al. Fuzzy chance-constrained linear fractional programming approach for optimal water allocation. Stochastic Environmental Research & Risk Assessment, 2013,28(6):1601-1612.

[58] Guo P, Chen X, Tong L, et al. An optimization model for a crop deficit irrigation system under uncertainty. Engineering Optimization, 2014,46(1):1-14.

[59] Guo P, Huang G H, He L, et al.Interval-parameter fuzzy-stochastic semi-infinite mixed-integer linear programming for waste management under uncertainty. Environental Modeling & Assessment, 2009, 14: 521-537.

[60] Guo P, Huang G H, He L. ISMISIP: an inexact stochastic mixed integer linear semi-infinite programming approach for solid waste management and planning under uncertainty. Stochatic Environmental Research and Risk Assessment, 2008, 22: 759-775.

[61] Guo P, Huang G H, Li Y P. An inexact fuzzy-chance-constrained two-stage mixed-integer linear programming approach for flood diversion planning under multiple uncertainties. Advances in Water Resources, 2010, 33: 81-91.

[62] Guo P, Huang G H, Li Y P. Interval stochastic quadratic programming approach for municipal solid waste management. Journal of Environmental Engineering and Science, 2008,7(6):569-579.

[63] Guo P, Huang G H, Zhu L H H. Interval-parameter two-stage stochastic semi-infinite programming Application to water resources management under uncertainty. Water Resources Management, 2009, 23: 1001-1023.

[64] Gurav J B, Regulwar D G. Multi objective sustainable irrigation planning with decision parameters and decision variables fuzzy in nature. Water Resources Management, 2012,26(10):3005-3021.

[65] Haftka R T, Gürdal T. Elements of structural optimization. Holland: Springer Netherlands, 1992.

[66] Haimes Y Y. Integrated risk and uncertainty assessment in water resources within a multiobjective framework. Journal of Hydrology, 1984,68(1):405-417.

[67] Hamdy A, AbuZeid M, Lacirignola C. Water crisis in the mediterranean: Agricultural water demand management. Water International, 1995,20(4):176-187.

[68] Han Y, Huang Y, Wang G, et al. A multi-objective linear programming model with interval parameters for water resources allocation in Dalian city. Water Resources Management, 2011,25(2):449-463.

[69] Hassanzadeh E, Elshorbagy A, Wheater H, et al. Integrating Supply Uncertainties from Stochastic Modeling into Integrated Water Resource Management: Case Study of the Saskatchewan River Basin. Journal of Water Resources Planning and Management,

2015,142(2):581-590.
[70] He L, Huang G H, Lu H. An interval mixed-integer semi-infinite programming method for municipal solid waste management. Journa/ of the Air & Waste Management Association, 2009, 59: 236-246.
[71] He L, Huang G H, Zeng G, et al. Fuzzy Inexact Mixed-Integer Semiinfinite Programming for Municipal Solid Waste Management Planning. Journal of Environmental Engineering, 2008, 134 (7): 572-580.
[72] Hernandes F, Lamata M T, Verdegay J L, et al. The shortest path problem on networks with fuzzy parameters. Fuzzy Sets and Systems, 2007,158(14):1561-1570.
[73] Himmelblau D M, Clark B J, Eichberg M. Applied nonlinear programming. New York: McGraw-Hill, 1972.
[74] Houska T, Multsch S, Kraft P, et al. Monte Carlo-based calibration and uncertainty analysis of a coupled plant growth and hydrological model. Biogeosciences, 2014,11(7):2069-2082.
[75] Huang G H, Baetz B W, Park S W. Grey fuzzy integer programming - an application to regional waste management planning under uncertainty. Socio-Economic Planning Sciences, 1995,29(1):17-38.
[76] Huang G H, Baetz B W, Party G G. A grey fuzzy linear programming approach for municipal solid waste management planning under uncertainty. Civil Engineering Systems, 1993,10(2):123-146.
[77] Huang G H, Baetz B W, Patry G G. An interval linear programming approach for municipal solid waste management planning under uncertainty. Civil Engineering System, 1992, 9: 319-325.
[78] Huang G H, Cao M F. Analysis of solution methods for interval linear programming. Journal of Environmental Informatics, 2011,17(2):54-64.
[79] Huang G H, Loucks D P. An inexact two-stage stochastic programming model for water resources management under uncertainty. Civil Engineering and Environmental Systems, 2000,17(2):95-118.
[80] Huang G H, Qin X S, Sun W, et al. An optimisation-based environmental decision support system for sustainable development in a rural area in China. Civil Engineering and Environmental Systems, 2009,26(1):65-83.
[81] Huang G H, Sae-Lim N, Liu L, et al. An Interval-Parameter Fuzzy-Stochastic programming approach for municipal solid waste management and planning. Environmental Modeling & Assessment, 2001,6(4):271-283.
[82] Huang G H. A hybrid inexact-stochastic water management model. Eur. J.Oper.Res., 1998, 107: 137-158.
[83] Huang G H. Grey mathematical programming and its application to municipal solid waste management planning:[Ph.D. Thesis] Hamilton: McMaster University, 1994.
[84] Huang Y, Li Y P, Chen X, et al. Optimization of the irrigation water resources for agricultural sustainability in Tarim River Basin, China. Agricultural Water Management, 2012,107:74-85.
[85] Huge S W, Sun N. Optimization of conjunctive use of surface water and groundwater with water quality contrails. Proceeding Annual Water Resources Planning and Management and Conference, 1997: 408-413.
[86] Igue A M, Gaiser T, Stahr K. A soil and terrain digital database (SOTER) for improved land use planning in Central Benin. European Journal of Agronomy, 2004,21(1):41-52.

[87] Inuiguchi M. Multiple objective linear programmnig with fuzzy coefficients. International Series in Operations Research & Management Science, 2005, 78: 723-757.

[88] Iskander M G. A possibility programming approach for stochastic fuzzy multiobjective linear fractional programs. Computers & Mathematics with Applications, 2004,48(10):1603-1609.

[89] Jacobs H L. Water quality critercia. Jounal of Water Pollution Control Federation, 1965, 37 (5): 292-300.

[90] Jennifer H. Data analysis using regression and multilevel/hierarchical models. Oxford: Cambridge University Press, 2007.

[91] Jensen M E. Water consumption by agricultural plants. New York: Academic Press, 1968:1-22.

[92] Jiang C, Han X, Liu G R. Optimization of structures with uncertain constraints based on convex model and satisfaction degree of interval. Computer Methods in Applied Mechanics and Engineering, 2007,196(49):4791-4800.

[93] Juan R, Jose R, Miguel A. Optimisation model for water allocation in deficit irrigation System: 1. Description of the model. Agricultural Water Management, 2001, 48: 103-116.

[94] Kao C, Liu S. Fractional programming approach to fuzzy weighted average. Fuzzy Sets and Systems, 2001,120(3):435-444.

[95] Karaboga D, Akay B. A comparative study of artificial bee colony algorithm. Applied Mathematics and Computation, 2009,214(1):108-132.

[96] Karamouz M, Ahmadi A, Yazdi M S S, et al. Economic assessment of water resources management strategies. Journal of Irrigation and Drainage Engineering, 2014,140(1):9-10.

[97] Karamouz M, Zahraie B, Kerachian R, et al. Crop pattern and conjunctive use management: a case study. Irrigation and Drainage, 2010, 59 (2): 161-173.

[98] Kato K, Sakawa M. An interactive fuzzy satisficing method for multiobjective linear fractional programs with block angular structure. Cybernetics and Systems, 1997,28(3):245-262.

[99] Kaur R, Srivastava R, Betne R, et al. Integration of linear programming and a watershed-scale hydrologic model for proposing an optimized land-use plan and assessing its impact on soil conservation - a case study of the Nagwan watershed in the Hazaribagh district of Jharkhand, India. International Journal of Geographical Information Science, 2004,18(1):73-98.

[100] Kawai M. Price volatility of storable commodities under rational expectations in spot and futures markets. International Economic Review, 1983,24(2):435-459.

[101] Keramatzadeh A, Chizari A H, Moore R. Economic optimal allocation of agriculture water: Mathematical programming approach. Journal of Agricultural Science and Technology, 2011,13(4):477-490.

[102] Kim D, Kaluarachchi J J. A risk-based hydro-economic analysis for land and water management in water deficit and salinity affected farming regions. Agricultural Water Management, 2016,166:111-122.

[103] Kindler J. Rationalizing water requirements with aid of fuzzy allocation model. Journal of Water Resources Planning and Management, 1992, 118 (3): 308-318.

[104] Koekebakker S, Lien G. Volatility and price jumps in agricultural futures prices—evidence from wheat options. American Journal of Agricultural Economics, 2004,86(4):1018-1031.

[105] Kornbluth J S, Steuer R E. Multiple objective linear fractional programming. Management Science, 1981,27(9):1024-1039.

[106] Kumar M M, Prabhakar K S, Pandurangaiah K, et al. Land use planning and water resources development in Palar River left bank watershed, Kolar District, through remote sensing techniques. Mysore Journal of Agricultural Sciences, 2005,39(1):81-85.

[107] Kuusaana E D, Eledi J A. Customary land allocation, urbanization and land use planning in Ghana: Implications for food systems in the Wa Municipality. Land Use Policy, 2015,48:454-466.

[108] Lai Y, Hwang C. A new approach to some possibilistic linear programming problems. Fuzzy sets and systems, 1992,49(2):121-133.

[109] Lambert P J, Aronson J R. Inequality decomposition analysis and the Gini coefficient revisited. The Economic Journal, 1993,103(420):1221-1227.

[110] Lara P, Stancu-Minasian I. Fractional programming: A tool for the assessment of sustainability. Agricultural Systems, 1999,62(2):131-141.

[111] Lee C S, Wen C G. Fuzzy goal programming approach for water quality management in a river basin. Fuzzy Sets and Systems, 1997,89(2):181-192.

[112] Li M, Guo P, Fang S Q, et al. An inexact fuzzy parameter two-stage stochastic programming model for irrigation water allocation under uncertainty. Stochastic Environmental Research and Risk Assessment, 2013,27(6):1441-1452.

[113] Li M, Guo P, Liu X, et al. A decision-support system for cropland irrigation water management and agricultural non-point sources pollution control. Desalination and Water Treatment, 2014, 52:5106-5117.

[114] Li M, Guo P, Yang G Q, et al. IB-ICCMSP: An integrated irrigation water optimal allocation and planning model based on inventory theory under uncertainty. Water Resources Management, 2014,28(1):241-260.

[115] Li M, Guo P. A multi-objective optimal allocation model for irrigation water resources under multiple uncertainties. Applied Mathematical Modelling, 2014,38(19-20):4897-4911.

[116] Li W, Li Y P, Li C H, et al. An inexact two-stage water management model for planning agricultural irrigation under uncertainty. Agricultural Water Management, 2010,97(11):1905-1914.

[117] Li W, Li Y P, Li C H. An inexact two-stage water management model for planning under uncertainty. Agricultural Water Management, 2010, 97: 1905-1914.

[118] Li X, Huang G, Lu H, et al. ITSP optimization model for irrigation water management in yongxin county. Advanced Materials Research, 2011,361-363:1022-1025.

[119] Li X, Shao Z, Qian J. An optimizing method based on autonomous animats: Fish-swarm algorithm. System Engineering Theory and Practice, 2002,22(11):32-38.

[120] Li Y P, Huang G H, Chen X. Multistage scenario-based interval-stochastic programming for planning water resources allocation. Stochatic Environmental Research and Risk Assessment, 2009, 23: 781-792.

[121] Li Y P, Huang G H, Huang Y F, et al. A multistage fuzzy-stochastic programming model for supporting sustainable water-resources allocation and management. Environmental Modelling & Software, 2009, 24: 786-797.

[122] Li Y P, Huang G H, Nie S L, et al. ITCLP: An inexact two-stage chance-constrained program for planning waste management systems. Resources, Conservation and Recycling, 2007, 49: 284-307.

[123] Li Y P, Huang G H, Nie S L. An interval-parameter multi-stage stochastic

programming model for water resources management under uncertainty. Advances in Water Resources, 2006,29(5):776-789.

[124] Li Y P, Huang G H, Nie S L. Water resources management and planning under uncertainty: An inexact multistage joint-probabilistic programming method. Water Resources Management, 2009,23(12):2515-2538.

[125] Li Y P, Huang G H, Xiao H N, et al. An Inexact Two-Stage Quadratic Program for Water Resources Planning. Journal of Environmental Informatics, 2007, 10 (2): 99-105.

[126] Li Y P, Huang G H, Yang Z F, et al. IFTCIP An integrated optimization model for environmental management under uncertainty. Environmental Modeling & Assessment, 2009, 14: 315-332.

[127] Li Y P, Huang G H. Inexact Multistage Stochastic Quadratic Programming Method for Planning Water Resources Systems under Uncertainty. Environmental Engineering Science, 2007, 24 (10): 1361-1377.

[128] Li Y P, Huang G H. Planning agricultural water resources system associated with fuzzy and random features1. JAWRA Journal of the American Water Resources Association, 2011,47(4):841-860.

[129] Limpert E, Stahel W A, Abbt M. Log-normal distributions across the sciences: Keys and clues. BioScience, 2001,51(5):341-352.

[130] Liu C, Zhang X, Zhang Y. Determination of daily evaporation and evapotranspiration of winter wheat and maize by large-scale weighing lysimeter and micro-lysimeter. Agricultural & Forest Meteorology, 2002,111(2):109-120.

[131] Liu J, Li Y P, Huang G H, et al. Development of a fuzzy-boundary interval programming method for water quality management under uncertainty. Water Resources Management, 2015,29(4):1169-1191.

[132] Lorite I J, Mateos L, Orgaz F, et al. Assessing deficit irrigation strategies at the level of an irrigation district. Agricultural water Management, 2007, 91: 51-60.

[133] Lovell S T. Multifunctional urban agriculture for sustainable land use planning in the United States. Sustainability, 2010,2(8):2499-2522.

[134] Lu H W, Huang G H, He L. An inexact programming method for agricultural irrigation systems under parameter uncertainty. Stochastic Environmental Research and Risk Assessment, 2009,23(6):759-768.

[135] Lu H W, Huang G H, He L. An inexact rough-interval fuzzy linear programming method for generating conjunctive water-allocation strategies to agricultural irrigation systems. Applied Mathematical Modelling, 2011,35(9):4330-4340.

[136] Lu H W, Huang G H, He L. Development of an interval-valued fuzzy linear-programming method based on infinite alpha-cuts for water resources management. Environmental Modelling & Software, 2010,25(3):354-361.

[137] Lu H W, Huang G H, He L. Inexact rough-interval two-stage stochastic programming for conjunctive water allocation problems. Journal of Environmental Management, 2009, 91 (1): 261-269.

[138] Lu H W, Huang G H, He L. Simulation-based inexact rough-interval programming for agricultural irrigation management: A case study in the Yongxin county, China. Water resources management, 2012,26(14):4163-4182.

[139] Lu H W, Huang G H, Lin Y P, et al. A two-step infinite alpha-cuts fuzzy linear programming method in determination of optimal allocation strategies in agricultural irrigation systems. Water Resources Management, 2009,23(11):2249-2269.

[140] Lu H W, Huang G H, Zeng G M, et al. An inexact two-stage fuzzy-stochastic programming model for water resources management. Water resources management, 2008,22(8):991-1016.
[141] Lu H W, Huang G H, Zhang Y M, et al. Strategic agricultural land-use planning in response to water-supplier variation in a China's rural region. Agricultural Systems, 2012,108:19-28.
[142] Luo B, Maqsood I, Yin Y Y, et al. Adaption to Climate Change through Water Trading under Uncertainty—An Inexact Two-Stage Nonlinear Programming Approach. Journal of Environmental Informatics, 2003, 3 (2): 58-68.
[143] Lv Y, Huang G H, Li Y P, et al. Managing water resources system in a mixed inexact environment using superiority and inferiority measures. Stochastic Environmental Research and Risk Assessment, 2012,26(5):681-693.
[144] Ma M J, Yue D Q, Zhao B. Reliability analysis of machine interference problem with vacations and impatience behavior. Industrial, Mechanical and Manufacturing Science, 2015:53:53-62.
[145] Maia J, Boteta L, Fabião M, et al. Irrigation decision support system assisted by satellite. Aalqueva irrigation scheme case study. Options Mediterraneennes. Serie B, Etudes et Recherches, 2012(67):195-201.
[146] Maleki H R, Mashinchi M. Fuzzy number linear programming: A probabilistic approach (3). Journal of Applied Mathematics and Computing, 2004,15(1-2):333-341.
[147] Manakou V, Tsiakis P, Kungolos A. A mathematical programming approach to restore the water balance of the hydrological basin of Lake Koronia. Desalination & Water Treatment, 2013,51(13):2955-2976.
[148] Manakou V, Tsiakis P, Tsiakis T, et al. Sustainable development of the hydrological basin of lake koronia using mathematical programming and statistical analysis. Computer Aided Chemical Engineering, 2012,30:26-30.
[149] Maqsood I, Huang G H, Yeomans J S. An interval-parameter fuzzy two-stage stochastic program for water resources management under uncertainty. European Journal of Operational Research, 2005,167(1):208-225.
[150] Maqsood I, Huang G H. An interval-parameter fuzzy two-stage stochastic program for water resources management under uncertainty. European Journal of Operational Research, 2005, 167: 208-225.
[151] Maqsood, Huang G H. A Two-Stage Interval-Stochastic Programming Model for Waste Management under Uncertainty. Journal of the Air & Waste Management Association, 2003, 53: 540-552.
[152] Mark Shevlin P, Hunt P, Miles J N. An introduction to Monte Carlo simulations in criminal psychology: Applications in evaluating biased estimators for recidivism. Journal of Criminal Psychology, 2015,5(2):149-156.
[153] Masoud P, Amin B Y, Shahab A, et al. Optimal water allocation in irrigation network based on real time climatic data. Agricultural Water Management, 2013, 117:1-8.
[154] Matsui Y, Inoue T, Matsushita T, et al. Effect of uncertainties of agricultural working schedule and Monte-Carlo evaluation of the model input in basin-scale runoff model analysis of herbicides. Water Science and Technology, 2005,51(3-4):329-337.
[155] Medellin-Azuara J, MacEwan D, Howitt R E, et al. Hydro-economic analysis of groundwater pumping for irrigated agriculture in California's central valley, USA. Hydrogeology Journal, 2015,23(6):1205-1216.
[156] Metropolis N, Ulam S. The monte carlo method. Journal of the American Statistical

Association, 1949,44(247):335-341.
[157] Moghaddam B F, Ruiz R, Sadjadi S J. Vehicle routing problem with uncertain demands: An advanced particle swarm algorithm. Computers & Industrial Engineering, 2012,62(1):306-317.
[158] Morgan D R, Eheart J W, Valocchi A J. Aquifer remediation design under uncertainty using a new chance constrained programming technique. Water Resources Research, 1993, 29: 551-568.
[159] Morgan T. A dynamic model of corn yield response to water. Water Resources Research, 1980, (6): 59-64.
[160] Mun S, Sassenrath G F, Schmidt A M, et al. Uncertainty analysis of an irrigation scheduling model for water management in crop production. Agricultural Water Management, 2015,155:100-112.
[161] Nazer D W, Tilmant A, Mimi Z, et al. Optimizing irrigation water use in the West Bank, Palestine. Agricultural Water Management, 2010,97(2):339-345.
[162] Niu G, Li Y P, Huang G H, et al. Crop planning and water resource allocation for sustainable development of an irrigation region in China under multiple uncertainties. Agricultural Water Management, 2016,166:53-69.
[163] Niu K. Studies of multi-objective linear programming model on Chinese agricultural structure adjustment. Acta Agriculturae Zhejiangensis, 2011,23(4):840-846.
[164] Oad R, Garcia L, Kinzli K, et al. Decision support systems for efficient irrigation in the middle rio grande valley. Journal of Irrigation and Drainage Engineering, 2009,135(2):177-185.
[165] Ottman M J, Andrade-Sanchez P. Determination of optimal planning configuration of low input and organic barley and wheat production in Arizona. Forage and Grain: A College of Agriculture and Life Sciences Report, 2012.
[166] Pal B B, Moitra B N, Maulik U. A goal programming procedure for fuzzy multiobjective linear fractional programming problem. Fuzzy Sets and Systems, 2003,139(2):395-405.
[167] Panagopoulos Y, Makropoulos C, Mimikou M. Decision support for agricultural water management. Global Nest Journal, 2012,14(3):255-263.
[168] Parsad A, Umamhesh N, Viswanath G. Optimal irrigation planning model for an existing storage based irrigation system in India. Irrigation and Drainage System, 2011, 25 (1): 19-38.
[169] Paster E. Preservation of agricultural lands through land use planning tools and techniques. Natural Resources Journal, 2004,44(1):283-318.
[170] Qin X S, Huang G H. An inexact chance-constrained quadratic programming model for stream water quality management. Water Resources Management, 2009,23(4):661-695.
[171] Qin X, Huang G H, Chakma A, et al. A MCDM-based expert system for climate-change impact assessment and adaptation planning–a case study for the Georgia Basin, Canada. Expert Systems with Applications, 2008,34(3):2164-2179.
[172] Raju K S, Biere A W, Kanemasu E T, Lee E S. Irrigation scheduling based on a dynamic crop response model. Advances in irrigation, 1983, 2: 257-333.
[173] Raju K S, Duckstein L. Multiobjective fuzzy linear programming for sustainable irrigation planning: An Indian case study. Soft Computing, 2003,7(6):412-418.
[174] Raju K, Kumar D. Multicriterion decision making in irrigation planning. Agricultural Systems, 1999, 62 (2): 117-129.
[175] Regulwar D G, Gurav J B. Sustainable Irrigation Planning with Imprecise Parameters under Fuzzy Environment. Water Resources Management, 2012,26(13):3871-3892.

[176] Ren C F, Guo P, Li M, et al. Optimization of industrial structure considering the uncertainty of water resources. Water Resources Management, 2013:1-14.
[177] Ritaban D, Ahsan M, Jagannath A, et al. Development of an intelligent environmental knowledge system for sustainable agricultural decision support. Environmental Modelling and Software, 2014,52:264-272.
[178] Ruszczynski A. Parallel decomposition of multi-stage-stochastic programming peoblems. Mathematical Programming, 1993, 58: 201-228.
[179] Safavi H R, Alijanian M A. Optimal crop planning and conjunctive use of surface water and groundwater resources using fuzzy dynamic programming. Journal of Irrigation and Drainage Engineering-Asce, 2011,137(6):383-397.
[180] Sahinidis N V. Optimization under uncertainty: State-of-the-art and opportunities. Computers & Chemical Engineering, 2004,28(6-7):971-983.
[181] Sakawa M, Kato K, Mizouchi R. An interactive fuzzy satisfying method for multiobjective block angular linear fractional programming problems with parameters. Electronics And Communications In Japan (Part Ⅲ: Fundamental Electronic Science), 1998,81(12):45-54.
[182] Sakawa M, Kato K. An interactive fuzzy satisficing method for structured multiobjective linear fractional programs with fuzzy numbers. European Journal of Operational Research, 1998,107(3):575-589.
[183] Sakawa M, Kato K. Interactive decision-making for multiobjective linear fractional programming problems with block angular structure involving fuzzy numbers. Fuzzy Sets and Systems, 1998,97(1):19-31.
[184] Sakawa M, Nishizaki I, YongXin S. Interactive fuzzy programming for multiobjective two-level linear fractional programming problems with partial information of preference. International Journal of Fuzzy Systems, 2001,3(3):452-461.
[185] Saker R A, Quaddus M A. Modeling a nationwide crop planning problem using a multiple criteria decision making tool. Computers & Industrial Engineering, 2002, 42: 541-553.
[186] Salman A Z, Al-Karablieh E. Measuring the willingness of farmers to pay for groundwater in the highland areas of Jordan. Agricultural Water Management, 2004,68(1):61-76.
[187] Schlager E. Rivers for life: Managing water for people and nature. Ecological Economics, 2005,55(2):306-307.
[188] Seifi A, Hipel K. Interior-point method for reservoir operation with stochastic inflow. Journal of Water Resources Planning and Management-Asce, 2001, 127 (1): 48-57.
[189] Sethi L N, Panda S N, Nayak M K. Optimal crop planning and water resources allocation in a coastal groundwater basin,Orissa,India. Agricultural Water Management, 2006, 83 (3): 209-220.
[190] Shangguan Z, Shao M, Horton R, et al. A model for regional optimal allocation of irrigation water resources under deficit irrigation and its application. Agricultural Water Management, 2002, 55: 139-154.
[191] Shaw K, Shankar R, Yadav S S, et al. Supplier selection using fuzzy AHP and fuzzy multi-objective linear programming for developing low carbon supply chain. Expert Systems with Applications, 2012,39(9):8182-8192.
[192] Shen Y, Sakawa M, Nishizaki I. Interactive fuzzy programming using partial information about preference for multiobjective Two-Level linear fractional programming problems. Transactions, 2002,85(3):298-305.
[193] Shi B, Huang G, Lu H, et al. A two-phase semi-infinite programming method for yongxin water resources allocation in Jiangxi province. Advanced Materials Research,

2011,361-363:906-909.

[194] Shirazi M J, Vatankhah R, Boroushaki M, et al. Application of particle swarm optimization in chaos synchronization in noisy environment in presence of unknown parameter uncertainty. Communications in Nonlinear Science and Numerical Simulation, 2012,17(2):742-753.

[195] Singh A, Panda S N. Development and application of an optimization model for the maximization of net agricultural return. Agricultural Water Management, 2012,115:267-275.

[196] Singh C. A class of multiple-criteria fractional programming problems. Journal of mathematical analysis and applications, 1986,115(1):202-213.

[197] Soltani J, Karbasi A R, Fahimifard S M. Determining optimum cropping pattern using Fuzzy Goal Programming (FGP) model. African Journal of Agricultural Research, 2011,6(14):3305-3310.

[198] Sun D. Analysis on equity of China medical resources allocation—the case of Shanghai. Journal of Business Administration Research, 2013,2(2):61-65.

[199] Takahashi T, Aizaki H, Ge Y, et al. Agricultural water trade under farmland fragmentation: A simulation analysis of an irrigation district in northwestern China. Agricultural Water Management, 2013,122:63-66.

[200] Tan Q, Huang G H, Cai Y P. Identification of optimal plans for municipal solid waste management in an environment of fuzziness and two-layer randomness. Stochastic Environmental Research and Risk Assessment, 2010,24(1):147-164.

[201] Tan Q, Huang G H, Cai Y P. Radial interval chance-constrained programming for agricultural non-point source water pollution control under uncertainty. Agricultural Water Management, 2011,98(10):1595-1606.

[202] Tan Q, Huang G H, Cai Y P. Waste management with recourse: An inexact dynamic programming model containing fuzzy boundary intervals in objectives and constraints. Journal of Environmental Management, 2010,91(9):1898-1913.

[203] Tan Q, Huang G H, Cai Y. A Superiority-Inferiority-Based inexact fuzzy stochastic programming approach for solid waste management under uncertainty. Environmental Modeling & Assessment, 2010,15(5):381-396.

[204] Tan W, Xu W, Yang F, et al. A framework for service enterprise workflow simulation with multi-agents cooperation. Enterprise Information Systems, 2013,7(4):523-542.

[205] Tanure S, Nabinger C, Becker J L. Bioeconomic model of decision support system for farm management. Part I: Systemic conceptual modeling. Agricultural Systems, 2013,115:104-116.

[206] Tilman D, Cassman K G, Matson P A, et al. Agricultural sustainability and intensive production practices. Nature, 2002,418(6898):671-677.

[207] Tran L T, Knignt C G, Oheill R V. Fuzzy Decision Analysis for integrated Environmental Vulnerability Assessment of the Mid-Atlantic Region. Environmental Management, 2002, 29 (6): 845-859.

[208] Turner J L, Shifflett S C, Batten R. China's upstream advantage in the great Himalayan Watershed. Asia Policy, 2013,16(1):11-18.

[209] Utpul B, Bandyopadhyay S, Reza S K. Land use planning and strategic measures in north eastern region of India. Agropedology, 2014,24(2):292-303.

[210] Van Hop N. Solving fuzzy (stochastic) linear programming problems using superiority and inferiority measures. Information Sciences, 2007,177(9):1977-1991.

[211] Vedula S, Mujumdar P P, Sekhar G C. Conjunctive use modeling for multicrop

irrigation. Agricultural Water Management, 2005,73(3):193-221.

[212] Veeck G. China's food security: Past success and future challenges. Eurasian Geography and Economics, 2013,54(1):42-56.

[213] Venkatraman S, Yen G G. A generic framework for constrained optimization using genetic algorithms. Evolutionary Computation, IEEE Transactions on, 2005,9(4): 424-435.

[214] Wagner K. Evaluation of the multifunctionality of agricultural areas as part of an integrated land use planning approach. Journal of Central European Agriculture, 2006,7(3):553-557.

[215] Wang C X, Li Y P, Huang G H, et al. A type-2 fuzzy interval programming approach for conjunctive use of surface water and groundwater under uncertainty. Information Sciences, 2016,340:209-227.

[216] Wang X, Sloan I H. Quasi-Monte Carlo methods in financial engineering: An equivalence principle and dimension reduction. Operations Research, 2011,59(1):80-95.

[217] Wang Y B, Wu P T, Zhao X N, et al. The optimization for crop planning and some advances for Water-Saving crop planning in the semiarid loess plateau of china. Journal of Agronomy and Crop Science, 2010,196(1):55-65.

[218] Watkins D W, McKinney D C. Robbust optimization for incorporating risk and uncertainly in sustainable water resources planning. International Association of Hydrological Sciences, 1995, 231: 225-232.

[219] Woodruff D R. 'WHEATMAN'—a decision support system for wheat management in subtropical Australia. Crop and Pasture Science, 1992,43(7):1483-1499.

[220] World Water Assessment Programme. The United Nations World Development Report 3: Water in a Changing World. Paris: UNESCO and London: Earthscan: 2009.

[221] Xevi E, Ehan S. A multi-objective optimisation approach to water management. Journal of Environmental Management, 2005, 77 (4): 269-277.

[222] Xia J, Wang G, Tan G, et al. Development of distributed time-variant gain model for nonlinear hydrological systems. Science in China Series D: Earth Sciences, 2005,48(6):713-723.

[223] Xia J, Zhang L, Liu C, et al. Towards better water security in North China. Water Resources Management, 2007,21(1):233-247.

[224] Xu Y, Huang G H, Qin X S, et al. An interval-parameter stochastic robust optimization model for supporting municipal solid waste management under uncertainty. Waste Management, 2010,30(2):316-327.

[225] Yang G, Ding L, Huo L, et al. Coordinated development of agricultural water resources and the socio-economy in Shanxi Province considering uncertainty. Irrigation and Drainage, 2021, 70(4):861-870.

[226] Yang G, Guo P, Huo L, et al. Optimization of the irrigation water resources for Shijin irrigation district in north China. Agricultural Water Management, 2015,158:82-98.

[227] Yang G, Guo P, Li M, et al. An improved solving approach for Interval-Parameter programming and application to an optimal allocation of irrigation water problem. Water Resources Management, 2016,30(2):701-729.

[228] Yang G, Li M, Guo P. Monte Carlo-based agricultural water management under uncertainty: A case study of Shijin Irrigation District, China. Journal of Environmental Informatics, 2021, 38(1): 1-13.

[229] Yang G, Li M, Huo L. Decision support system based on queuing theory to optimize canal management. Water Resources Management, 2019, 33(12): 4367-4384.

[230] Yang G, Li X, Huo L, et al. A solving approach for fuzzy multi-objective linear fractional programming and application to an Agricultural Planting Structure Optimization Problem. Chaos Solitons & Fractals, 2020, 141: 110352.
[231] Yang G, Liu L, Guo P, et al. A flexible decision support system for irrigation scheduling in an irrigation district in China. Agricultural Water Management, 2017, 179: 378-389.
[232] Yang H, Reichert P, Abbaspour K C, et al. A water resources threshold and its implications for food security. Environmental Science & Technology, 2003,37(14):3048-3054.
[233] Yang N, Wen F. A chance constrained programming approach to transmission system expansion planning. Electric Power System Research, 2005, 75: 171-177.
[234] Zabihi H, Ahmad A, Vogeler I, et al. Land suitability procedure for sustainable citrus planning using the application of the analytical network process approach and GIS. Computers and Electronics in Agriculture, 2015,117:114-126.
[235] Zeng X T, Li Y P, Huang G H, et al. Modeling water trading under uncertainty for supporting water resources management in an arid region. Journal of Water Resources Planning and Management, 2016,142(2):1061-1071.
[236] Zeng X, Kang S, Li F, et al. Fuzzy multi-objective linear programming applying to crop area planning. Agricultural Water Management, 2010,98(1):134-142.
[237] Zhang D, Fan G, Liu Y, et al. Field trials of aquifer protection in longwall mining of shallow coal seams in China. International Journal of Rock Mechanics and Mining Sciences, 2010,47(6):908-914.
[238] Zhang L, Guo P, Fang S, et al. Monthly optimal reservoirs operation for multicrop deficit irrigation under fuzzy stochastic uncertainties. Journal of Applied Mathematics, 2013,2014(1):1-11.
[239] Zhang P, Xu M. The view from the county: China's regional inequalities of socio-economic development. Annals of Economics and Finance, 2011,12(1):183-198.
[240] Zhang Y M, Huang G H. Inexact credibility constrained programming for environmental system management. Resources, Conservation and Recycling, 2011,55(4):441-447.
[241] Zhang Z, Shi Y, Gao G. A rough set-based multiple criteria linear programming approach for the medical diagnosis and prognosis. Expert Systems with Applications, 2009,36(5):8932-8937.
[242] Zhou Y, Huang G H, Boting Y. Water resources management under multi-parameter interactions: A factorial multi-stage stochastic programming approach. Omega, 2013,41(3):559-573.
[243] Zhu H, Huang G H. SLFP: A stochastic linear fractional programming approach for sustainable waste management. Waste management, 2011,31(12):2612-2619.
[244] Zhu Y, Li Y P, Huang G H, et al. Risk assessment of agricultural irrigation water under interval functions. Stochastic Environmental Research and Risk Assessment, 2013,27(3):693-704.
[245] Zimmermann H J. Fuzzy programming and linear programming with several objective functions. Fuzzy Sets and Systems, 1978,1(1):45-55.
[246] Zimmermann H J. Fuzzy Set-Theory and its Applications. Dordrecht: springer science & business media, 2011.
[247] Ziolkowska J R. Shadow price of water for irrigation — a case of the High Plains. Agricultural Water Management, 2015,153:20-31.
[248] Zwart S J, Bastiaanssen W G M. Review of measured crop water productivity values

for irrigated wheat, rice, cotton and maize. Agricultural Water Management, 2004,69(2):115-133.
[249] 白玉娟, 殷国栋. 地下水水质评价方法与地下水研究进展. 水资源与水土工程学报, 2010, 21 (3): 115-123.
[250] 蔡龙山, 雷晓云, 司志文. 塔里木灌区水库群水资源优化调度模型研究. 水资源与水工程学报, 2006(3): 58-61.
[251] 曹杰, 陶云. 中国的降水量符合正态分布吗? 自然灾害学报, 2002,11(3):115-120.
[252] 曾明容, 王成海. 模糊数学在水质评价中的应用. 福建环境, 1999, 16 (5): 7-9.
[253] 曾郷婷. 石羊河流域灌区用水管理不确定性规划模型研究及系统实现.北京: 中国农业大学, 2011.
[254] 柴强, 黄鹏, 朱永永. 绿洲灌区节水型种植业结构优化对策研究. 农业系统科学与综合研究,2006, 22 (1): 21-24.
[255] 陈然. 柘林水库水质现状评价和水环境容量研究. 南昌: 南昌大学, 2009.
[256] 陈守煜, 马建琴, 张振伟. 作物种植结构多目标模糊优化模型与方法. 大连理工大学学报, 2003, 43 (1): 12-15.
[257] 陈卫宾, 董增川, 张运凤. 基于记忆梯度混合遗传算法的灌区水资源优化配置. 农业工程学报, 2008(6): 10-13.
[258] 陈晓楠, 段春青, 邱林, 等. 基于粒子群的大系统优化模型在灌区水资源优化配置中的应用. 农业工程学报, 2008,24(3):103-106.
[259] 崔远来, 袁宏源, 李远华. 考虑随机降雨时稻田高效节水灌溉制度. 水力学报, 1999, (7): 40-45.
[260] 崔远来. 非充分灌溉优化配水技术研究综述. 灌溉排水, 2000, 19 (1): 66-70.
[261] 崔远来. 缺水条件下水稻灌区有限水土资源最优分配. 武汉大学学报（工学版）, 2002, 35(4): 18-21.
[262] 丁杰. 龙口市兰高镇农业水资源优化配置研究. 济南: 济南大学, 2010.
[263] 方媛, 李培月. 银川市降水量正态分布特征. 水利科技与经济, 2010,16(008):873-875.
[264] 付国江, 王少梅, 刘舒燕, 等. 含边界变异的粒子群算法. 武汉理工大学学报, 2005,27(9):101-103.
[265] 付强, 王立坤, 门宝辉, 等. 推求水稻非充分灌溉下优化灌溉制度的新方法-基于实码加速遗传算法的多维动态规划法. 水力学报, 2003(1): 123-128.
[266] 高伟增, 余周, 汪志农. 基于复合基因编码的渠系水资源智能优化研究. 灌溉排水学报, 2011(05):111-115.
[267] 顾文权, 邵东国, 黄显蜂. 水资源配置多目标风险分析方法研究. 水力学报, 2008, 3 (3): 339-345.
[268] 郭天翔, 刘红侠. 利用 Excel 绘制 PⅢ型频率曲线. 治淮, 2010(3): 21-23.
[269] 郭志林, 薛明志. Fuzzy 区间数的一种排列方法及综合评判模型. 数学的实践与认识, 2005, 35 (7): 244-247.
[270] 郭宗楼. 非线性节水高产优化模型. 水科学进展, 1994, 5 (1): 58-63.
[271] 贺北方, 周丽, 马细霞. 基于遗传算法的区域水资源优化配置模型. 水电能源科学,2002, 20 (3): 10-12.
[272] 胡怀亮, 秦克丽, 张国岑. 河南省水井工程布局合理性研究. 灌溉排水学报, 2014,33(3):78-82.
[273] 黄冠华. 模糊线性规划在灌区规划与管理中的应用. 水利学报, 1991(5): 36-40.
[274] 黄强, 王增发, 畅建霞. 城市供水水源联合优化调度研究. 水利学报, 1999(5): 57-62.
[275] 姜潮. 基于区间的不确定性优化理论与算法. 长沙: 湖南大学, 2008.

[276] 解玉磊. 复杂性条件下流域水量水质联合调控与风险规避研究. 北京:华北电力大学, 2015.
[277] 康绍忠, 粟晓玲, 杜太生, 等. 西北旱区流域尺度水资源转化规律及其节水调控模式——以甘肃石羊河流域为例. 北京：中国水利水电出版社, 2009.
[278] 李春泉. 不确定系统中的多目标规划模型及其应用. 成都: 电子科技大学, 2019.
[279] 李海涛, 许学工, 肖笃宁. 民勤绿洲水资源利用分析. 干旱研究, 2007, 24 (3): 287-295.
[280] 李金茹, 张玉顺. 灌区水资源优化配置数学模型研究与应用. 中国农村水利水电, 2011 (7): 66-68.
[281] 李令跃, 甘泓. 试论水资源合理配置和承载能力概念与可持续发展之间的关系. 水科学进展, 2000,11(3):307-313.
[282] 李茉, 郭萍. 基于双层分式规划的种植结构多目标模型研究. 农业机械学报, 2014,45(9):79-81.
[283] 李霆. 石羊河流域主要作物水分生产函数及优化灌溉制度初步研究. 陕西：西北农林科技大学, 2005.
[284] 李彦刚, 刘小学, 魏晓妹, 等. 宝鸡峡灌区地表水与地下水联合调度研究. 人民黄河, 2009, 31 (3): 65-69.
[285] 李银银. 区域地表水总体水质评价方法研究——模型开发及应用. 武汉: 武汉理工大学, 2007.
[286] 联合国教科文组织. 联合国世界水发展报告（第 4 版）不确定性和风险条件下的水管理（第 1 卷）. 北京: 水利水电出版社，2013.
[287] 廖要明, 张强, 陈德亮. 中国天气发生器的降水模拟. 地理学报, 2004,59(4):417-426.
[288] 林仰南, 何复光. 农业用水水质安全及用臭氧对污水无害化处理. 农业工程学报, 2001, 17(4): 174-176.
[289] 刘红亮. 灌区水资源优化配置与可持续发展评价研究. 南京: 河海大学, 2002.
[290]刘洪禄, 车建明. 北京市农业节水与作物种植结构调整. 中国农村水利水电, 2002, 10-12 (11): 10-12.
[291] 刘俊. 缺水地区农业种植结构调整与经济灌溉定额研究. 北京: 中国水利水电科学研究院, 2007.
[292] 刘睿翀. 陕西黑河流域地表水与地下水耦合模拟研究. 西安: 长安大学, 2015.
[293] 刘文杰, 苏永中, 杨荣, 等. 民勤地下水水化学特征和矿化度的时空变化. 环境科学, 2009, 30 (010): 2911-2917.
[294] 刘潇, 郭萍. 基于不确定性的旱作作物种植结构优化. 干旱地区农业研究, 2013(6):208-213.
[295] 刘哲. 灌溉渠系优化配水模型与算法研究. 杨凌: 西北农林科技大学, 2006.
[296] 吕廷波. 西北干旱内陆区石羊河流域灌溉水利用率估算与评价. 北京: 中国农业大学, 2007.
[297] 马龙华. 不确定系统的鲁棒优化方法及应用研究. 杭州: 浙江大学, 2001.
[298] 马平, 朱珊, 郑毅. 模糊综合评判方法在灌溉用水水质评价中的应用. 世界地质, 2002, 21 (4): 353-357.
[299] 农业部. 发布“镰刀弯”地区玉米结构调整的指导意见. 农业机械, 2015(23):138.
[300] 彭世彰, 高晓丽. 提高灌溉水利用系数的探讨. 中国水利, 2012(1): 33-35.
[301] 彭祖增, 孙韫玉.模糊数学及其应用. 武汉: 武汉大学出版社, 2002.
[302] 钱正英. 中国可持续发展水资源战略研究综合报告. 中国水利学会 2001 学术年会论文集: 2001.

[303] 邱林, 陈守煜, 张振伟, 等. 作物灌溉制度设计的多目标优化模型及方法. 华北水利水电学院学报, 2001, 22 (3): 90-93.
[304] 荣丰涛. 节水型农田灌溉制度的初步研究. 水利水电技术, 1986(7): 16-20.
[305] 史晔坤. 提升农业生产效率,推进农业现代化发展. 中国农资, 2016(06):3.
[306] 宋尚孝, 吴有志. 灌溉用水水质模糊综合评价方法. 地下水, 1998, 20 (2): 76-79.
[307] 孙小平, 荣丰涛. 作物优化灌溉制度的研究. 山西水利科技, 2004(2): 39-41.
[308] 孙义福, 赵青, 张长江. 英国水资源管理和水环境保护情况及其启示. 山东水利, 2005(3): 12-13.
[309] 汤瑞凉, 郭存芝, 董晓娟. 灌溉水资源优化调配的熵权系数模型研究. 河海大学学报, 2000, 28 (1): 18-21.
[310] 佟长福, 李和平, 高瑞忠等. 基于多目标遗传算法的节水型农牧业产业结构优化调整模型. 干旱地区农业研究, 2013, 31(1): 199-205.
[311] 童金虎. 农田灌溉工程雨季受损渠道修复处理方案. 北京农业, 2015(15):25.
[312] 汪建沃. 产出高效 产品安全 资源节约 环境友好 中央一号文件利好农化企业供给侧改革. 农药市场信息, 2016(04):9.
[313] 汪志农. 灌溉排水工程学. 北京: 中国农业出版社, 2000.
[314] 王斌, 张展羽, 张国华. 一种新的优化灌溉制度算法——自由搜索. 水科学进展, 2008, 19 (5): 736-741.
[315] 王方舟, 孙文生. 河北省农业种植结构的优化对策研究. 江苏农业科学, 2011, (1): 482-484.
[316] 王洪波, 王宏伟. 查哈阳灌区水资源多目标优化配置模型及其应用研究. 中国农村水利水电, 2007(7): 47-50.
[317]王鹏. 基于pareto front 的多目标遗传算法在灌区水资源配置中的应用. 节水灌溉, 2005(6): 29-32.
[318] 王维平. 人工牧草最优灌溉制度研究. 农田水利与小水电, 1987(3): 1-5.
[319] 王文晶, 姜影. 黑龙江省农业水资源优化配置初探. 农机化研究, 2008, 6 (2): 248-249.
[320] 王小飞, 付湘, 黄俊. 淠史杭灌区水资源优化配置研究. 中国农村水利水电, 2006 (11): 48-50.
[321] 王晔, 杨茂盛. 基于目标规划方法的陕北地区坡耕地种植结构研究. 西安工程大学学报, 2009, 23 (1): 103-106.
[322] 魏锋涛, 宋俐, 李言. 最小偏差法在机械多目标优化设计中的应用. 工程图书学报, 2011(3): 100-104.
[323] 吴江, 黄登仕. 区间数排序方法研究综述. 系统工程, 2004, 22 (008): 1-4.
[324] 吴小刚, 刘宗歧, 田立亭, 等. 基于改进多目标粒子群算法的配电网储能选址定容. 电网技术, 2014,38(12):3405-3411.
[325] 吴泽宁. 经济区水资源优化分配的多目标投入产出模型. 郑州大学学报(工学版), 1990, 11 (3): 81-86.
[326] 武雪萍, 吴会军, 庄严. 节水型种植结构优化灰色多目标规划模型和方法研究——以洛阳市为例. 中国农业资源与区划, 2008, 29 (6): 16-21.
[327] 武雪萍. 洛阳市节水型种植制度研究与综合评价. 北京: 中国农业科学院: 2006.
[328] 习近平. 关于《中共中央关于制定国民经济和社会发展第十三个五年规划的建议》的说明. 新长征, 2015(12):19-23.
[329] 肖俊夫, 刘战东, 段爱旺, 等. 中国主要农作物分生育期Jensen模型研究. 节水灌溉, 2008(7):1-8.
[330] 肖跃龙. 巴陵石化重大水体污染风险识别与治理研究. 北京: 北京化工大学, 2009.

[331] 徐泽水, 达庆利. 区间数的排序方法研究. 系统工程, 2001, 19 (6): 94-96.

[332] 薛梅. 生物资产的确认、计量、信息披露研究. 泰安: 山东农业大学, 2009.

[333] 杨炳超. 地下水质量综合评价方法的研究. 西安: 长安大学, 2004.

[334] 杨改强, 郭萍, 李睿环, 等. 基于排队理论的灌区渠系地表水及地下水优化配置模型. 农业工程学报, 2016,32(6):115-120.

[335] 杨改强. 基于不确定性的灌区优化模型及算法研究. 北京: 中国农业大学, 2016.

[336] 杨益. 加强农业节水的意义及发展方向. 水利发展研究, 2011, (7): 32-37.

[337] 姚崇仁. 确定干旱缺水灌区作物灌溉面积的线性规划模型. 农田水利与小水电, 1989(5): 9-11.

[338]游进军, 纪昌明, 付湘. 基于遗传算法的多目标问题求解方法. 水利学报, 2003(7): 64-69.

[339] 余建星, 蒋旭光, 练继建. 水资源优化配置方案综合评价的模糊熵模型. 水利学报,2009, 40 (6): 729-735.

[340] 余美, 芮孝芳. 宁夏银北灌区水资源优化配置模型及应用. 系统工程理论与实践, 2009(7): 181-192.

[341] 余艳玲. 灌区水资源优化配置模型的建立及应用. 云南农业大学学报, 2010, 25 (5): 703-705.

[342] 袁宏源, 刘肇祎. 高产省水灌溉制度优化模型研究. 水力学报, 1990(11): 1-7.

[343] 岳卫峰, 杨金忠, 占车生. 引黄灌区水资源联合利用耦合模型. 农业工程学报, 2011,27(4):35-40.

[344] 张丛, 何晋武, 张倩. 武威市凉州区农业种植结构调整的双目标优化. 中国农业资源与区划, 2008, 29 (4): 35-38.

[345] 张吉军. 区间数的排序方法研究. 运筹与管理, 2003, 12 (003): 18-22.

[346]张礼兵, 程吉林, 金菊良, 等. 农业灌溉水质评价的投影寻踪模型. 农业工程学报, 2006, 22 (4): 15-18.

[347] 张礼华, 秦灏. 多目标妥协约束法在灌区种植结构优化中的应用. 现代农业科技, 2010(12): 222-223.

[348] 张刘东. 石羊河流域灌区水资源管理与决策模型研究. 北京: 中国农业大学, 2015.

[349] 张桃林. 土壤面临多种渠道污染威胁. 农业机械, 2015(15):45.

[350] 张蔚云. 区域水资源优化配置研究. 保定: 河北农业大学, 2006.

[351] 张小平, 许文杰, 张强. 基于区间值模糊集的水质综合评价方法. 济南大学学报, 2011, 25(1): 90-93.

[352] 张新钰, 辛宝东, 刘文臣. 三种地下水水质评价方法的应用对比分析. 研究探讨, 2011, 6 (1): 30-36.

[353] 张展羽, 李寿声, 刘云华. 非充分灌溉制度设计优化模型. 水科学进展, 1993, 4 (3): 207-213.

[354] 张长江, 徐征和, 允汝安. 应用大系统递阶模型优化配置区域农业水资源. 水力学报, 2005 36 (12): 1480-1485.

[355] 赵丹, 邵东国, 刘丙军. 灌区水资源优化配置方法及应用. 农业工程学报, 2004, 20 (4): 69-73.

[356]周兰香, 周振民. 韩董庄引黄灌区水资源优化调查研究. 农田水利与小水电, 1994, (8): 1-4,48.

[357] 朱成涛. 区域多目标水资源优化配置研究. 南京: 河海大学, 2006.

[358] 邹君, 谢小立. 衡阳盆地农业水资源管理对策探讨. 水资源保护, 2006, 22 (2): 88-91.

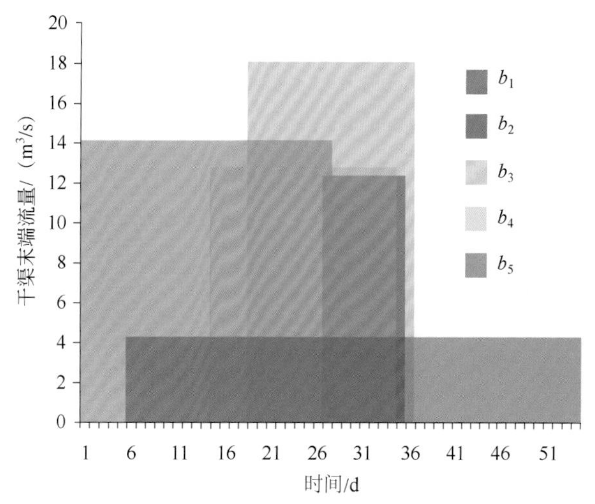

图 6-20　干渠末端的优化流量

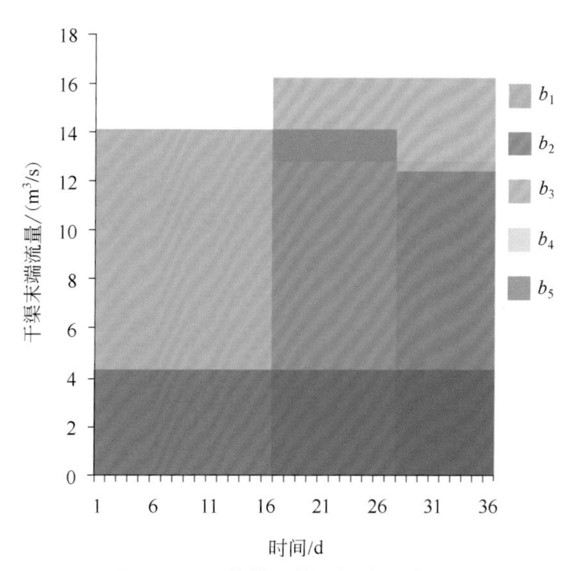

图 6-23　优化后的干渠流量分配